대기측기 및 관측 실험

Atmospheric Instrument and Observation Experiments

大氣測器 & 觀測 實驗

蘇鮮燮 · 蘇恩美 · 蘇在元 · 朴鍾淑 著

㈱ 教文社

머리말

1983년 4월 봄에 일본 동경대학(東京大學)에서 대략 7년간의 유학생활을 마치고, 당시의 공주사범대학(公州師範大學, 현재의 공주대학교) 지구과학교육과에 부임을 해서 언젠가는 이 대학에 대기과학과를 신설해서 '대기과학 실험' 책을 출판하려고 생각하고, 우선 그 일단계로 출판한 것이 '지구과학실험(1992)' 이었다. 그 뒤 공주사범대학이 종합대학이 되어 공주대학교가 되었다. 그곳의 단과대학인 자연과학대학에 '대기과학과(大氣科學科)' 를 신설한 것이 1994년이고, 1998년에 1회 졸업생을 배출하였다. 현재(2010년)는 12기가 졸업을 하여 대략 500명 정도가 졸업을 하고, 기상청에만 120여명 정도 입청(入廳)을 하여 총 인원의 약 20%에 달하고 있다. 그 외에도 다른 기관과 회사에 졸업생이 분포되어 있다.

그동안 많은 졸업생들을 배출하면서 그들에게 필요한 교재와 서적들을 공급하기 위해서 약 20여 권의 서적을 집필하였다. 그중에는 기상인(대기과학인)에게 사랑을 받아 잘 판매가 되는 서적이 있는가 하면, 기상학계(氣象學界)가 워낙 영세하고 대기과학 인구가 적어서 출판에 적자를 보는 경우도 있었다. 더욱 안타까운 일은 기상인에게는 필독서로 꼭 필요한 서적임에도 불구하고, 이런 저런 사유로 진가(眞價)를 몰라주어서, 빛을 보지 못하고 사장(死藏)되는 경우들이다. 더 심한 경우는 출판도 하지 못하고 서고에 싸여 있는 경우까지도 발생하고 있다. 이런 일이 해소되어야 우리나라의 기상학계가 전망(展望)이 있다고 할 수 있을 것이다.

2010학년도에 대학의 학부제가 폐지되면서 명실공히 '대기과학과' 라고 하는 단독의 이름으로 신입생을 선발할 수가 있게 되었다. 이에 따라 교육과정이 개편되면서, '대기측기 및 관측' 이 필수과목이 되어 2학기로 늘어났고, 그 다음으로 '고층대기관측' 이

이어져서 전체 3학기가 되었다. 이로 인해 대기과학의 근간(根幹)이 되는 측기 · 관측 · 수리대기과학 · 역학대기과학 · 유체역학들 중에서 뿌리에 해당하는 '측기(測器)와 관측(觀測)'을 제대로 할 수 있게 되었다. 이 기회에 이제까지 우리 대기과학계(大氣科學界)에는 절대적으로 부족했던 실험(實驗)을 할 수 있는 계기(契機)를 마련하게 된 것이다.

이번의 '대기측기 및 관측 실험'서는 대략 30테마 정도의 실험을 수록하고 있다. 우선 3학기의 실험에 사용하도록 하고 있다. 그러나 이것이 시작이고 점점 확대되어 더 많은 실험을 수록하여 측기(測器)와 관측(觀測)에 관한 깊이 있고 초석(礎石)이 되는 실험서(實驗書)를 만들어 갈 것이다. 또한 대기과학 전반에 걸친 실험서도 계획을 하고 있다. 왜냐하면 현재 우리 대기과학계는 전반적으로 실험이 없는 죽은 교육을 하고 있기 때문이다.

이 책이 출판되기까지 수고한 분들이 많다. 컴퓨터 작업, 수정, 그림 작업, 편집, 실험 등에 수고한 공주대학교 자연과학대학 대기과학과 대학원생 노유리, 학부생 이진석(李津錫), 전혜연(全慧娟), 정지은(丁智恩)에게 감사한다. 또한 지난 30여 년 가까이 어려움을 쓰다고 하지 않고, 출판에 임해 주신 (주)교문사 류제동 사장님을 비롯한 임직원 여러분께 심심한 감사의 말씀을 드린다.

2011년 2월 10일

대표저자 소선섭(蘇鮮燮)

대기과학 나무

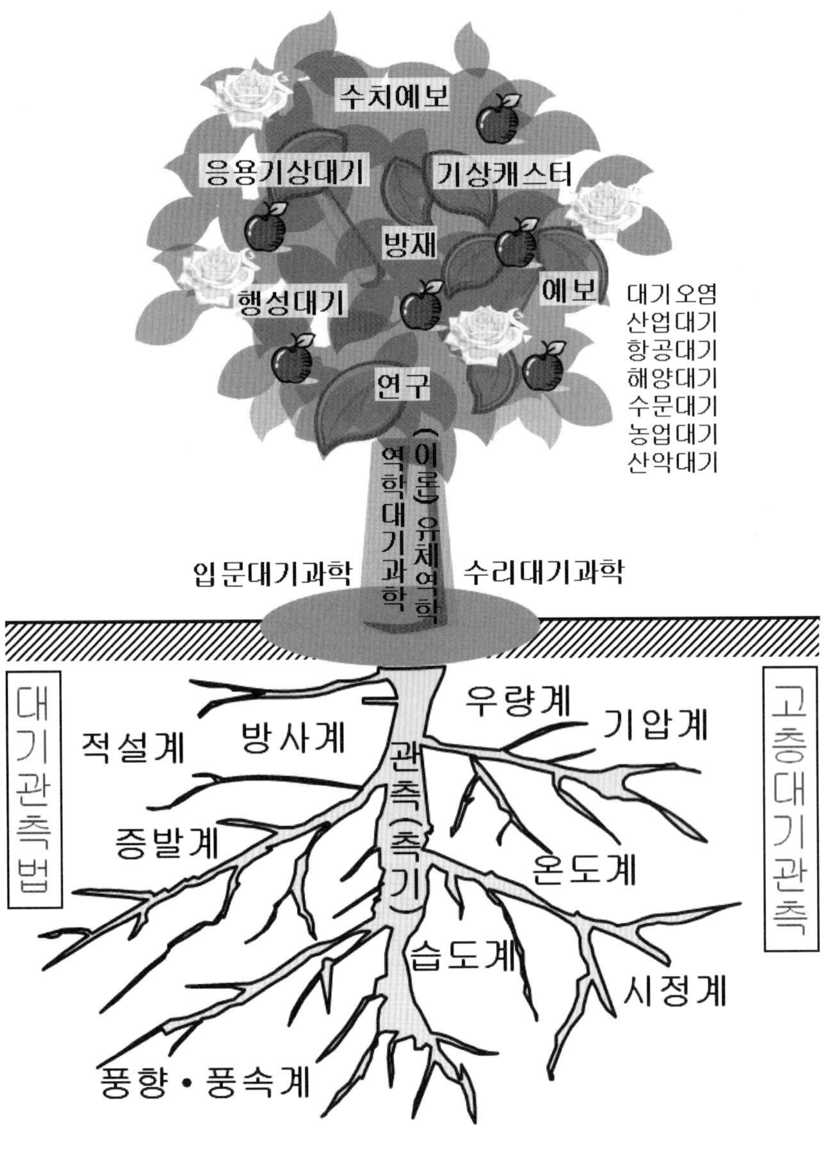

대기관측 및 측기 실험

차 례

제 Ⅷ 부 실내실험(室內實驗) • 199

제 Ⅸ 부 모형실험(模型實驗) • 237

부 록

제 Ⅰ 부
관측(觀測)

Ⅰ-1. 기상관측

Ⅰ-2. 태양상수와 온도

Ⅰ-3. 기압의 보정

Ⅰ-4. 시도(눈금) 읽기

Ⅰ-1 기상관측

1. 목표

여러 기상요소와 기상현상들을 보다 정확하고 바르게 관찰할 수 있다.

2. 준비물

적설판, 우량계, 증발계, 건습구온도계, 습도계, 최고·최저온도계, 풍향·풍속계, 수은기압계, 공합(아네로이드)기압계, 곡관 지중온도계, 철관 지중온도계.

3. 원리 및 관측방법

ㄱ. **대기현상**: 대기 중이나 지면 위에 나타나는 현상 또는 상태로 예를 들면 비, 눈, 우박, 안개, 서리, 연무, 황사, 무리, 광환, 무지개, 번개, 천둥 등이다.

표 Ⅰ.1 시정계급표

계 급	시정의 범위		
0	50 m 미만		
1	50 m 이상	~	200 m 미만
2	200 m 이상	~	500 m 미만
3	500 m 이상	~	1,000 m 미만
4	1 km 이상	~	2 km 미만
5	2 km 이상	~	4 km 미만
6	4 km 이상	~	10 km 미만
7	10 km 이상	~	20 km 미만
8	20 km 이상	~	50 km 미만
9	50 km 이상		

ㄴ. **시정**: 어떤 방향을 보았을 때, 검은 빛을 띤 수목이나 건물 등의 목표를 그것이라고 인정할 수 있는 최대거리를 그 방향의 **시정**(visibility)이라고 하며(표 Ⅰ.1 참고), 계급으로 기록한다.

ㄷ. **적설**: 노장(露場)의 설척(雪尺)이나 적설판(積雪板) 또는 스노우 샘플러(snow sampler) 들을 이용하여 그 위에 쌓인 눈의 깊이를 mm 단위로 측정한다.

ㄹ. **구름**

a. 운형(雲形): 10 류(類)의 운형(표 Ⅰ.2 참고)의 해당 기호로 기입한다.

b. 운량: 전천이 보일 수 있는 장소에 서서 하늘을 쳐다보았을 때, 구름이 전 하늘을 덮고 있는 비율을 **운량(雲量)**이라고 한다. **전운량(全雲量)**이라 부르는 경우도

있다. 구름이 전혀 없든가, 조금 있어도 전천의 4% 이하일 때는 운량을 0으로 하고, 다소 틈이 있어도 전천의 95% 이상을 덮고 있을 경우 운량을 10으로 한다. 이들 끝수는 4사5입해서 0에서 10까지의 수와 기호로 나타낸다(표 Ⅰ.3 참고). 외국에서는 8분법이 꽤 널리 쓰이고 있지만, 우리나라에서는 기상전보(氣象電報) 이외에는 10분법을 쓰고 있다.

표 Ⅰ.2 구름의 종류(10류)

	높이에 따른 구분	류(類)	부호	국제명	고도(m)	온도(C)
층상운	상층운	권운	Ci	Cirrus	열대지방 6~18 km 온대 〃 5~13 km 극 〃 3~8 km	−25 이하
		권적운	Cc	Cirrocumulus		
		권층운	Cs	Cirrostratus		
	중층운	고층운	As	Altostratus	보통 중층에 나타나지만 상층까지 퍼져있는 경우가 많다.	0~ −25
		고적운	Ac	Altocumulus	열대지방 2~8 km 온대 〃 2~7 km 극 〃 2~4 km	
	하층운	층적운	Sc	Stratocumulus	열대지방 모두 온대 〃 지면부근 극 〃 ~2 km	−5 이하
		층운	St	Stratus		
		난층운	Ns	Nimbostratus	보통 중층에 나타나지만 상층에도 하층에도 퍼져있는 일이 많다.	
대류운	적운		Cu	Cumulus	운저(雲底)는 보통 하층에 있으나 운정(雲頂)은 중층 및 상층까지 닿아 있는 경우가 많다.	−50 (운정)
	적난운		Cb	Cumulonimbus		

표 Ⅰ.3 운량의 숫자 부호와 기호

숫자 부호												
숫자 부호	10분법	0	1	2, 3	4	5	6	7, 8	9, 10	10		/
	8분법	0	1	2	3	4	5	6	7	8	9	/
기호		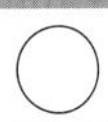										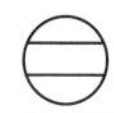
운 량		구름 없음	1/10 이하	2/10 ~ 3/10	4/10	5/10	6/10	7/10 ~ 8/10	9/10 ~ 10/10 미만	10/10	차폐현상 등으로 관측불가	결측

ㅁ. **강수량** : 우량계(雨量計) 또는 자기우량계(自記雨量計)를 이용하여 강우량(降雨量)을 측정한다. 적설량까지를 합하면 강수량(降水量)이 된다. 강수량의 깊이를 mm로 표시한다.

ㅂ. **증발량** : 소형 또는 대형 증발계, 자기증발계 등의 증발계(蒸發計)를 이용하여 증발된 양을 강수량과 같이 mm 단위로 측정한다.

ㅅ. **건구온도, 습구온도**

a. 수은 온도계는 수은사(水銀絲)의 선단 중앙에 상당하는 곳을 읽고, 알코올 온도계는 들어간 곳을 읽는다. 즉, 중앙을 읽는다(그림 I .1).

b. 기온의 관측치는 소수점 1 자리까지 읽어 준다.

※ 주의 : 값을 읽을 때에 얼굴을 온도계에 너무 가까이 대면, 호흡이나 체온 때문에 시도(示度)가 변하는 일이 있으므로 주의한다.

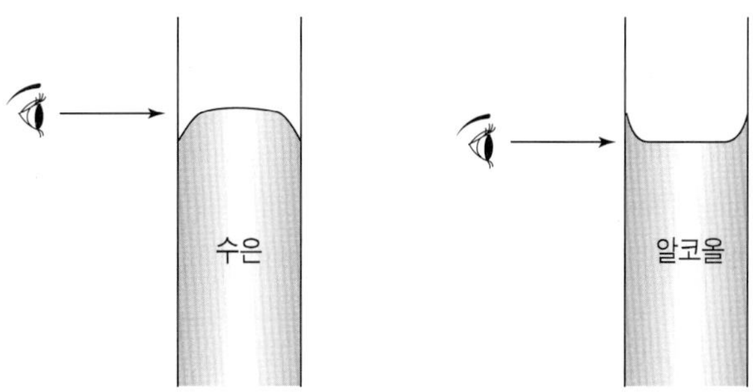

그림 I .1 수은 · 알코올 온도계의 값 읽기

ㅇ. **상대습도** : 건습구온도로부터 구한 값을 이용하여 습도 산출표에서 구한다(대기관측법 부록 5.1. 참조). 또는 모발습도계(머리카락 이용)를 사용한다.

ㅈ. **최고 · 최저온도** : 1 일 1 회 관측(주로 오전 9 시에 관측)하고, 관측 후 항상 **복도(復度)**를 시켜야 한다.

a. 루더포드(Rutherford)형 최고온도계 : 온도계의 구부(球部)에 가는 유리봉이 수은의

출구를 막고 있어 기온이 올라갔을 때 구부에서 나온 수은은 기온이 내려가도 구부로 돌아가지 못한다. 이때 수은사의 오른쪽 끝을 읽어 준다(그림 I .2).

※ 복도(復度)는 온도계의 오른쪽 끝부분을 꽉 쥐고 팔을 전후로 강하게 흔들어서 수은을 내린다.

b. 루더포드(Rutherford)형 최저온도계 : 가는 유색, 유리봉의 지표(指標)를 봉입한 알코올 온도계로 기온이 내려 갈 때에 액면은 표면장력의 작용으로 지표를 끌어내리지만, 기온이 올라갈 때는 지표는 움직이지 않으므로 지표의 오른쪽 끝을 읽으면 최저기온이 된다(그림 I .2).

※ 복도 또는 복온(復溫)은 조용히 온도계의 좌측 상단을 들어서 기울이면 지표가 액면까지 이동한다.

c. 최고·최저 겸용 온도계 : 최고·최저 모두지표의 하단을 읽어 준다. 복도 시 자석을 이용하여 지표를 액면까지 끌어내리거나, 또는 가운데 복도 단추를 눌러 복도시킨다.

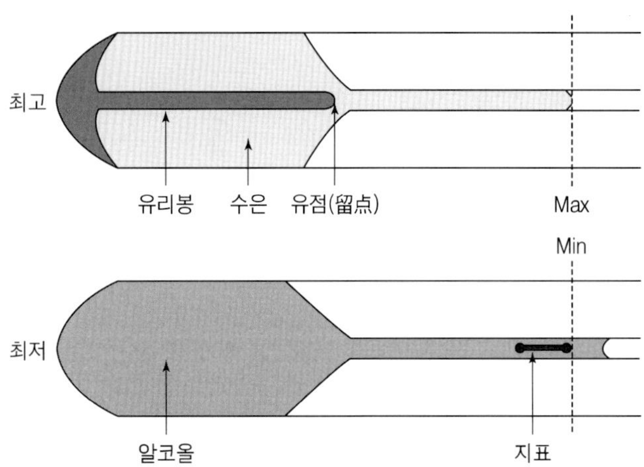

그림 I.2 최고·최저 온도계의 원리

ㅊ. **풍향·풍속** : 그림 I .3에서 풍향을 정한다(NS와 긴 쪽의 깃을 먼저 읽는다). 풍속은 10분(또는 1분)의 평균풍속으로 한다. 풍속계가 없을 때에는 뷰포트 풍력계급표(대기관측법, 부록 7)를 이용하여 풍속을 풍력 계급으로 표시한다.

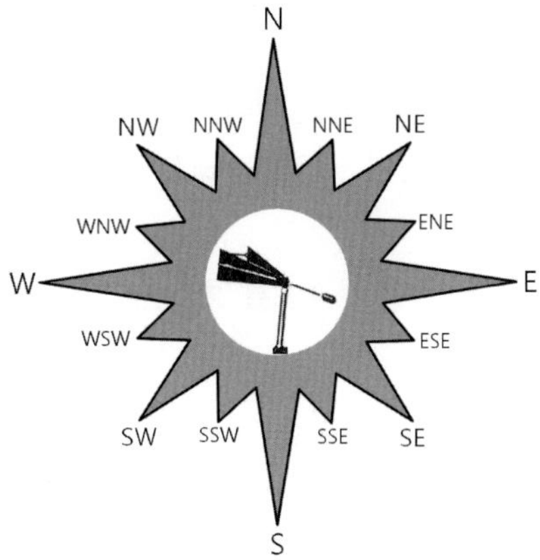

그림 Ⅰ.3 풍향표

ㅋ. 기압

a. 수은기압계 : 토리첼리의 실험의 원리를 응용해서 수은주(水銀柱)의 높이로 측정한다.

⊙ 값 읽기 순서

① 부착된 온도계의 눈금을 읽는다.

② 하단의 나사를 돌려서 수은면을 원점에 해당하는 상아침(象牙針)의 선단에 대충 맞춘다.

③ 수은주의 상단부를 손가락으로 가볍게 두들겨서 수은면을 바르게 한다.

④ 다시 하단의 나사를 조심스럽게 돌려서 상아침의 선단과 수은면 사이에 빛이 희미하게 보일까 말까 할 정도로 한다.

⑤ 눈을 수은주의 상면과 같은 높이로 하여 부척(副尺)의 하단과 수은면의 둥근 부분의 제일 높은 곳과의 사이로 빛이 보일까 말까 할 정도로 한다.

⑥ mm 또는 hPa의 1 의 자리 수까지는 주척(主尺)에서 읽고, 소수점 이하 자리(1/10)는 부척에서 읽는다.

※ 주의 : 값 읽기가 끝나면 하단의 나사를 돌려 수은면을 내려 원위치로 놓는다.
수은면과 상아침이 접촉된 채로 두면 수은이 흐려지기 쉽기 때문이다.

b. 공합기압계(아네로이드, aneroid 기압계) : 용수철이 달린 공합(空盒)이라고 불리는

속이 빈 금속용기의 신축(伸縮)에 의해 기압의 변화를 지침으로 전달해 준다.

c. 자기기압계 : 공합을 겹쳐 쌓아서 그 내부를 연결한 것을 감부(感部)로 하여 기압이 변화하면 감부의 움직임이 지레(lever)에 의하여 확대되어 시계장치로 움직이는 원통위에 기록된다.

※ 보정 : b, c는 1주에 한번 수은기압계를 기준으로 보정이 필요하다.

ㅌ. **지중온도** : 지면 아래의 온도를 측정한다.

a. 곡관 지중온도계 : 유리제로 거의 직각으로 구부러져 있는 온도계로 눈금이 지표에 평행하고, 다른 온도계와 같이 값을 읽어준다. 종류로는 지표, 5 cm, 10 cm, 20 cm, 30 cm 등이 있다.

b. 철관 지중온도계 : 30 cm를 넘는 깊이의 지중온도를 측정하기 위해서 밑을 막은 내경(內徑) 4~5 cm의 철파이프를 수직으로 묻어 그 속에 온도계를 매달아 둔다. 종류로 0.5 cm, 1 m, 2 m, 3 m, 4 m, 5 m 등이 있다. 관측은 쇠사슬을 양손으로 끌어올려 재빨리 온도계의 시도를 읽는다. 값 읽기를 할 때는 구부를 손으로 쥔다든지 해서는 안 된다. 온도계와 시선을 직각이 되도록 해 시차(視差)에 의한 값의 오차를 막는다. 온도계가 태양에 노출되지 않도록 주의한다.

4. 관측순서

위의 관측방법과 순서에 따라 관측해서 표 I .4의 야장(野帳)에 기록한다. 국제적으로 정해진 시각에 관측(예 9 시, 12 시, 15 시, 18 시, 21 시, 24 시, 3 시, 6 시)해야 하나 실험실습에서의 기상관측은 실험기간의 형편에 맞춰서 시각을 정해 대략 그 시각의 10분 전부터 시작하여 아래 순서에 따라 관측하고, 대체로 정시(定時)에 끝나도록 한다.

대기현상 – 시정 – (풍속) – 적설 – 구름 – 강수량 – 증발량 – 건구온도 – 습구온도 – 최고·최저온도 – 풍속 – 기압 – 일사량 – 일조량 – 지중온도

표 Ⅰ.4 기상관측용 야장

대 기 관 측 용 야 장

공 주 대 학 교
자 연 과 학 대 학

대 기 관 측

이름 학년 이름 학년

관측시각 : 2011 년 월 일 시 관측자 : __________( ) __________( )

관측학과 : 대기과학과 __________( ) __________( )

관 측 종 목		노 장	대 기 측 기 실	관 측 종 목	노 장	대 기 측 기 실
대 기 현 상			자동기상관측으로 감지부는 노장에 있으나 값읽기는 측기실에서 실시함	시 정		
				적 설		
기압	수 은	–	hPa	일 사 량		
기압	공 합	–	hPa	일 조 량		
건 구 온 도		C	(A) C	방사수지량		
습 구 온 도		C	–	자외선 (A)		400 ~ 320 nm
상 대 습 도		%	–	자외선 (B)		320 ~ 280 nm
최 고 온 도		C	–	자외선 (C)		280 ~ 190 nm
최 저 온 도		C	–	진공자외선		190 ~ 100 nm
풍 속		m/s	(A) m/s	분 진 량		
풍 향			(A)			
구름	운 형					
구름	운 량	○ / 10				
강 수 량		(표) mm	(A) mm			
증 발 량		소형 : mm	대형 : mm			

※ (A) : AWS(자동기상관측시스템), (표) : 표준우량계

2011 년 1 월 수정제작

※ 증발량 기준치 - 소형 : 25 mm , - 대형 : 100 mm

5. 결과 및 고찰

1_ 야간 기상관측은 어떻게 할 것이며, 어려운 점은 무엇이 있을지 생각해 보자.

2_ 이슬, 서리, 안개 등의 특정 시각에만 나타나는 기상현상은 정시관측만으로 충분할까?

3_ 측정치(測定値)들의 유효자리는 어떻게 정해야 좋을지를 상의해 보자.

6. 문제

1_ 풍향·풍속계 중, 풍속은 없는데 풍향계만 움직이는 것은 무슨 이유이며, 정온(calm)은 어떻게 정하면 좋을까?

2_ 풍향을 평균 내보고 다른 기상요소의 평균을 구하는 방법과 특별히 다른 점은 무엇인가?

3_ 분명히 비는 내렸는데 강수량이 적어서 측정이 어려울 때는 숫자로는 야장에 어떻게 기입해야 할까?

실험날짜	학과	학번	이름	조(組)	평가

Ⅰ-2 태양상수와 온도

1. 목표

태양이 흑체(黑體)라는 가정하에서 태양복사의 파장별 에너지 분포를 이해하고 이로부터 태양상수(太陽常數)와 태양의 온도를 구할 수 있다.

2. 준비물

모눈종이, 자, 계산기, 색연필.

3. 원리

열역학적 평형상태에 놓여 있는 흑체(black body)는 **다음과 같은 복사법칙의 특징을** 갖는다.

ㄱ. 플랑크 법칙(Plank's law)

$$E(\lambda, T) = \frac{2hc^2}{\lambda^5} \cdot \frac{1}{e^{hc/\lambda kT} - 1} \qquad (\text{I}.1)$$

여기서 플랑크 상수 $h = 6.625 \times 10^{-27} erg \cdot \sec$, 광속도 $c = 3 \times 10^{10} cm \sec^{-1}$, 볼츠만상수 $k = 1.38 \times 10^{-16} erg \cdot K$ 이다.

ㄴ. 스테판 - 볼츠만 법칙(Stefan–Boltamann's law)

주어진 온도 T에서 흑체가 각 파장별로 방출한 에너지를 전 파장에 대하여 합하면 다음과 같은 식으로 나타낼 수 있는데, 온도가 높을수록 방출하는 에너지가 많다는 것을 알 수 있다.

$$E(T) = \int E(\lambda, T)\, d\lambda = \sigma T^4 \qquad (\text{I}.2)$$

여기서 $\sigma = 5.669 \times 10^{-5} erg\, cm^{-2} \sec^{-1} k^{-4}$ 으로 **스테판-볼츠만 상수**라 한다. 만일 흑체가 반경 R을 갖는 구라면 방출에너지는 $4\pi R^2 \sigma T^4$이 된다.

ㄷ. 비인의 변위변칙(Wien's displacement law)

플랑크 법칙에서 최대에너지를 방출하는 파장(λ_{max})은 흑체의 온도(T)가 높아질수록 단파장 쪽으로 이동하며, 파장에 대해 한번 미분하여 정리하면 다음과 같이 되는데 이를 **비인의 변위법칙**(Wien 變位法則)이라 한다.

$$\lambda_{max}T = 2895(\mu m \cdot K) \quad (Ⅰ.3)$$

4. 방법 및 과정

ㄱ. 표 Ⅰ-5에 제시된 지구대기 상단에서 측정한 태양의 연속 스펙트럼 자료를 가지고 flux f_λ와 그에 해당하는 파장(λ)의 관계 그래프를 그린다.

ㄴ. 그래프에서 f_λ의 값이 가장 큰 파장(λ_{max})을 결정한다.

표Ⅰ.5 태양의 연속 스펙트럼

λ (Å)	f_λ ($erg/cm^2 \cdot Å \cdot s$)	λ (Å)	f_λ ($erg/cm^2 \cdot Å \cdot s$)
2,000	1.2	5,500	198
2,200	4.5	6,000	187
2,400	6.4	6,500	167
2,600	23	7,000	149
2,800	25	7,500	129
3,000	59	8,000	114
3,200	85	9,000	90
3,400	114	10,000	74
3,600	115	11,000	61
3,700	127	12,000	50
3,800	121	14,000	33
3,900	115	16,000	22
4,000	160	18,000	15
4,100	187	20,000	10
4,200	189	25,000	5.0
4,300	183	30,000	2.6
4,400	201	40,000	0.93
4,500	213	50,000	0.41
4,600	215	60,000	0.21
4,800	213	80,000	0.06
5,000	204	100,000	0.02

ㄷ. 비인의 변위법칙을 이용하여 비인의 온도(T_w)를 계산한다.

ㄹ. f_λ 와 λ 의 그래프에서 곡선 아래의 면적(E_T)을 $erg/cm^2 \cdot \sec$ 단위로 환산한다.

ㅁ. 위에서 환산된 면적(E_T)는 지구대기 바깥의 $1\,cm^2$ 의 면적에 입사하는 모든 파장에서의 총에너지이다. 이로부터 태양상수 A(단위 : $cal/cm^2 \cdot \min$)를 구한다.

ㅂ. 태양 표면에서 단위면적당 단위시간에 방출하는 총 에너지(E◉)를 계산한다.

$$E_{\odot} = E\,T(a^2/R^2) \qquad (\text{I}.4)$$

여기서 a : 지구-태양거리($1.5 \times 108\,km$), R◉ : 태양의 반경($7 \times 105\,km$)

ㅅ. 위 값을 가지고 스테판-볼츠만의 법칙을 이용하여 태양의 유효온도(effective temperature) Te를 구한다.

ㅇ. 태양의 광도(L◉)를 구한다. 단위는 erg/s로 한다.

$$L_{\odot} = 4\pi R^2 \cdot E_{\odot} \qquad (\text{I}.5)$$

※ 유의점 및 참고사항

① 그래프 작성 시 모든 점을 통과하는 곡선을 그린다.

② 계산 시 단위처리에 유의한다.

③ $1\,cal = 4.2 \times 107\,erg$

5. 결과 및 고찰

1_ 표 I.5의 자료를 파장과 에너지의 관계로 그림 I.4에 그려 넣어보자.

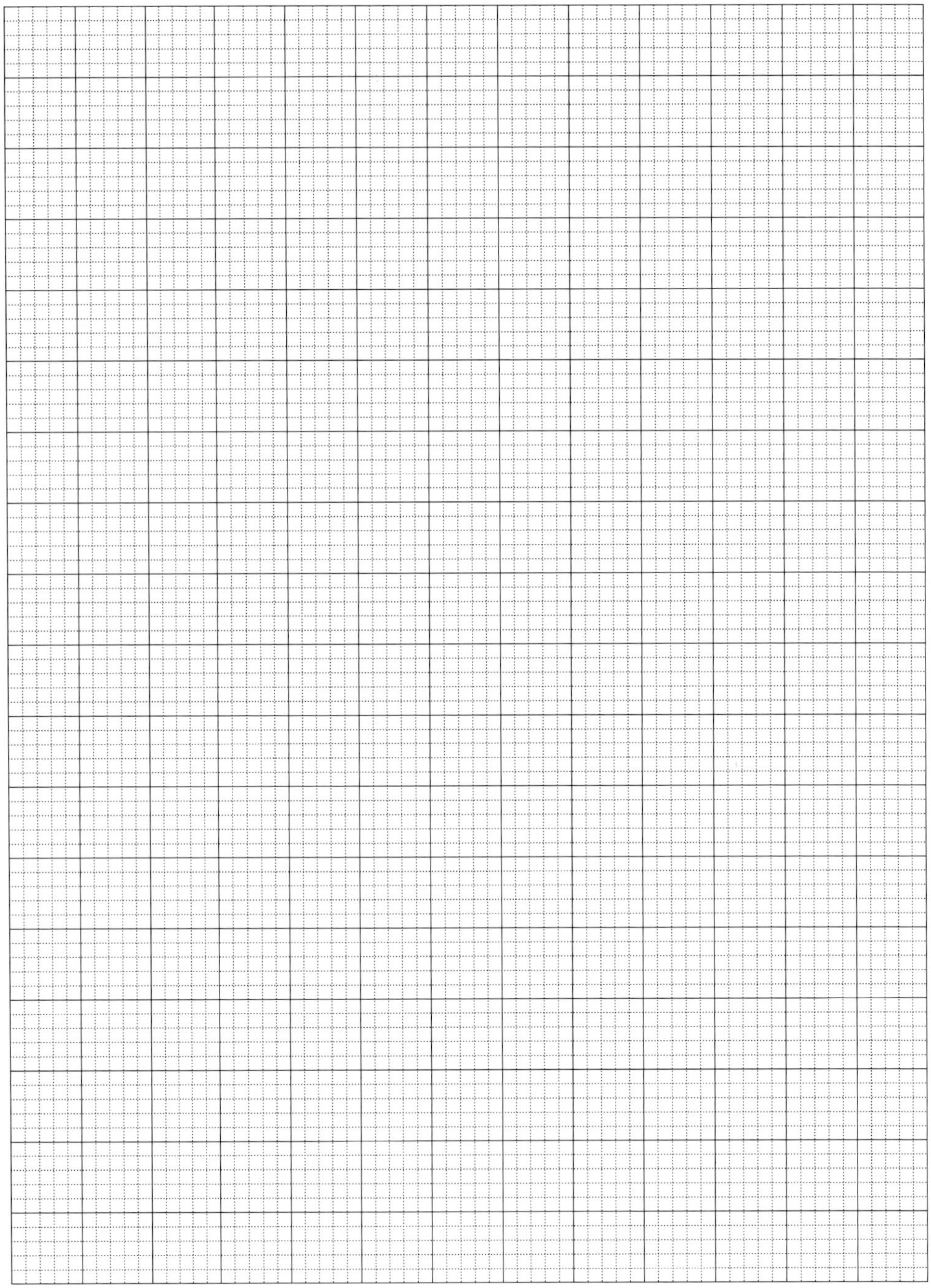

그림 Ⅰ.4 지구대기 상단에서의 태양의 플랑크 곡선

2_ 위에서 구한 각 값들을 다음의 표 I.6 Data란에 계산과정과 함께 기입하자.

표 I.6 Data 란

	값	계 산 과 정
λ_{max}		
T_w		
E_T		
A		
$E_{\odot}$		
T_e		
$L_{\odot}$		

3_ 표 I.5 에 수록된 f_λ의 값은 지구대기 바깥에서 구한 것이다. 이들이 지구대기를 통과하면 어떻게 될까?

4_ 파장의 함수로 그린 (그림 Ⅰ.4) 태양 복사의 플럭스가 어떤 점에서 흑체의 복사 그래프와 비슷한가?

6. 문제

1_ 위의 계산에서 구한 태양상수 값과 잘 알려진 값($1.98\,cal/cm^2 \cdot \mathrm{min}$)과의 차이가 있다면 그 이유는 무엇인가?

2_ 태양의 복사에너지를 지구 표면에서 받아서 계산할 경우에는 지구대기에 의한 효과가 포함되는데, 보다 정확한 태양복사 에너지 값을 얻기 위해서는 어떤 절차가 필요할지를 생각해 보자.

3_ 스테판-볼츠만의 법칙과 비인의 변위법칙으로부터 구한 태양온도의 차이가 생긴 원인을 생각해 보자.

4_ 온도가 15,000 K 되는 흑체의 그래프와 태양의 그래프(그림 Ⅰ.3)를 겹쳐 그려 비교해 보고 무엇을 알 수 있는지를 확인해 보자.

5_ 식(Ⅰ.3), (Ⅰ.4)를 유도해 보자.

실험날짜	학과	학번	이름	조(組)	평가

I-3 기압의 보정

1. 목표

기압은 기압계, 기온, 중력, 해면고도에 따라 다른 값을 가지므로 이를 통일시켜 주기위한 보정의 방법을 습득한다.

2. 준비물

수은 기압계, 온도계.

3. 원리

ㄱ. **기차보정(器差補正)** : 표준 기압계와 기압이 같도록 또는 관측치에 수은기압계의 검정증에 기재된 값과 같도록 기차를 보정해 준다.

ㄴ. **온도보정(溫度補正)** : 온도에 따른 수은의 팽창, 압축과 눈금간격의 신축(伸縮 : 늘이고 줄어듦)에 의한 기압의 변화를 보정한다(부록 1 참조).

$$C_t = -B_1 \times 0.000163\ t \tag{Ⅰ.6}$$

여기서 B_1 은 기차보정을 한 값(hPa 또는 mm), t 는 섭씨온도, C_t 는 보정값이다. 따라서 온도 보정한 기압 $B_2 = B_1 + C_t$ 이다.

ㄷ. **중력보정(中力補正)** : 수은기압계로 측정한 기압은 그 지점의 중력에 좌우되므로 표준중력(標準中力) 980.665 cm/s^2 의 값으로 환산한다.

$$C_g = B_2 \times \frac{g - 980.665}{980.665} \tag{Ⅰ.7}$$

여기서 g 는 관측지점의 중력, C_g 는 중력보정치, 따라서 중력을 보정한 값 $B_3 = B_2 + C_g$ 이다. 기차보정, 온도보정 및 중력보정을 한 기압 B_3 를 **보정기압(補正氣壓, actual pressure)** 또는 **현지기압(現地氣壓, station pressure)**이라고 한다.

ㄹ. **해면경정(海面更正)** : 한 장소에서도 고도에 따라 기압이 달라지므로 관측 지점의 고도에 따른 기압의 변화를 보정해주기 위해 평균해수면(平均海水面)을 표준고도로 해서 그 높이의 값으로 보정한다.

$$\Delta B = B_3\left[\exp\left\{\frac{gh}{287.04(273.15+tm+\epsilon m)}\right\}-1\right] \quad (\text{I}.8)$$

여기서

ΔB : 해면 경정치 (hPa 또는 mm)

g : 관측지점의 중력(m/s^2)

h : 관측점의 해발고도 (m)

tm : 관측점과 해수면 사이의 평균기온 $\Rightarrow \quad tm = \dfrac{t+(t+\Gamma h)}{2}$

Γ : 기온감률 $0.0065\ C/m$

ϵm : 수증기에 대한 보정치는 [표 I .7]이나 [그림 I .5]를 참고해서 구함

표 I .7 수증기에 대한 보정치

$tm\ (C)$	−30	−20	−10	0	10	20	30	35
$\epsilon m\ (C)$	0.1	0.2	0.3	0.5	1.0	2.1	3.2	3.3

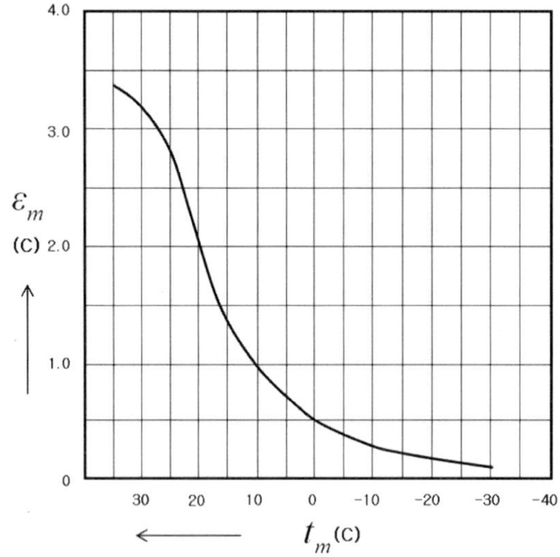

그림 I .5 수증기에 대한 보정치

도표Ⅰ.1 해면경정치를 구하는 도표

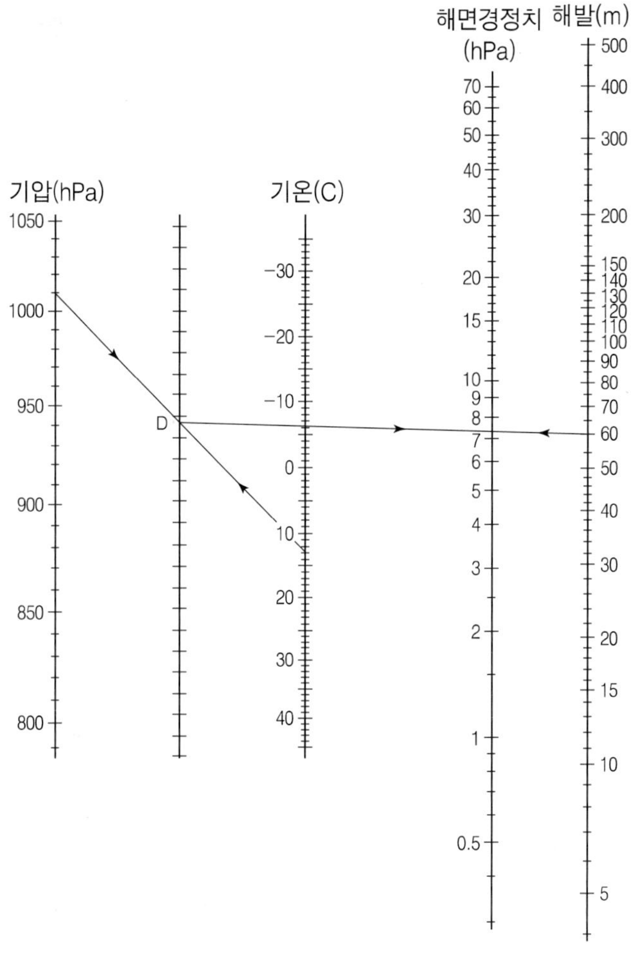

이 도표는 해면경정용의 간단한 공식을 공선도표(共線圖表)로 한 것인데, 개약(槪略)의 해면경정치를 구하는 것이다.

[예] 해발 $60m$인 곳에서 보정기압이 $1,010\ hPa$로, 기온이 $13\ C$였다. 기압척의 $1,010\ hPa$와 온도척의 $13\ C$를 연결하면(기온척은 위쪽이 저온인 것에 주의할 것), 그것의 중간에 있는 척의 위에 점 D를 정한다. 다음에 D점과 해발척 상의 60을 연결해서 해면경정치척 상의 점을 읽어 $7.3\ hPa$를 구한다. 따라서 해면기압은 $1.010+7.3=1.017.3\ hPa$이다.

[식 Ⅰ.8] 대신에 근사식은 다음 식을 사용한다.

$$\Delta B \fallingdotseq 0.03414 \ \frac{B_3 h}{273 + t} \qquad (\text{Ⅰ}.9)$$

따라서 해면경정을 한 기압 $B_4 = B_3 + \Delta B$ 이다. 한편 도표 Ⅰ.1에서도 구할 수 있다.

4. 방법과 과정

ㄱ. 수은 기압계로 기압을 측정한다.

ㄴ. 표준 기압계나 검정증이 없을 때에는 인근 기상청, 기상대, 또는 관측소 등의 기압계를 이용하여 기차보정값을 구한다.

ㄷ. 온도를 측정해서 온도보정값을 구한다.

ㄹ. [부록 Ⅱ]의 우리나라 각 시의 중력표에서 관측지점의 중력을 찾아 중력보정값을 구한다.

ㅁ. [부록 Ⅱ]에서 관측지점의 해발고도를 이용하여 식 Ⅰ.8과 Ⅰ.9로부터 해면경정값을 구한다.

5. 결과 및 고찰

각각의 보정값들을 구해서 표 Ⅰ.8의 빈칸을 채워보자.

표 Ⅰ.8 보정값과 보정한 기압

		기 차	온 도	중 력	해면경정
관측기압	보정값		$C_t =$	$C_g =$	$\Delta B =$
	보정한 기압	$B_1 =$	$B_2 =$	보정기압 = 현지기압 = $B_3 =$	$B_4 =$

1_ 식 I .8과 식 I .9 및 도표 I .1을 이용하여 구한 해면경정치들을 비교하여 차이점을 알아보고 세 값들의 정확성, 편의도, 실용성 등 장단점을 논의해 보자.

2_ 보정값을 큰 순서대로 나열해 놓고 보면 보정(補正)을 안했을 때의 오차의 큰 순서임을 알 수 있다. 대체로 이 순서대로 오차의 크기가 정해질 수 있는 것인지 생각해보자.

6. 문제

1_ 관측지점의 중력과 해발고도를 알지 못할 때는 어떤 값을 이용해야 하나?

2_ 공합기압계에는 온도보정과 중력보정이 필요할까?

실험날짜	학과	학번	이름	조(組)	평가

Ⅰ-4 시도(눈금) 읽기

1. 목표

대기과학을 전공하기 위해서 처음 기상현상을 대하는 학생들이 맨 먼저 대하는 관측 분야에서 제일 기초적으로 중요한 것은 측기의 시도[示度 : 측기가 가리키는 눈금의 숫자, 도수(度數), **shido**, reading] 즉 눈금을 정확하게 읽는 것이다. 이것은 앞으로 최신의 현대적인 측기를 대한다고 해도 그 외 가장 기초적인 것, 바로 시도를 올바르게 독취(讀取 : 읽어 받아들이는 것)하는 것일 것이다. 따라서 그 가르침을 분명하게 주기 위함이다.

2. 준비물

메스실린더, 물.

3. 원리

일정량의 액체가 담긴 측정기구의 눈금을 읽어 부피를 잴 경우 눈높이를 맞추는 것이 가장 중요하다. 액체가 이루는 곡면은 경우에 따라 차이가 나는데, 물의 경우는 오목한 곡면이므로 경계선의 오목한 부분을 즉, 가장 낮은 곳을 기준으로 눈금을 읽는다. 또한 수은의 경우는 볼록한 곡면이므로 경계선의 볼록한 부분을 즉, 가장 높은 곳을 기준으로 눈금을 읽는다. 눈금을 읽을 시에는 우선 측기의 최대 용량을 확인한 후 표시된 최소눈금의 1/10 까지 읽어 준다.

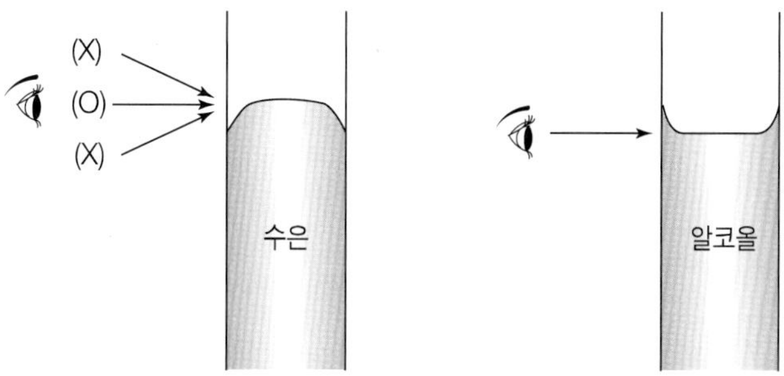

그림 I.6 메스실린더의 눈금 읽기

4. 방법 및 과정

ㄱ. 측정기구의 총 부피를 확인한다.

ㄴ. 측기내의 액체가 정지 상태에 있는지 확인한다.

ㄷ. 액체의 액면과 평행이 되도록 눈높이를 맞춘다.
(이 경우, 눈높이를 위·아래로 위치를 옮기어 오차범위를 확인할 것)

ㄷ. 소수점 둘째 자리까지 읽은 후, 반올림하여 소수점 첫째 자리까지 기입한다.
(단위 삽입)

5. 결과 및 고찰

1_ 눈높이를 위·아래로 옮겨서 시도를 읽을 경우 오차 범위를 알아보자.

2_ 물의 경우 가장 낮은 부분과 높은 부분의 차이가 어느 정도인지 알아보자.

6. 문제

1_ 물의 시도를 읽을 시에, 액면이 두꺼울 경우 어떻게 읽어야 하는가? 또한 액면이 두껍게 형성 된 이유는 무엇인가?

2_ 강수량 측정 시 측기의 용량보다 많은 양의 강수가 있다면 어떻게 해야 하는가? 이 경우 주의 할 점은 무엇인가?

실험날짜	학과	학번	이름	조(組)	평가

제Ⅱ부

측기(測器)

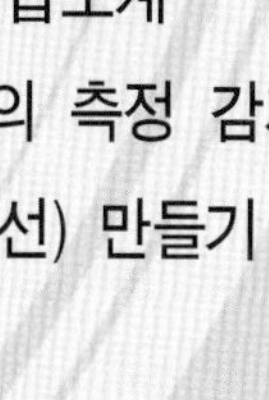

Ⅱ-1 온도계 만들기

1. 목표

온도계를 만들어 봄으로써 우리가 어떻게 온도 값을 측정할 수 있는지 온도계의 원리를 이해한다.

2. 준비물

삼각 플라스크, 부피 플라스크, 더운물과 찬물이 들어있는 각 수조 1개, 빨간색 잉크, 스포이트, 흰 종이, 셀로판테이프.

3. 원리

공기의 온도가 올라가면 공기와 접해 있는 물체의 온도도 올라간다. 공기와 물체의 온도가 같아지므로 온도계를 이용해 공기의 온도를 잴 수 있는 것이다. 액체는 온도가 높으면 부피가 커지고 온도가 낮아지면 부피가 줄어든다. 투명한 관 안에 들어 있는 액체는 주변 온도에 따라 온도가 변하면서 부피가 팽창과 수축을 반복하게 된다. 그리고 우리는 줄어든 양 또는 늘어난 양을 관찰하여 온도를 알 수 있다.

4. 방법 및 과정

ㄱ. 부피 플라스크의 기둥에 맞추어 종이를 직사각형 모양으로 자른다. 종이에 1 cm 정도의 간격으로 눈금을 그린 다음 셀로판테이프로 부피 플라스크에 고정시킨다.

ㄴ. 삼각 플라스크에 150 mL의 물을 채우고 스포이트를 이용해서 빨간색 잉크를 섞는다.

ㄷ. 스포이트를 이용해서 삼각 플라스크의 물을 옮겨 부피 플라스크의 둥근 부분의 반 정도를 채워 둔다.

ㄹ. 삼각 플라스크와 부피 플라스크를 기울여 부피 플라스크의 액체가 빠져나가지 않게 거꾸로 세운다.

ㅁ. 더운물이 든 수조에 병을 넣고 빨대의 빨간 용액의 높이를 관찰한다.

ㅂ. 찬물이 든 수조에 병을 넣고 빨대의 빨간 용액의 높이를 관찰한다.

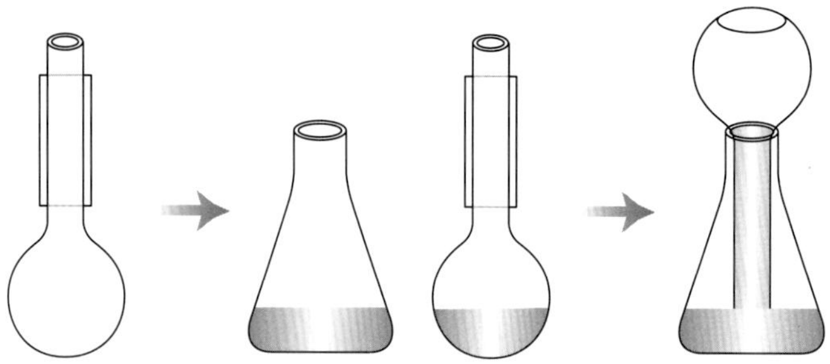

그림 Ⅱ.1 온도계 만들기 순서

5. 결과 및 고찰

1_ 실제 온도계와 비교했을 때, 삼각 플라스크의 아래 부분과 부피 플라스크의 관은 어디에 해당하는가?

2_ 플라스크를 더운 물이 든 수조와 찬 물이 든 수조에 넣었을 때, 서로 어떤 차이점을 가지는가?

실험날짜	학과	학번	이름	조(組)	평가

Ⅱ-2 습구온도계의 거즈 교환

1. 목표

이물질이 붙기 쉬운 습구온도계의 거즈를 지역적인 특성을 고려하여 수시로 교환해 줌으로써, 정확한 습도의 관측을 할 수 있다.

2. 준비물

온도계, 거즈, 비커, 실, 자, 가위.

3. 원리

건구온도계와 습구온도계와의 차이로 습도를 산출함에 있어 정확한 관측 값이 요구되어, 건습구 온도계의 철저한 관리와 점검이 필요하다. 특히 습구온도계의 구부를 둘러싼 거즈는 이물질이 잘 붙기 때문에 주 1 회 정도 교환해주어야 하며, 거즈의 손상으로 인해 정확한 관측을 할 수 없을 경우에도 수시로 교환해주어야 한다. 겨울철 취급 시 주의 할 점은 영하의 기온으로 인해 습구온도계의 구부가 얼어 파손되기 쉬우므로 더욱더 조심스럽게 취급하여야 한다.

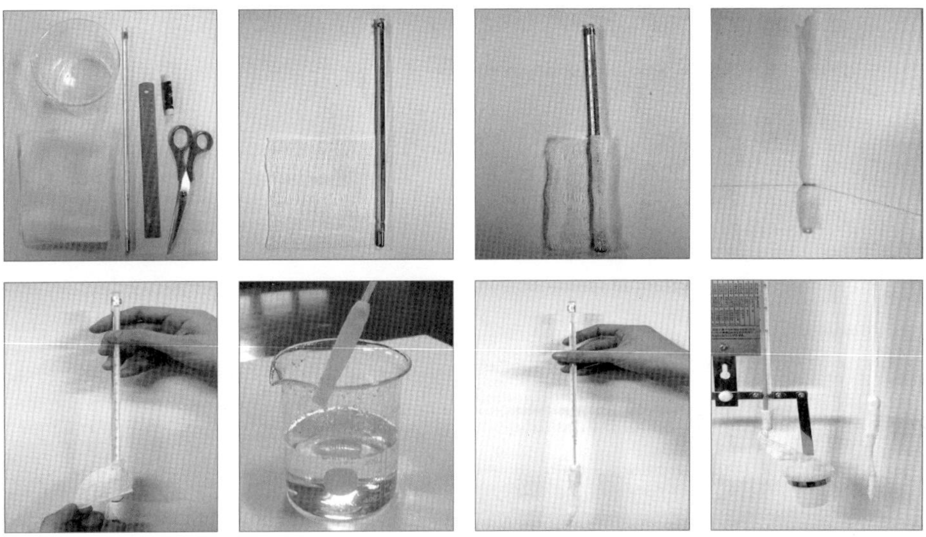

그림 II .2 거즈교환 순서

4. 방법 및 과정

ㄱ. 거즈(무명천)를 10 cm × 15 cm 정도의 크기로 자른다.

ㄴ. 마름질한 거즈를 온도계의 하부에 맞추어 길게 감는다.

ㄷ. 감겨 있는 거즈위로 온도계의 홈에 맞춰서 흘러내리지 않게 실로 묶는다.

ㄹ. 실로 묶은 뒤 거즈의 맨 윗부분을 잡고 벗겨내듯이 아래로 내린다.

ㅁ. 흐트러진 거즈를 가지런히 모으고, 비커 속의 물로 적셔서 완성한다.

5. 결과 및 고찰

1_ 거즈를 온도계에 강하게 감으면 어떤 문제점이 발생하는가?

2_ 거즈의 교환이 원활하게 이루어졌는가? 원활하지 않다면 실습 과정에서의 문제점이나 주의해야 할 점은 무엇인가?

6. 문제

1_ 습구온도계의 교환한 거즈가 구부를 완전히 감싸지 않았을 경우, 구부를 완전히 감싼 습구온도계와의 차이가 있는가? 차이가 있다면 그 이유는 무엇인가?

2_ 거즈를 오랫동안 사용하여 해어졌을 경우 어떤 문제가 발생할 것으로 예상되는가?

실험날짜	학과	학번	이름	조(組)	평가

Ⅱ-3 우량계의 개발원리

기존에 개발된 우량계를 통하여, 어떠한 사고와 과정을 통해서 만들어졌는지를 살펴보고, 이와 같은 방법으로 다른 측기(測器)들도 개발해 줄 것을 당부하는 것이다. 한 가지 명심할 것은 이들의 개발의 대부분은 평상시의 우리의 주변에서 흔히 존재하는 사소한 물건들로부터 그 아이디어를 발견한다고 하는 사실이다. 그러기 위해서는 직접 또는 간접(서적을 통한 독서) 경험이 그 모태(母胎)인 것을 알 수가 있다. 특히 많은 직접경험을 하기 위해서는 학업성적이 우수한 골방 샌님보다는 개구쟁이가 적격자(適格者)라는 뜻이다.

여기서는 **전도형우량계(轉倒型雨量計**, tipping-bucket rain gauge)와 **저수형 자기우량계[貯水型自記雨量計**, (reserving) recording rain ga(u)ge] 또는 **사이펀**(siphon) **식 자기우량계**를 소개하겠다.

1. 전도형우량계

전도형우량계(轉倒型雨量計, tipping-bucket rain gauge)는 원래 전도승형우량계(轉倒升型雨量計)였다. 즉 승(升) 자가 들어가 있었다. 그런데 지금은 불필요해서 이것을 생략 했다. 이 승(升)자는 「되」라고 하는 의미이다. 이것은 옛날 우리 조상들이 곡식의 부피를 잴 때에 사용했던 도구였다. 그림 II.3에는 이들의 도구를 나열해 놓았다. 이들을 현재 서양의 단위로 환산하면

홉[합(合)] = 1/10 되 = 180.39 cm^3 = 0.00018 m^3 = 0.18039 ℓ

되[승(升)] = 10 홉 = 1/10 말 = 1,803.9 cm^3 = 0.0018 m^3 = 1.8039 ℓ (II.1)

말[두(斗)] = 100 홉 = 10 되 = 18,039 cm^3 = 0.018 m^3 = 18.039 ℓ

이다. 최근에는 환산하기 편리하도록

1 홉 = 1 dℓ = 1/10 ℓ,

1 되 = 1 ℓ, (II.2)

1 말 = 10 ℓ

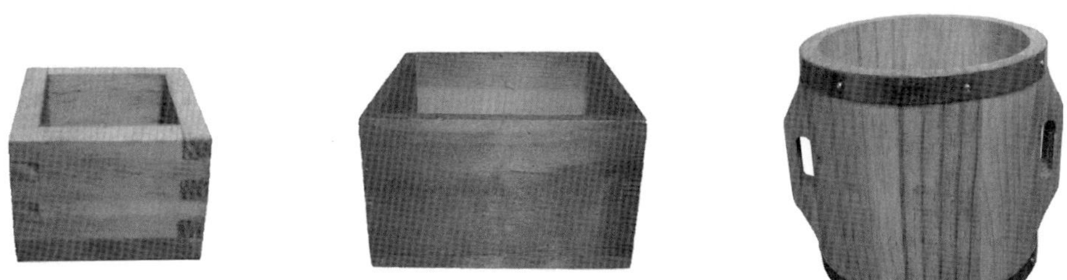

홉[합(合)] 되[승(升)] 말[두(斗)]

그림 II.3 곡물 부피 측정 도구

를 사용하고 있다. 이들 중에 대표적인 되[승(升)]를 보면서, 전도형우량계가 어떻게 탄생했는지를 생각해 보자.

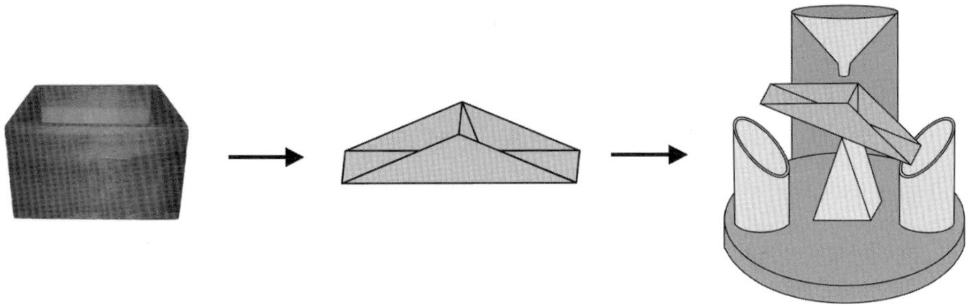

되 전도되 전도형 우량계

그림 Ⅱ.4 되[승(升)]에서 전도되[전도승(轉倒升)]의 출현

되[승(升)]를 가지고 곡물을 한 되 두 되 재면서 퍼서 다른 그릇으로 옮기는 과정을 생각하면서 이번에는 곡물이 아니고 빗물을 한 되 두 되 퍼서 넘긴다고 생각하면, 전도되[전도승(轉倒升)]가 연상이 되어 이것을 우량계(雨量計, rain gauge)에 적용하면 어떠할까라고 하는 착상이 전도형우량계의 탄생이 아닐까 생각할 수가 있다. 이런 과정을 그림 Ⅱ.4에 새겨 넣었다.

이와 같이 보잘 것 없어 보이는 시골의 되[승(升)]가 전도형우량계를 탄생시켰고, 현재는 전 세계에서서 보편적으로 널리 사용되는 우량계가 되었다. 이로 인해서 옛날에 사용되던 우량계는 사양(斜陽)길에 들어섰다. 앞으로도 또 새로운 우량계가 발명이 되어서 전도형우량계의 황혼을 고할지도 모른다. 그 새로운 우량계의 발명이 위와 같은 사고(思考)로 독자인 여러분이 만들어 내기를 바란다.

2. 저수형 자기우량계

2.1. 사이펀의 원리

저수형 자기우량계[貯水型自記雨量計, (reserving) recording rain ga(u)ge] 또는 사이펀(siphon)식 자기우량계는 사이펀의 원리에 의해서 만들어졌다.

사이펀의 원리는 한 다리는 길고 한 다리는 짧은 'U' 또는 '∧' 모양의 굽은 관으로, 대기의 압력을 이용하여 높은 곳에 있는 액체를 낮은 곳으로 옮기는 데 쓴다. 물을 옮길 때 짧은 다리의 물에 잠기지 않은 부분이 10 m를 넘으면 쓸 수 없다. 극간(隙間)이 없는 관(管)을 이용해서, 액체를 일단 높은 위치에 놓고 물을 빨아내서 수조(水槽)의 수면보다 아래로 내려뜨리면, 호수에서 물이 저절로 흘러 떨어진다. 이것을 사이펀의 원리라고 한다(그림 II.5 참조).

어떤 액체가 있고, 이것을 도중 높은 지점을 넘어서, 목적지까지 운반하고 싶다고 하자. 이때 액체를 어느 지점에서 목적지까지 관으로 끌어, 무언가의 작용에 의해 일단 액체를 관 속에 채우면, 그 이상은 에너지를 부여하지 않아도 액체는 원래 있던 지점에서 목적지까지 이동을 계속한다. 사이펀은 출발지점이 목적지보다 높은 위치에 있으면, 액체의 이동에 의해 관의 내부에 진공을 만들어내, 이것에 의해 액체를 빨아올린다. 도중 어느 정도의 높은 지점을 통과할 수가 있을 까는 대기압(大

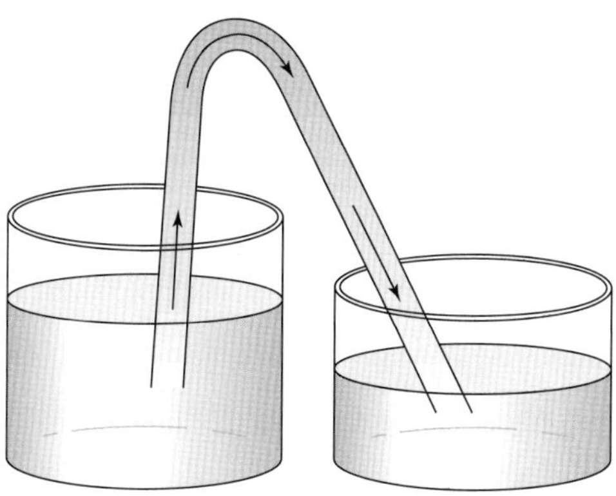

그림 II.5 사이펀의 원리

氣壓)과 액체의 비중(比重)에 의한다. 최고지점에 있어서는 중력이 액체를 양쪽으로 잡아당기려고 해서 그것에 의해 진공(眞空)이 발생하려고 한다. 출발지점에 어떤 액체표면에 걸리는 대기압은 액체 속으로 전달되어, 진공이 만들어지는 것을 막는다. 관 내부에 있는 액체의 중량과 대기압이 같아지면, 진공이 발생해 버려, 더 이상의 사이펀의 효과는 생기지 않는다. 1 기압(氣壓, atm) 하에 있어서, 물이라면 최고 약 10 m의 높이를 통하는 사이펀을 만들 수가 있지만, 수은의 경우는 대략 76 cm의 사이펀이 가능하다.

2.2. 사이펀의 응용

사이펀의 원리를 이용해서 우량계를 만들어 내는 착상(着想)은 이러하다. 사이펀의 원리가 관 속을 진공으로 만들어서 일단 물로 채워지면, 다른 여분의 에너지 없이 스스로 계속해서 흘러가는 것을 알았다. 우량계의 저수통(貯水桶)에 일정한 빗물이 쌓이면 이것을 한 번에 다 버리면 되는 것이다. 그러면 이 강수량을 기록계를 통해서 측정한다고 하는 생각이다. 이 역할을 사이펀이 해주기 때문에 이것을 이용하는 것이다.

이 사이펀의 원리를 우리 생활 주변에서 흔히 볼 수 있는 것이 있다. 무심코 보아 넘겼겠지만, 겨울철에 등유를 석유통에서 난로에 기름을 주유할 때 쓰는 펌프를 생각해 보자. 석유통과 주유입구에 펌프를 대고 위의 주름통으로 공기를 빼주는 작업을 무심코 했다. 이것이 사이펀에서 진공(眞空)으로 만들어서 기름을 흐르게 하는 역할이었다. 이것이 우리의 일상생활에서 발명의 실마리를 찾아내는 상황이다. 따라서 앞으로의 위대한 발명도 우리 생활주변에 있음을 명심할 필요가 있다.

그림 II.6은 주유할 때의 펌프를 연상해서 유리관에 철 파이프를 연결한 '∧' 모양의 굽은 관으로 된 사이펀과 이것을 연결해서 만든 것이 **사이펀식 우량계[--- 式雨量計, siphon's rain ga(u)ge]**이다. 여기서는 기록계가 부착된 사이펀식 자기우량계[---式自記雨量計, siphon's recording rain ga(u)ge]를 보여주고 있다. 이것은 물을 저장하는 형식이라 **저수형 자기우량계[貯水型自記雨量計, (reserving) recording rain ga(u)ge]**로 더 일반적인 명칭이 되어 있다.

현재는 전도형우량계가 더 많이 활용이 되어 있어 사이펀식우량계는 이용이 잘 안 되어서 제작회사에서도 이미 생산이 중단이 되어 있는 상태이다. 재고라고 구하려고 애를 써 보았지만, 애석하게도 구할 수가 없었고, 박물관의 진열장에서나 볼 수 있는 골동품의 신세가 되어 가고 있다. 그러나 제품은 사라져 간다 해도, 새로운 측기(測器)를 개발하는 그 정신, 사고(思考)만은 이어받도록 하자.

주유펌프

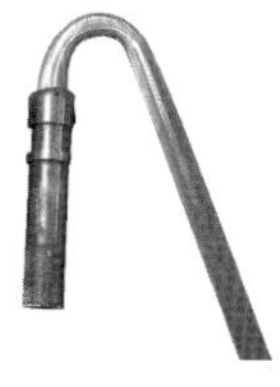

사이펀

사이펀식 자기우량계

그림 Ⅱ.6 사이펀과 사이펀식 자기우량계

3. 전도형과 사이펀식 우량계의 실습

3.1. 준비물

전도형우량계, 홉[합(合)], 되[승(升)], 말[두(斗)], 사이펀식 우량계, 주유펌프, 주전자, 물.

3.2. 실습과정

ㄱ. **전도형우량계** : 주전자의 물을 전도형우량계의 수수구(受水口)에 부어가면서 자동하는 과정을 관찰한다. 주전자의 물을 쏟는 속도를 조절하면서 같은 실

험을 해본다. 전도되의 움직임을 주의 깊게 살핀다.

ㄴ. **사이펀식우량계** : 주전자에 물을 가득 채우고, 이 물을 사이펀식 우량계의 수수구(受水口)에 부어서 20 mm가 채워져서, 사이펀이 작동이 되어 물이 흘러나가면, 멈춘다. 반복해서 실험하면서, 자세하게 살펴보자.

4. 문제

1_ 홉[합(合)], 되[승(升)], 말[두(斗)]을 보고, 전도형우량계와 연관지어 어떠한 생각이 드는가?

2_ 전도형우량계에 물을 부어 실습해 보면서, 이 우량계의 장·단점을 논의해 보자.

3_ 사이펀의 원리, 주유 펌프를 생각하면서, 사이펀식 우량계가 탄생한 과정을 추론(推論)해 보자.

4_ 사이펀식우량계에 물을 부어 실습해 보면서, 이 우량계의 장·단점을 논의해 보자.

실험날짜	학과	학번	이름	조(組)	평가

Ⅱ-4 모발, 양장 습도계

1. 목표

공기 중의 수증기의 양을 나타내는 대기과학 용어가 습도(濕度, humidity)이다. 또 이 습도를 측정하기 위한 측기가 습도계(濕度計, hygrometer)이다. 현재까지의 습도계의 재료로는 여러 가지가 알려져 있고, 또 개발되어 신제품이 출현한 것도 사실이다. 그러나 앞으로 더 좋은 신제품이 나오기 위해서는 이에 대한 연구가 계속 진행이 되어야 한다. 그래서 이들 재료 중에서도 처음의 시작에서 알려지고, 배우는 학도들에게 창의력의 개발에 동기를 부여할 수 있다고 생각되어지는 모발(毛髮, hair)과 양장(羊腸 : 양의 창자, sheep gut)을 선택했다. 이들은 자연에서 구할 수 있는 것으로 저렴하고 성능이 좋은 새롭게 개량된 습도계가 탄생될 것을 기대하면서 이 실험을 진행한다.

2. 준비물

모발(毛髮), 양장(羊腸), 화학물질(암모니아, 알코올 등).

3. 원리

모발이든 양장이든, 신축성(伸縮性 : 늘어나고 줄어드는 성질)이 좋을수록 좋다. 또 한 가지는 선형성(線形性)이다. 늘어나는 비율이 불규칙하지 않고, 규칙적인 1차함수적으로 증감(增減)이 있을수록 성능이 좋은 재료가 된다.

3.1. 모발

모발(毛髮)은 사람의 머리카락을 사용하고 있다. 그러나 일반적인 털(fur)로 짐승에게는 많이 있다. 예를 들면, 말[마(馬), horse]에는 목 위에 있는 갈기와 꼬리에도 긴 털이 있다. 이들 짐승의 털을 이용하면 어떠할까? 단단하고 질겨서 신축성이 적을 수 있다. 그러나 단단함 등의 좋은 점도 있을 수 있다. 이들의 장단점을 살려서 화학처리 등의 가공을 거쳐서 좋은 재료가 될 수 있지 않을까?를 궁리해 보자.

모발은 상대습도(相對濕度, relative humidity, RH)가 0~100 %까지 변화할 때, 그 길이의 2~2.5 %의 증가가 일어난다고 한다. 이것으로 습도를 가늠하는 것이다. 그런데, 이 모발 속이 들어 있는 지방(脂肪, 기름기)을 제거하면, 신축력(伸縮力)이 좋아져서 더 잘 늘어난다고 한다. 즉 자연 상태의 모발 보다는 무엇인가의 가공처리에 의해서 더 좋은 습도계가 되는 것이다.

또 인종(人種)에 따라서도 탄력의 정도는 다르다고 되어 있다. 그 중 제일 신장력(伸張力)이 좋은 머리칼은 프랑스 여자의 금발(金髮)이라고 되어 있어서 습도계의 재료로 사용하고 있다. 안타깝게도 동양에서 습도계를 만들어도 서양의 금발을 사용하지, 동양의 검정 머리는 사용하고 있지 않다. 애석한 일이다. 이에 우리의 검정머리의 가공처리를 개발하여 우수한 검정머리 습도계를 만들 수는 없을까? 앞으로 우리의 과제로 선정하자.

3.2. 양장

양장습도계(羊腸濕度計, sheepgut hygrometer)는 양의 창자로 만들어진 것이다. 이것은 역사적으로 Santorio Santorio (Latin Sanctorius, or Santorius, 이탈리아, 1561~1636, 갈릴레오의 제자)가 만든 것으로 되어 있으나, 현재에는 전해지지 않고 사려졌다. 그 이유는 아마 성능은 좋으나 재질의 값이 비싸고 경우에 따라서는 구하기도(모발에 비해서) 어려워서, 그래서 모발습도계가 일반화되지 않았는지 추측하고 싶다. 또 내구성(耐久性)이 없다고 되어 있지만, 이것은 조금 의심스럽다. 다음에 그 이유가 있다. 동물의 창자가 탄력성이 좋아서 습도계로 이용을 한다면, 여러 다른 동물들의 창자도 있는데 하필이면 양의 창자를 이용했는지 궁금하다. 양장이 성능이 제일 좋은 것인지, 그렇지 않으면 주위에서 구하기 쉬웠다든지 등의 다른 이유가 있는지 모르겠다.

양장이 다른 분야에 이용되는 사례를 보면, 테니스 경기에 사용되는 테니스 라켓의 줄에 쓰이는 재료의 일종으로, 양의 창자를 건조시켜 사용하고 있다. 나일론 등의 인공 줄보다 성능이 뛰어나지만 내구성이 떨어지고 값이 비싸다는 단점이 있다. 또 라켓뿐 아니라 악기의 현(弦)과 외과수술용 봉합사(縫合絲)로도 널리 쓰이는 이것이 양장이다. 여기서 내구성이 떨어진다고 하는 말은 라켓의 줄, 악기의 현, 수술용의 봉합사 등으로 사용한다고 하면 대단히 질기다 라고 하는 인상이 드는데 내구성이 없다 라고 하니 어떻게 해석을 해야 할까? 어쩌면 질기기는 한데 사용하다보면 끊어지지는 않으나 늘어나서 감도가 나빠져 성능의 저하로 쓸 수가 없게 된다고 하는 뜻인지, 의문점들이 많다.

이들의 의문점들의 풀고, 옛 양장의 단점을 보안하고 새로운 가공처리의 기술을 습득하여 우수한 습도계를 창안해 내도록 유도하는 것이 이 실험의 목표이다.

4. 방법 및 과정

4.1. 모발

그림 II.7은 사람의 머리칼인 인모(人毛)이다. 이것은 생활 주변에 있는 미용실에서 구한 것이다. 보다 긴 모발을 구하기 위해서는 사전에 부탁을 해서 구하면 된다. 좀 더 성의가 있다면 시간을 두고 모발을 길러서 사용하면 더 뜻이 있을 것 같다. 이 외에도 가능하면 지구상의 여러 민족의 머리칼을 구입해서 실험하자.

이와 같은 머리칼을 그림 II.8과 같은 실험장치를 고안해서 습도의 실험을 하기 바란다. 실험에 사용되는 모발은 처음에는 그대로 실험하고, 다음에는 여러 가지의 화학 약품을 처리해 실험을 해서 가장 신축성이 좋고, 선형성이 좋은 재질을 찾는다.

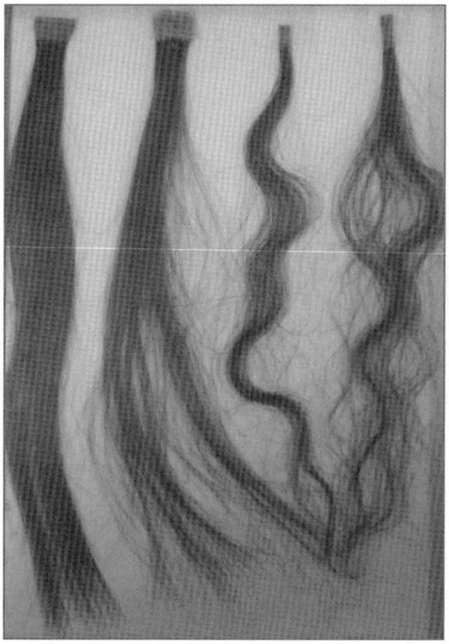

그림 II.7 사람의 머리칼인 인모(人毛)

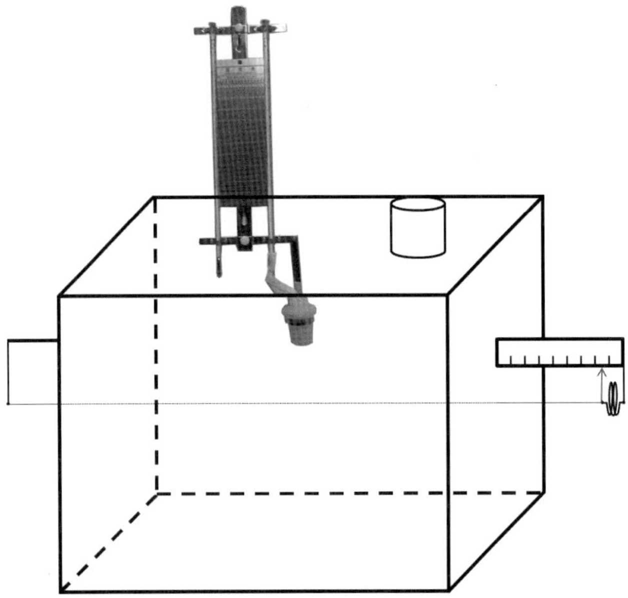

그림 II.8 인모 시험용 실험장치의 고안

4.2. 양장

우리의 생활주변에서 양장을 구하기가 어려울 수도 있다. 그런 경우에는 차선책으로 주위에서 구할 수 있는 동물의 창자를 구해서 쓰도록 하자. 양장과 질은 다를 수 있어서 창자의 신축성을 이용한다고 하는 원리는 변함이 없음으로 우선 이용하도록 하자. 그러고 나서 경비가 허락이 되는 데로 양장을 비롯하여 다른 여러 동물들의 창자를 구입해 같은 실험들을 해서, 그 중에서 제일 우수한 재질을 발견하도록 하자.

그림 II.9는 동물의 창자를 이용한 구형 습도계의 모습이다. 그림에서와 같은 모양으로 그 탄력성을 실험할 수도 있고, 아니면 다른 형태로도 실험을 해서 모양에 따른 신축의 정도를 조사해 보자.

그림 Ⅱ.9 동물의 창자를 이용한 구형 습도계의 모습

5. 결과 및 고찰

그림 Ⅱ.9와 같은 실험 장치에 의한 실험을 정해진 틀에 의한 실험보다는 실험자의 주관에 따라서 모든 조건을 결정해서 가급적이면 다양한 실험 결과를 기재하도록 하자. Ⅱ.9와 같은 양장의 경우도 위에서와 같이 실험조건, 모양 등을 바꾸어 가면서 결과를 도출하도록 하자.

이들 결과를 놓고, 많은 생각과 논의를 시도해 보도록 하자. 이렇다 할 결론을 내지 못했다고 해도 실망할 필요는 없다. 창의력을 발휘해서 새로운 제품을 개발한다고 하는 것은 그리 쉽게 얻어지는 것이 아니다. 비록 실패했다고 해도 이만큼의 생각을 했다고 하는 것 자체가 큰 성과이다. 문제는 이 실패를 거울삼아, 계속해서

끈기를 가지고 목적을 달성할 때까지 지속하는 것이다.

모발이든 양장이든, 다음과 같은 단계로 실험을 해서 그 결과를 종합해서 실험의 질(質)의 정도를 판단하자. 표 II.1과 같이 수증기 양의 주입에 따른 습도의 변화에 따라서 신축의 길이를 측정하자. 그러고 나서 그림 II.10과 같이 습도에 따른 재질의 변화 정도를 그래프로 그려서 어떠한 관계를 가지고 있는지를 조사하자. 만일 아무런 관계가 없다면 이 경우의 실험은 가치가 없게 된다. 그러나 습도에 따라 줄거나 늘어난 길이가 1차 함수적으로 선형성(線形性)을 가지고 있다면 제일 성공적인 실험이 될 것이다. 또 다음으로는 직선적이지는 않지만, 2차 함수 또는 다른 여러 형태의 함수가 나올 수도 있다. 그때는 상황에 따라서 적절한 판단이 필요하다. 그것에 따라서 가치의 정도를 정하면 되다.

표 II.1 습도와 재질(모발, 양장)의 신축의 길이

습도	모발의 신축	양장의 신축
0		
10		
20		
30		
40		
50		
60		
70		
80		
90		
100		

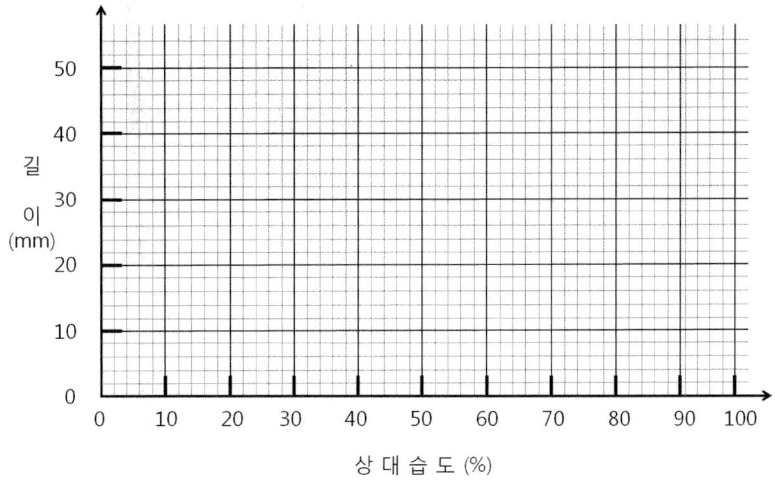

그림 II.10 습도와 재질(모발, 양장)의 신축의 길이와의 관계

6. 문제

1_ 모발이 인종에 따라서 신축성이 다름을 확인 했는가 ? 했다면 어떤 민족의 머리카락이 모발습도계에 가장 적합한가?

2_ 모발의 화학약품 처리에 가장 적합한 시약(試藥)들과 그들 간의 제일 바람직한 비율은 어느 정도인가?

3_ 모발 중 사람의 머리칼은 인모(人毛) 이외의 다른 동물의 털로 적합한 것은 무엇이 있는가?

4_ 동물의 창자 중에서는 습도계에 추천할 만한 것은 무엇이 있는가?

5_ 양의 창자는 어떠한 장단점을 가지고 있는가?

6_ 양의 창자인 양장을 비롯해서 실험에 사용된 다른 모든 창자들의 질(質), 우수성, 경제성, 내구성(耐久性) 등은 어떠한가?

실험날짜	학과	학번	이름	조(組)	평가

Ⅱ-5 라디오존데의 측정 감지부

상공의 온도, 습도, 기압 등 대기의 특성을 파악하기 위해 실시하는 관측을 고층대기관측이라 한다. 이를 관측하기 위한 측기를 라디오존데(radiosonde)라고 하는데 이는 라디오(radio) + 존데(sonde)로 이루어져 있다. 즉, 전파에 의해 대기를 탐측하는 기기인 무선탐측장비이다. 1930 년대 경부터 고층대기관측의 측기로 현재까지 잘 이용되고 있지만, 일회용의 소모성이라는 문제를 안고 있다.

1. 목표

라디오존데의 감지부(感知部)는 기압센서, 기온센서, 습도센서로 구성되어있다. 라디오존데의 감지부 원리와 공정 순서를 알아보자.

2. 원리

ㄱ. **기압감부** : 기압감부(氣壓感部, pressure sensor)로서는 공합을 이용한 공합기압계(空盒氣壓計, aneroid barometer)가 사용되고 있다. 공합을 서로 마주보도록 전극판(電極板)이 설치되어 있고, 기압의 변화에 따라서 공합의 신축(伸縮)을 공합과 전극 사이의 정전용량 변화(靜電容量 變化)로써 검출해 기압을 연속적으로 측정한다. 공합의 재료는 온도 변화에 의한 영향이 적은 철·니켈의 합금을 사용하고 있다. 기압감부는 다음의 근사식으로 표현하고 있다.

$$p = C_0 + C_1(F_P) + C_2(F_P)^2 + C_3(F_P)^3 + C_4(F_P)^4 + C_5(F_P)^5 \qquad (\text{II}.3)$$

ㄴ. **기온감부** : 기온감부(氣溫感部, air temperature sensor)에는 써미스터 온도계(thermistor thermometer)를 이용한다. 써미스터는 망간, 니켈, 코발트 등의 금속산화물을 만들어서 소결(燒結 : 가루 등을 압축 녹여 서로 밀착 고결함을 이용하는 제조 방법)시킨 것이다. 소형, 경량으로 응답속도가 빠르고, 온도변화에 대응해서 전기저항이 크게 변화한다. 온도계로서는 저항의 온도계수가 부(-)의 것을 사용하고 있다. 기온감부는 팔의 선단부분에 부착되어 외부에 노출되어 있으므로 일사(日射) 및 적외방사(赤外放射)의 영향을 받는다. 이 영향을 경감시키기 위하여 감부 표면에 알루미늄 증착(蒸着, 眞空蒸着 : 진공상태에서 금속이나 화합물 따위를 가열·증발시켜 그 증기를 물체 표면에 얇은 막으로 입히는 일)이 되어 있다. 또 수적(水滴 : 물방울) 부착에 의한 측정오차를 줄이기 위해 팔은 수평보다 60° 위로 향하게 되어 수적이 떨어지기 쉽게 되어 있다.

써미스터 온도계의 저항치에 대한 온도의 관계는 다음의 식으로 근사한다.

$$t = \frac{1}{A(\ln Rt)^3 + B(\ln Rt) + C} - 273.15 \qquad (\text{II}.4)$$

ㄷ. **습도감부** : 습도감부(濕度感部, humidity sensor)는 정전용량형 고분자막 습도계(靜電容量型 高分子膜 濕度計)를 이용하고 있다. 유리판위에 있는 금속층의 하부전극(下部電極)과 수증기가 통과할 수 있는 박막(薄膜) 상부전극(上部電極)과의 사이에 고분자 감습막(高分子 感濕膜)을 형성하고, 상하양전극간의 정전용량(靜電容量)의 변화로 습도를 검출한다. 센서는 팔의 도중 선단에 부착되어 있다. 일사나 장파장 방사(放射) 등의 영향과 수적 등의 침입을 방지하기 위해 알루미늄 캡을 씌워서 사용하고 있다. 습도감부는 다음의 근사식으로 표현하고 있다.

$$RH = B_0 + B_1(F_{RH}) + B_2(F_{RH})^2 + B_3(F_{RH})^3 + B_4(F_{RH})^4 \qquad (\text{Ⅱ}.5)$$

3. 라디오존데의 구성 및 공정

라디오존데 기본 구성은 크게 기구, 파라슈트, 존데로 나누어진다(그림 Ⅱ.11).

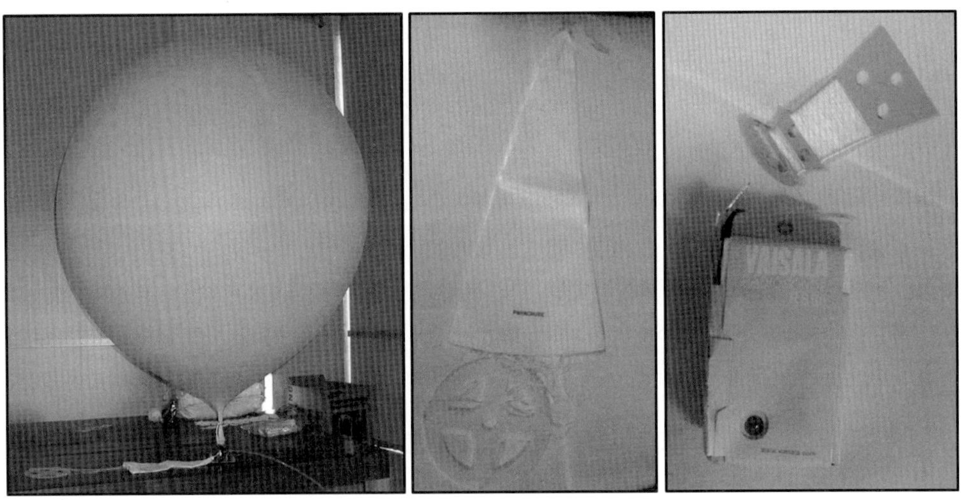

그림 Ⅱ.11 라디오존데의 기본 구성
(왼쪽부터 기구, 파라슈트, 존데 부분)

그림 II.12는 라디오존데의 구성 중, 센서 부분에서 대표적인 온도, 습도, 기압센서 부분을 보여준다. 존데의 팔 부분의 끝에 부착되어 있으며 위에 부분이 온도센서, 아래 캡으로 싸인 부분이 습도센서를 나타낸다. 기압센서는 정전용량형 아네로이드 캡슐형태로 장착되어있다.

그림 II.12 라디오존데의 대표 센서부

(왼쪽 : 위의 온도센서, 아래는 캡에 싸여있는 습도센서, 오른쪽 : 기압센서)

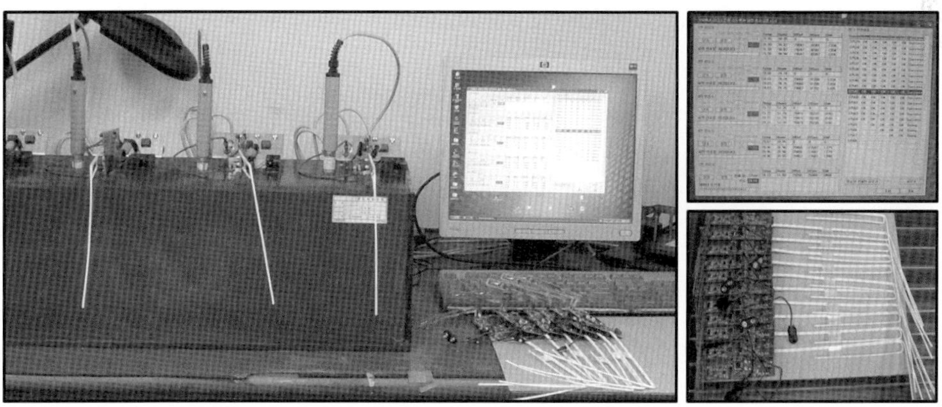

그림 II.13 기상 센서의 교정 과정

(왼쪽 : 전체 교정모습, 오른쪽 위 : 교정프로그램, 오른쪽 아래 : 센서조립 완성품)

모든 센서들은 조립되어진 후, 센서의 교정을 위해 교정 프로그램을 사용하여 각각의 교정계수를 하드디스크에 저장한다. 이 교정계수들은 존데가 띄워질 때 각 센서의 고유번호에 맞는 교정계수들이 입력되어 기상 관측값들의 오차검정에 사용된다. 이 센서들의 교정계수들은 소정의 포맷에 따라서 FD(floppy disk, 이동형 저장장치)로 제공된다.

4. 결과 및 고찰

1_ 라디오존데 중 대표적인 기상센서 세 부분을 보았다. 존데의 한계인 소모성 때문에 존데가 목표로 갖게 되는 경제성과 정밀성에 한층 더 다가가기 위한 노력에는 무엇이 있을까 생각해 보자.

2_ 라디오존데의 기상 센서부 3가지에 사용되는 측기들을 발전 순서대로 살펴보고, 변화됨에 따라 존데의 측정 성능에 어떤 기여를 하였는지 생각해 보자.

실험날짜	학과	학번	이름	조(組)	평가

Ⅱ-6 비양기구(풍선) 만들기

1. 목표

대기운동을 입체적으로 분석하기 위해 기온, 습도, 기압 등의 센서를 탑재한 관측 장비인 라디오존데(radiosonde)나 레윈존데(rawinsonde)를 상층으로 띄울 수 있게 해 주는 것이 비양기구(飛揚氣球)이다. 비양기구는 라디오존데를 매달고 수소나 헬륨 가스로 채워 대기 상공으로 비양시킬 수 있는 고무풍선을 말한다.

이 비양기구는 중량이 30 g, 100 g, 800 g 이 있다. 중량이 다른 이유는 부양력(浮揚力, 띄워 올리거나 떠오르는 힘)을 다르게 하기 위해서이다. 중량이 무거울수록 상층관측에 용이하다. 낮은 중량의 비양기구는 시각관측용으로 기온, 습도 등은 관측하지 않으며 풍향과 풍속만을 관측하는데 시각관측은 관측 시 대기 상태에 따라 비양기구의 색이 달라진다. 맑은 날은 무색이나 백색, 흐린 날은 검은색, 악천후일 경우 빨간색을 사용하여 효과적으로 시각관측을 할 수 있다. 비양기구의 중량에 따라서는 30 g 은 부양력이 132 g 으로 파열고도가 9 km 이상이며 부양속도가 180 m/분 이다. 중량이 100 g 은 부양력이 600 g, 파열고도가 13 km 이상, 부양속도는 300 m/분이며, 고층기상관측을 하는데 있어 가장 많이 쓰이는 800 g의 중량을 가지는 비양기구는 부양력이 1,400 g, 파열고도는 30 km 이상, 부양속도는 300~400 m/분 정도이다. 또한 비양기구는 초저온, 일사, 비, 우박 등 기상조건하에서도 파열되지 않아야 한다.

2. 준비물

풍선 틀, 합성 고무, 응고제, 운모분.

3. 방법 및 과정

ㄱ. 풍선의 둥근 부근과 주입구 부분을 나누어 풍선 틀에 알코올이 주성분인 응고제(凝固劑)를 발라 합성고무를 입힌다.

ㄴ. 중량을 맞추기 위해 합성고무에 넣었다가, 응고제에 넣기를 반복한다.

ㄷ. 풍선의 주입구 부분은 틀에서 빼내어 2~3 번 물에 담가 불순물을 제거한 후 건조대에 널어서 건조시킨다.

ㄹ. 틀에서 풍선을 꺼내어 물에 담가 불순물을 제거한 후 바람을 넣어 부풀리고 건조시킨다.

※ 풍선끼리 붙는 것을 방지하기 위해 표면에 운모분(雲母粉, 돌가루) 칠을 한다.

ㅁ. 탄성력을 높여주기 위해 130 ℃에서 약 2 시간정도 가황(加黃)처리를 해준다.

※ 천연고무나 합성고무의 물리적 성질을 개선시키는 화학공정으로 이 과정을 통해 마모에 잘 견디게 되고, 탄성을 유지하게 되는 범위가 넓어진다.

ㅂ. 풍선의 입구 쪽에 노즐을 연결해서 바람을 주입하여 부풀려, 내구성을 강화

시키고 습기와 일사로부터 보호하기 위해 표면에 코팅처리를 한다.

ㅅ. 건조대에 널어서 건조시킨다.

ㅇ. 풍선 공기 주입구를 부착시킨 후 풍선이 완성된다.

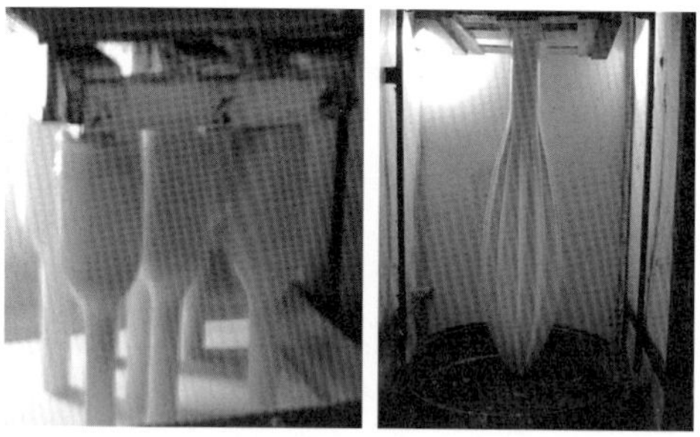

ㄱ. (좌) 풍선 주입구, (우) 풍선 둥근 부분

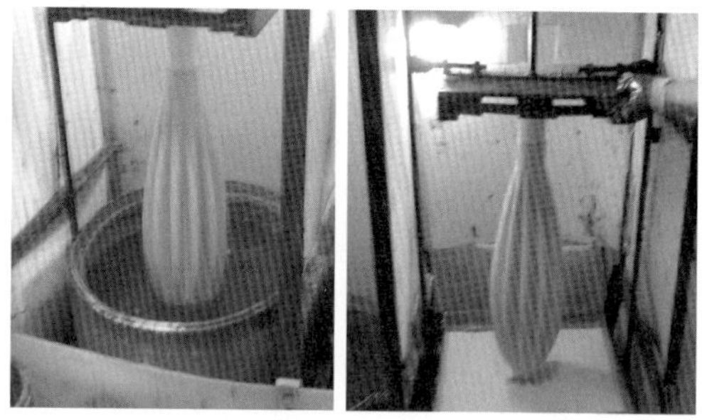

ㄴ. (좌) 응고제 처리, (우) 합성고무 덧칠

ㄷ. 풍선 주입구 건조

ㄹ. (좌) 완료된 풍선 틀, (우) 음모분 처리

ㅁ. 가황처리

ㅂ. 코팅처리

(계속)

ㅅ. 풍선 둥근 부분의 건조

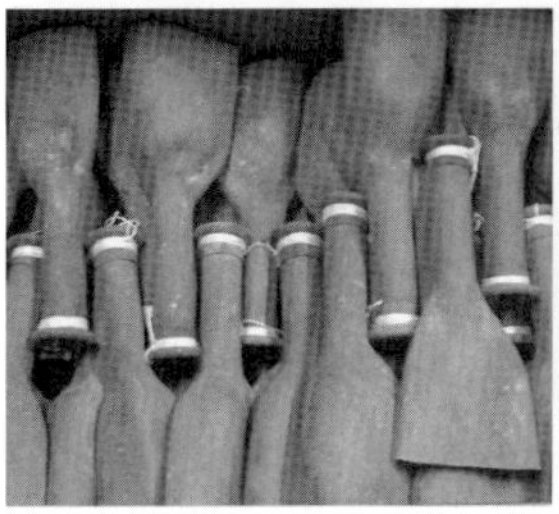

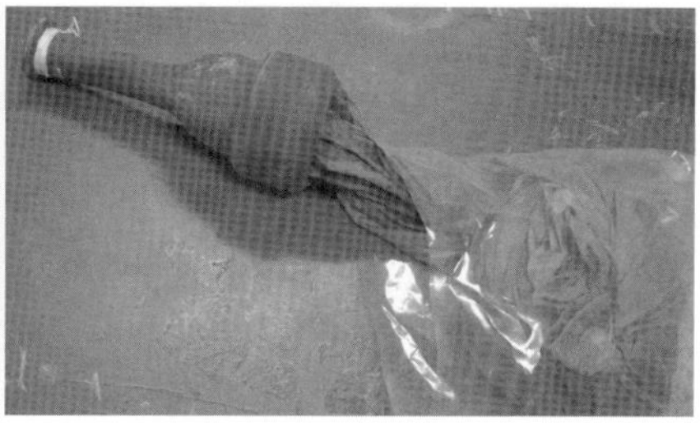

ㅇ. 풍선주입구, 풍선 둥근 부분, 풍선의 주입구와 둥근 부분 연결

그림 Ⅱ.14 풍선 만드는 과정

4. 결과 및 고찰

1_ 합성고무에 여러 번 넣고 빼기를 반복하면 중량이 높아지는데, 중량을 재는 방법은 무엇인가? 또한 정확히 중량을 잴 수 있는가?

2_ 실험과정에서 건조시킬 때 주의해야 할 점은 무엇인가?

5. 문제

1_ 비양기구를 만드는 과정에 있어서 불순물을 다 제거하지 않은 상태에서 건조를 시키고 다음 과정을 행하게 되면 어떤 일이 발생하는가?

2_ 비양기구의 중량이 최대가 800 g 이다. 이보다 높은 중량이 없는 이유는 무엇인가?

실험날짜	학과	학번	이름	조(組)	평가

제 Ⅲ 부

공기(空氣)

Ⅲ-1 공기 중의 산소량 측정

1. 목표

공기 중에는 질소, 산소, 아르곤, 탄산가스 등의 여러 기체가 혼합되어 들어 있다. 이 중 산소가 얼마나 들어 있는지를 알아본다.

2. 준비물

큰 수조 1 개, 유리종(또는 밑부분이 없는 링겔병) 1 개, 유리종 고무마개 1 개, 500 mL 메스실린더 1 개, 널판지 또는 스티로폼 조각(가로 5 cm, 세로 5 cm, 두께 1 cm), 양초 1 개, 철사줄(30 cm 정도, ϕ : 3 mm), 알코올램프 1 개, 붉은 인 약간, 양철 병마개, 성냥, 수저 1 개, 고무밴드 4 개(또는 유성펜), pH paper 나 지시약.

3. 원리

붉은 인(燐, P)은 공기 중에서 산소와 결합하여 연소(燃燒)하면 다음과 같이 오산화인(P_2O_5)이 된다.

$$4P + 5O_2 \rightarrow 2P_2O_5 \qquad (\text{III}.1)$$

이 오산화인은 물에 잘 용해(溶解)되는 성질을 가지고 있다. 따라서 물위의 닫힌 계(系)에서 인이 연소하면, 오산화인이 물에 용해되므로 연소에 사용된 만큼의 공기 중의 산소가 감소하므로 공기량의 감소를 측정함으로써 산소가 차지했던 부피를 알 수가 있다.

4. 방법 및 과정

그림 Ⅲ.1을 참고하면서 다음 순서로 실험한다.

ㄱ. 큰 수조에 물을 1/3 정도 채운다.

ㄴ. 속의 코르크를 제거한 양철 병마개 속에 붉은 인을 0.2 g 정도 떠서 넣는다. 이 양철 병마개를 널빤지위에 놓는다.

ㄷ. 널빤지위에 양철 병마개를 부착한 것을 수조의 물위에 띄우고 그것을 유리종으로 덮는다.

ㄹ. 유리종이나 큰 수조의 수위(水位)를 고무밴드나 유성펜을 이용하여 표시해놓고, 철사 줄의 한 끝을 알코올램프로 가열해서 유리종 속의 붉은 인을 인화(引火)시킴과 동시에 유리종의 고무마개를 재빨리 막는다.

ㅁ. 붉은 인의 연소가 다 끝난 후 유리종 속의 수위의 상승을 고무 밴드나 유성펜을 이용해 표시하여 상승된 수위를 측정한다.

ㅂ. 유리종 속에 촛불을 넣어본다.

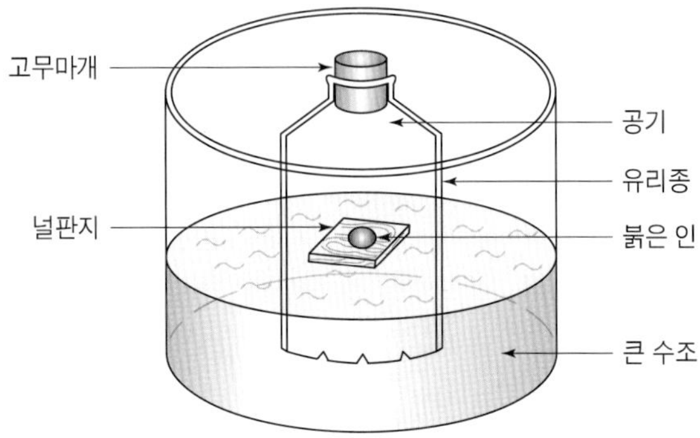

그림 Ⅲ.1 붉은 인의 연소 실험장치

5. 결과 및 고찰

붉은 인이 연소하기 전의 처음 체적과 연소한 후의 나중 체적을 측정하여 다음의 식으로 공기 중의 산소의 함량을 계산하라.

$$\text{공기 중의 산소의 함량비} = \frac{\text{처음의 체적} - \text{나중의 체적}}{\text{처음의 체적}} \times 100(\%) \qquad (Ⅲ.2)$$

오산화인이 물과 반응해서 용해되어 가는 과정을 생각해 보자.

$$P_2O_5 + 3H_2O \rightarrow 2H_3PO_4 \qquad (Ⅲ.3)$$

이 되고, 인산(H_3PO_4)은 산이므로 산도(酸度)를 측정하여 위의 사실을 확인하자.

H_3PO_4의 산도 =

표 Ⅲ.1 공기의 조성

성분	분자식	분자량	존재비율(%)	
			체적비	중량비
질소분자	N_2	28.01	78.088	75.527
산소분자	O_2	32.00	20.949	23.143
아르곤	Ar	39.94	0.93	1.282
탄산가스	CO_2	44.01	0.03	0.0456
일산화탄소	CO	28.01	1.0×10−5	1.0×10−5
네온	Ne	20.18	1.8×10−3	1.25×10−3
헬륨	He	4.00	5.24×10−4	7.24×10−5
메탄	CH_4	16.05	1.4×10−4	7.25×10−5
크립톤	Kr	83.70	1.14×10−4	3.30×10−4
일산화질소	N_2O	44.02	5.0×10−5	7.6×10−5
수소분자	H_2	2.02	5.0×10−5	3.48×10−6
오존	O_3	48.00	2.0×10−6	3.0×10−6
수증기	H_2O	18.02	부정(不定)	부정(不定)

1_ 실험상의 어려운 점이나 문제점, 개선점들을 논의하여 더 좋은 실험이 될 수 있도록 방법을 생각해 보자.

2_ 표 Ⅲ.1을 참고하여 오차를 구하고 그 원인도 찾아보자.

3_ 표 Ⅲ.1을 보고 대기 중의 다른 원소의 함량비를 구할 수 있는 방법은 무엇일지를 가능한 한 다각도로 생각해 보자.

4_ 붉은 인의 연소 전후의 유리종의 공기의 양을 측정하는 방법 중 어느 방법이 손쉽고 정확도가 높을지 상의하자.

6. 문제

1_ 붉은 인을 인화시킨 후 바로 유리종의 고무마개를 막는 이유는 무엇인가?

2_ 붉은 인의 연소가 끝난 후 유리종 속에 촛불을 넣어 보면 어떤 현상이 일어나며 왜 그런가?

3_ 유리종 밑 부분이 수조와 밀착이 되어 물의 출입이 되지 않는다면 실험은 어떻게 될까?

실험날짜	학과	학번	이름	조(組)	평가

Ⅲ-2 방사에너지와 평형

1. 목표

ㄱ. 방사(복사)에너지가 거리가 멀어질수록 감소하는 것을 확인한다.

ㄴ. 방사에너지의 흡수는 물체에 따라 어떠한 변화가 있는지 알아보자.

ㄷ. 어떤 물체에 방사에너지가 계속 주어졌을 때 그 물체의 온도가 어떻게 유지되는지 탐구한다.

2. 준비물

검은 알루미늄 컵 2개, 흰 알루미늄 컵 2개, 온도계 4개, 초시계 1개, 스티로폼 뚜껑 4개, 전구(200W) 1개, 자.

3. 원리

ㄱ. 방사계와 흡수계 사이의 거리를 r 이라 하고 흡수체가 받는 에너지를 E 라 하면 이들은 다음의 관계가 있다.

$$E \propto \frac{1}{r^2} \qquad (\text{Ⅲ}.4)$$

ㄴ. 입사된 에너지를 완전히 흡수하는 가상적인 물체를 **흑체**(black body)라고 하고, 전부를 흡수하지 못하더라도 (흡수율<1) 파장에는 관계없이 흡수하는 물체를 **회색체**(gray body)라고 한다. 일반적으로 잘 흡수하는 물체는 잘 방사(복사)한다고 하는 법칙을 **키르히호프의 법칙**(Kirchhoff's law)이라고 부른다.

ㄷ. 어떤 물체에서 방사하는 전(全)에너지 E 는 절대온도 T 의 4 제곱에 비례하는 다음의 식이 성립된다.

$$E = \sigma T^4 \qquad (\text{Ⅲ}.5)$$

여기서 $\sigma = 5.67 \times 10^{-8} Wm^{-2}K^{-4}$은 **스테판-볼츠만의 상수**라 하며, 식(Ⅲ.5)는 스테판-볼츠만의 법칙이다.

4. 방법 및 과정

실험 장치는 그림 Ⅲ.2를 참고하면서 다음의 과정순서에 따라 설치해서 실험한다.

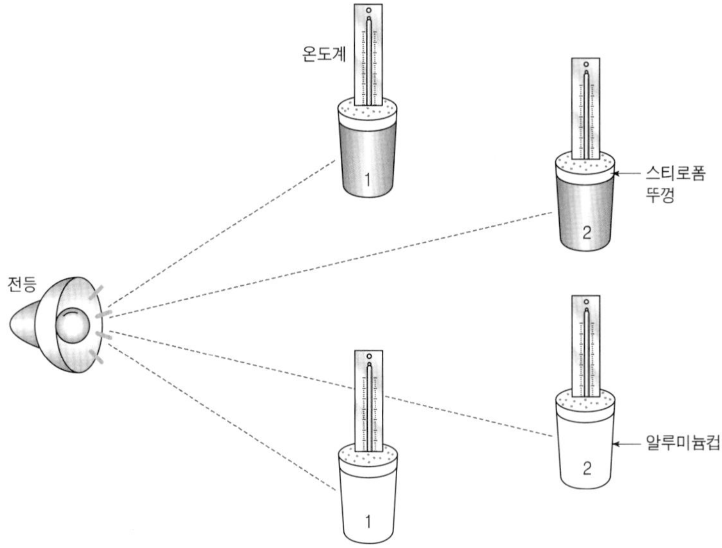

그림 Ⅲ.2 방사에너지의 전등과 알루미늄 컵의 배치

ㄱ. 알루미늄 컵에 뚜껑을 씌우고 그 뚜껑에 구멍을 뚫어 온도계를 꽂는다.

ㄴ. 전구와 알루미늄의 흰 컵, 검은 컵을 등 간격으로 차례대로 서로 가리지 않도록 놓는다. 예를 들면 간격은 5 cm, 10 cm 등으로 한다.

ㄷ. 각 컵 위의 온도계를 기차보정(器差補正)한 값들로 미리 점검해두고 불을 켜기 전에 컵 속의 기온을 측정한다.

ㄹ. 전구에 불을 켜서 일정한 시간간격(예를 들면 1 분)으로 연속해서 모든 컵 속의 온도를 동시에 측정해서 더 이상 온도가 올라가지 않고 일정한 온도가 유지 될 때까지 실시한다.

5. 결과 및 고찰

1_ 시간의 경과에 따른 각 컵들의 온도 값을 표 Ⅲ.2에 기입하고 이것으로 그림 Ⅲ.3의 그래프를 그려보라.

표 Ⅲ.2 각 시각에 따른 컵들의 온도

컵의 종류	검은 컵			흰 컵		
시간	1회	2회	3회	1회	2회	3회
0분(처음온도)						
분후						
〃						
〃						
〃						
〃						
〃						
〃						
〃						
〃						
〃						
〃						
〃						
〃						
〃						
〃						
〃						
〃						
〃						
〃						
〃						
〃						
〃						
〃						

2_ 이들 표와 그래프로부터 방사에너지의 거리와의 관계, 컵의 종류에 따른 온도 상승의 차이, 방사평형 등의 방사법칙에 대해 논의해 보자.

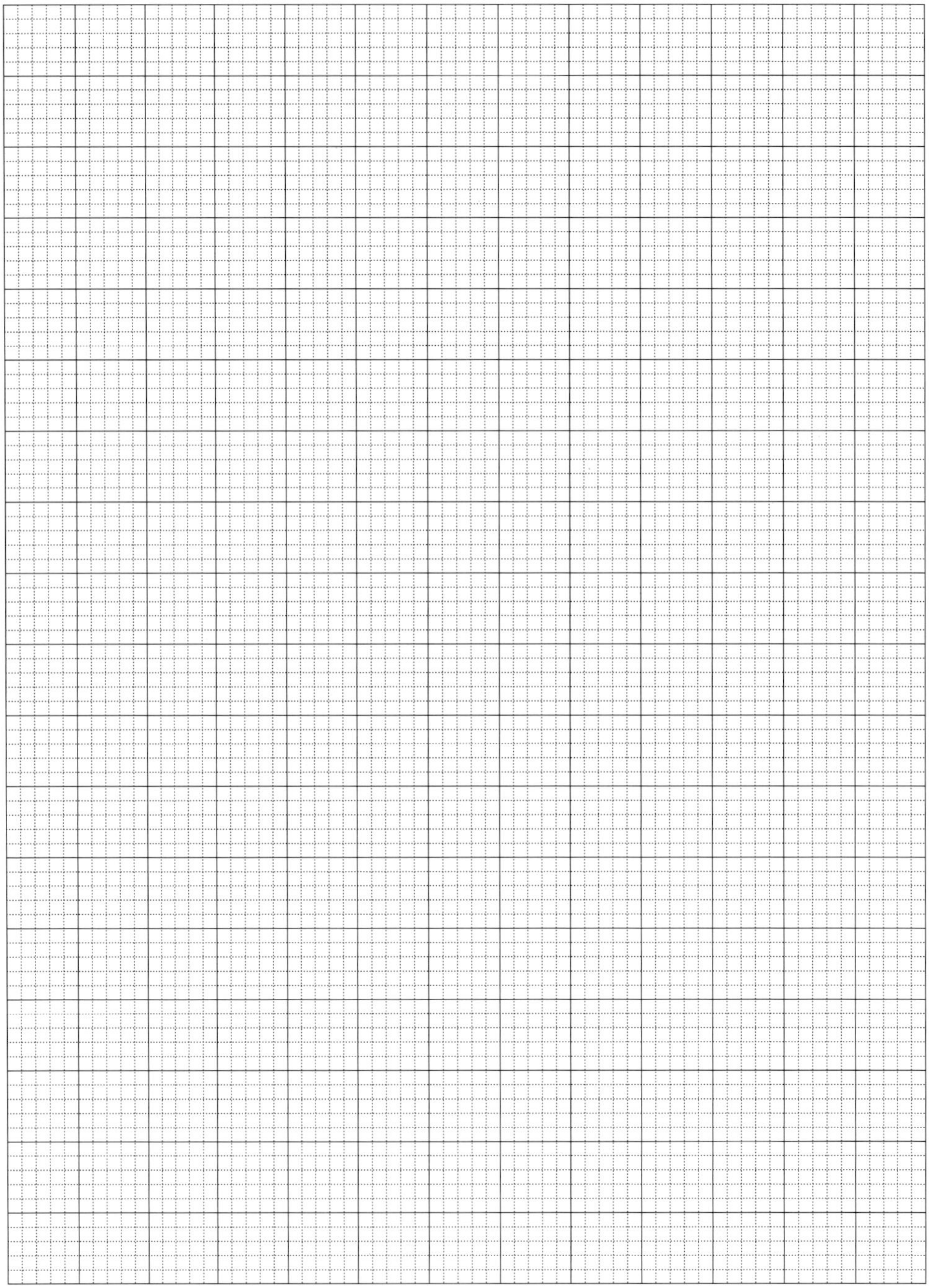

그림 Ⅲ.3 복사에너지에 의한 시간에 따른 컵들의 온도변화

3_ 실험 결과가 방사이론과 차이가 있다면 그 이유는 무엇이고 실험의 힘든점과 개선점에 대해서도 토의해 보자.

6. 문제

1_ 같은 방사에너지에 대해 흰 컵과 검은 컵의 온도차가 났다면, 그 이유는 무엇일까?

2_ 각 컵들의 방사평형점에서의 온도와 전(全에)너지 E는 얼마인가?

실험날짜	학과	학번	이름	조(組)	평가

Ⅲ-3 공기의 압축과 팽창

1. 목표

상승하는 공기덩이는 수증기의 공급 없이도 구름이 발생하는 것을 볼 수 있다. 어떻게 해서 구름이 발생하는지를 실험을 통해서 그 원리를 재현해 본다.

2. 준비물

둥근 바닥 플라스크, 고무마개, 고무관, 온도계, 대형 주사기, 스텐드, 물, 만수향 또는 담배연기, $NaCl$이나 묽은 H_2SO_4용액.

3. 원리

구름이나 안개는 공기가 포화되어 응결함으로써 만들어진다. 그러기 위해서는 수증기를 공급하거나 공기를 냉각시켜야 한다. 여기서는 공기의 혼합에 의한 생성만을 다룬다.

공기는 부양도체(不良導體)이어서 전도나 복사에 의한 열의 출입이 적어 그 영향을 무시할 때의 변화를 **단열변화(斷熱變化, adiabatic change)**라고 한다. 상승하는 공기덩이는 올라갈수록 기압이 낮아져 단열팽창(斷熱彭脹, adiabatic expansion)하게 된다. 팽창할 때 외부에 대하여 한 일로 필요한 에너지는 공기덩이 자체의 내부 에너지의 소모(온도의 감소)로 충당하게 된다. 따라서 공기덩이가 상승할수록 온도가 내려가 노점(이슬점)온도(露點溫度)에 이르면 응결하게 된다.

4. 방법 및 과정

ㄱ. 둥근 바닥 플라스크에 더운 물을 소량 넣어 충분히 흔들어 준 다음 그림Ⅲ.4와 같이 장치한다.

ㄴ. 대형 주사기로 재빨리 압축 또는 팽창을 반복시켜보면서 둥근 바닥 플라스크 속의 변화를 주시하여 본다. 이때 온도의 변화도 잘 관찰한다.

ㄷ. 만수향(萬壽香)이나 담배연기 등을 플라스크 속에 약간 넣어(너무 많이 넣으면 구름처럼 보임) 같은 실험을 해본다.

ㄹ. 플라스크 속에 물 대신에 $NaCl$ 용액이나 H_2SO_4 용액을 넣어서도 같은 실험을 해본다.

※ 둥근 바닥 플라스크는 가능하면 작은 것으로 하고, 대형 주사기는 큰 것을 사용한다.

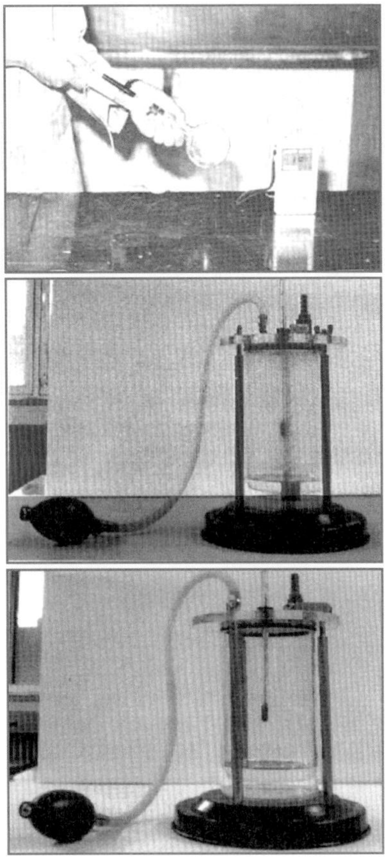

그림 Ⅲ .4 공기의 압축과 팽창

5. 결과 및 고찰

1_ 둥근 바닥 플라스크 속의 공기가 압축, 팽창 어느 때 수증기의 응결이 일어나며 온도는 어떻게 변화하는가? 그 원리도 설명해 보자.

2_ 만수향이나 담배연기를 넣어 실험하면 어떻게 되며, 이들은 무슨 역할을 하는가? 이 밖의 다른 물질도 같은 역할을 하는 것이 없을까?

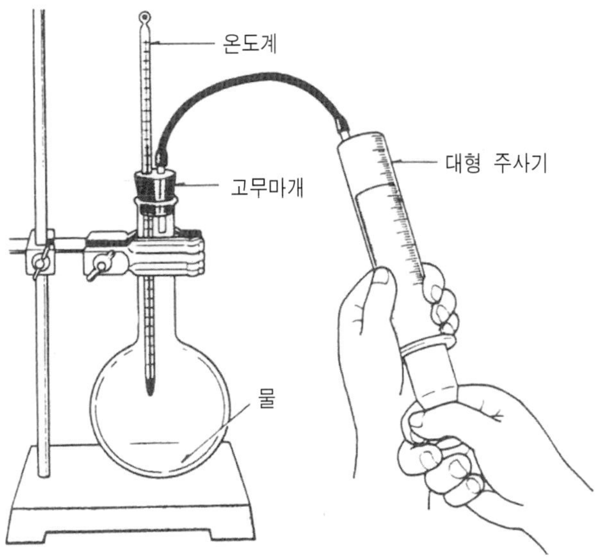

그림 Ⅲ .5 종래의 실험장치의 한 예

3_ 물 대신에 $NaCl$이나 묽은 H_2SO_4를 사용했을 때의 결과를 보고 이들의 역할을 생각해 보자.

4_ 수증기 응결(凝結)의 다른 실험 장치를 생각해 보고, 수증기를 공급하여 응결시키는 방법에 대해서도 토의해 보자(그림 Ⅲ.5 는 종래의 실험장치의 한 예이다. 참고하기 바람).

6. 문제

1_ 둥근 바닥 플라스크 속에 더운 물을 넣고 충분히 흔드는 이유는 무엇이라고 생각하는가?

2_ 둥근 바닥 플라스크 속에 물을 많이 넣지 않고 소량 넣는 이유는 무엇인가?

3_ 응결핵(凝結核)이란 무엇인가?

실험날짜	학과	학번	이름	조(組)	평가

Ⅲ-4 종말속도

1. 목표

강수(降水)에 의해서 내리는 비[강우(降雨), rain fall]나 눈, 싸락눈, 우박 등과 같은 고형강수(固形降水, solid precipitation)가 낙하해서 지상에 내릴 때, 공기의 저항(抵抗)에 의한 마찰 없이 내린다면 어떻게 될까? 상상하고 싶지 않는 사태가 벌어질 것이다. 그러나 현재 우리는 아무런 거리낌 없이 안전하게 비나 눈을 맞을 수 있다. 왜 이렇게 될 수 있을까? 이와 같이 안전하게 내리게 해 주는 일정한 낙하속도(落下速度)를 **종말속도(終末速度, terminal velocity)** 또는 **종단속도(終端速度)**, **종속도(終速度)**라고 한다. 이 종말속도에 대해서 알아보도록 하자.

2. 준비물

계산기 또는 전자계산기, 컴퓨터(computer).

3. 원리

자유낙하(自由落下)와 같이 비나 눈이 아무런 거리낌 없이 지상에 떨어진다면, 얼마만큼의 속도를 가지고 내리게 되며, 또한 그에 의한 지상의 물체나 사람들에 대해서는 어떠한 영향이 있을 것인가를 가정해서 계산해 본다. 그러나 실제는 공기에 의한 저항의 **마찰력(摩擦力)**이 작용함으로, 이에 의한 결과가 어떻게 될 것인가를 이론적으로 계산해 본다.

공기 중의 입자는 중력에 의해 낙하속도를 얻는다. 낙하속도는 가속도적으로 증가하지만, 공기의 저항력이 반대 방향으로 작용하기 때문에, 입자는 일정의 속도가 된다. 즉 물체에 작용하는 중력과 유체(流體)의 항력(抗力)이 평형을 이루어, 일정한 속도로 낙하하게 되는 것이다. 이것을 **종말낙하속도(終末落下速度)**라고 한다. 이 속도는 입자의 크기, 수적(水滴)인지 설편(雪片)인지 즉, 액상(液狀), 고상(固狀), 점성(粘性) 등에 따라서 정해진다.

액체의 물 밀도는 공기(기체)의 약 800배 정도로 크므로, 아무리 미소수적(微小水滴, 작은 물방울)이라고 해도 공기 속에서 떠 있을 수 있다고 하는 일은 이치에 맞지 않는다. 낙하한다고 하는 것은 이미 알고 있는 사실이다. 그러나 다음에 나오는 낙하속도의 표에서 알 수 있듯이, 운립(雲粒, 구름입자)의 낙하속도가 너무나 작아서, 겨우 수 cm/s 정도이다. 따라서 낙하 도중에 증발해 버리기도 하고, 또는 구름 속의 상승기류(上昇氣流)에 의해 끌려올라 가기도 한다. 이렇게 해서 작은 물방울은 상공에서 없어지기도 하고, 또 상승・하강하면서 성장하기도 한다. 이 중 크게 성장해서 지상으로 낙하하는 강수 입자는 중력에 의해 낙하하지만, 내리는 도중에 공기의 저항에 의한 마찰력에 의해 제지를 당해 일정한 속도인 종말속도가 되어 내리므로, 우리 지상에 있는 사람들이나 물체에는 타격 없이 안정하게 강수가 이루어지고 있다.

4. 방법 및 과정

4.1. 중력낙하

만일 속도에 비례하는 **마찰력(摩擦力** = -bV, 뒤에 나옴)이 없었다고 한다면 어떻게 될까? 뉴턴(Newton, Sir Isaac, 1643~1727, 영국)의 운동의 법칙 중에서 제 2 법칙에 의해 중력에 의해 낙하할 것이다. 이 운동의 제 2 법칙(運動의 第二法則)은 질량(m)과 가속도(a)의 곱이 힘(F)과 같다고 하는 법칙이다. 즉 $F=ma$이다. 여기서 가속도 a는 이 경우는 중력가속도(重力加速度, g, gravity acceleration)에 해당함으로 $a=-g$ 이므로(- 는 지구중심으로 향한 하향방향)

$$F = ma = -mg \tag{Ⅲ.6}$$

이다. 따라서 가속도(加速度, acceleration)는 중력가속도로 바꾸어서

$$a = \frac{dv}{dt} = -g \quad \Rightarrow \quad dv = -g\,dt \tag{Ⅲ.7}$$

을 적분(積分)해서 속도를 구하면

$$\int_{v_0}^{v(t)} dv = \int_0^t -g\,dt \tag{Ⅲ.8}$$

$$v(t) = \frac{dx(t)}{dt} = v_0 - g\,t \tag{Ⅲ.9}$$

가 된다. 이것이 시각 t 에 있어서의 중력에 의한 낙하속도이다.

또 다시 적분해서 자유낙하로 비가 내린 거리를 구하면,

$$\int_{x_0}^{x} dx(t)dt = \int_{0}^{t} (v_0 - gt)dt \qquad (\text{Ⅲ}.10)$$

$$x(t) = -\frac{1}{2}gt^2 + v_0 t + x_0 \qquad (\text{Ⅲ}.11)$$

이 비나 눈에 의한 강수의 거리가 되다.

식 (Ⅲ.9)의 낙하속도로부터 운동에너지(運動 --- , kinetic energy, K_E)의 식에서

$$K_E = \frac{1}{2}mv^2 \qquad (\text{Ⅲ}.12)$$

가 된다. 이 운동에너지 식에서 하층, 중층, 상층으로부터 내리는 강수가 공기의 저항 즉 마찰력 없이 내린다고 했을 때 어느 정도의 파괴력으로 지상에 도착할까? 예를 들면, 가장 낮은 하층운(下層雲)에서 지상 1 km 에 내리는 비는 약 14 초에 지상에 도착한다. 그 때의 속도는 약 140 m/s = 500 km/h 로 지상을 강타한다. 공포의 파괴력이다. 이 힘이 얼마나 무서운 것인지, 이것은 '6. 문제 ㄱ' 에서 계산하고 논의해 보도록 하자.

4.2. 공기의 저항에 의한 마찰력

중력가속도에 의한 낙하에 공기의 저항에 의한 마찰력이 중력과는 반대의 방향[위 방향, 정(+)]으로 작용하고 있다. 이 공기의 항력에 의한 마찰력을 속도 V 에 비례하는 것으로 Vb(b 는 비례상수)로 놓으면

$$F + bV = -mg \qquad (\text{Ⅲ}.13)$$

$$F = ma = m\frac{dV}{dt} = m\frac{d^2x}{dt^2} = -mg - bV \tag{Ⅲ.14}$$

$$m\frac{dV}{dt} = -mg - bV \tag{Ⅲ.15}$$

가 된다.

초기조건으로 자유낙하이므로 $t=0$에서 $V_0=0$로 놓고, 변수 분리해서 적분하면

$$\int_0^V \frac{dV}{V+\frac{mg}{b}} = -\int_0^t \frac{b}{m}dt \tag{Ⅲ.16}$$

이 된다. $d(V+\frac{mg}{b}) = dV$ 이므로

$$\int_0^V \frac{1}{V+\frac{mg}{b}} d(V+\frac{mg}{b}) = -\int_0^t \frac{b}{m}dt \tag{Ⅲ.17}$$

$$\ln(V+\frac{mg}{b})]_0^V = -\frac{bt}{m}]_0^t \tag{Ⅲ.18}$$

$$\ln\frac{V+\frac{mg}{b}}{\frac{mg}{b}} = -\frac{bt}{m}, \quad \Rightarrow \quad \frac{V+\frac{mg}{b}}{\frac{mg}{b}} = e^{-\frac{bt}{m}} \tag{Ⅲ.19}$$

$$V = -\frac{mg}{b}\left(1-e^{-\frac{bt}{m}}\right) = -\frac{mg}{b}\left(1-\frac{1}{e^{\frac{bt}{m}}}\right) \tag{Ⅲ.20}$$

이 된다.

위 식에서, 시간(t)이 충분히 지나면 오른쪽 항 2번째 항은 0이 된다. 따라서

$$V = -\frac{mg}{b} = const. \qquad (\text{Ⅲ}.21)$$

이 종말속도(終末速度, terminal velocity)가 된다. 여기서 음(陰, -)은 하향(下向)을 의미한다.

물체가 받는 저항력은(일반기상학, 교문사 102~ 참고)

$$\text{물체가 받는 저항력} = 6\pi\eta r V = bV \qquad (\text{Ⅲ}.22)$$

가 된다. 따라서 비례상수 b는

$$b = 6\pi\eta r \qquad (\text{Ⅲ}.23)$$

에 해당하고, 여기서 비례상수 η는 유체의 **점성계수(粘性係數)** 또는 **점도(粘度)**로 유체의 미끈미끈함 또는 끈적끈적한 정도를 나타낸다. 공기의 점성계수는 1기압, 20C일 때 약 $\eta_{1,20} = 1.8 \times 10^{-5} Ns/m^2$이다(더 자세한 다른 조건의 값은 理科年表, 일본 국립천문대 편을 참고). 구형(球形)인 액체의 물의 질량 $m = \frac{4}{3}\pi\rho_w r^3$이고, 여기서 ρ_w는 그의 밀도($\simeq 1g/cm^3$), r은 그 반경이다. 이 내용을 식 (Ⅲ.21)에 대입해서, 종말낙하속도(終末落下速度) V를 구하면,

$$V = -\frac{2\rho_w r^2 g}{9\eta} \quad (\text{-는 하향을 뜻함}) \qquad (\text{Ⅲ}.24)$$

가 된다. 이것은 일반기상학(교문사, p.104의 식 (4.10)과 같다. 여기서 g는 중력가속도로 그 값은 소선섭 외 3인(2009, 교문사)의 "대기관측법" 472~473쪽을 참고하기 바란다.

5. 결과 및 고찰

위의 이론에 따라서 종말속도를 계산한 결과를 여러 가지의 경우를 총 망라해서 살펴보도록 하자. 계산의 조건이 조금씩 다르므로 사용할 때는 주의해서 이용하도록 하자.

지구의 중력과 공기의 저항이 평형을 이룰 때의 일정한 속도가 종말속도라고 이미 소개를 했다. 구름 입자의 낙하속도는 대체로 $1\,cm/s$의 자리수라고 보아도 좋다. 가령 이 속도로 낙하해도 1 시간에 36 m, 하루에는 900 m에 지나지 않는다. 그러나 이미 언급했듯이 구름은 상승기류(上昇氣流)가 존재하는 곳에서 형성되고, 상승속도도 통상 $1\,cm/s$의 자리수이다. 즉 낙하속도와 상승속도는 거의 서로 상쇄(相殺)되고 있는 것이다. 그러나 운립은 또 통상 낙하하는 도중에서 증발한다. 이것이 구름이 낙하해 오지 않는 이유이다. 표 Ⅲ.3이 정지공기(靜止空氣) 내에서 우적(雨滴)과 운립(雲粒)의 **낙하종속도(落下終速度)**이다.

반경 1 mm의 우립(雨粒, 빗방울)은 반경 10 ㎛(μ)의 운립(구름 입자)의 100만 개분에 해당한다. 반경 10 μ의 운립은 운립으로서는 극히 보통의 크기여서, 이것을 보아도 우립과 운립의 차이가 달[月]과 축구공에 비유하면 이해가 쉽지 않을까 생각한다.

표 Ⅲ.3 정지공기 내에서 우적과 운립 등의 종말속도

직경	종말속도	비고
0.5 cm	8.9 m/s	대우적(大雨滴)
0.1 〃	4.0 〃	소우적(小雨滴)
0.5 mm	2.8 〃	미소우적(微小雨滴), 무(霧雨)
0.2 〃	1.5 〃	무(霧雨)
0.1 〃	0.3 〃	대운립(大雲粒)
50 ㎛	7.6 cm/s	운립(雲粒)
10 〃	0.3 〃	소운립(小雲粒)
2 〃	0.12 mm/s	초기 미소운립, 응결핵(凝結核)
1 〃	0.04 〃	〃

※ 1㎛ = $10^{-3}\,mm$, 무립(霧粒)은 운립(雲粒)과 같음

표 Ⅲ.4 운립, 강수입자, 설편(눈송이)의 종말속도

수적(水滴)	직경(直徑) ㎛(μ)	mm	종말속도 cm/s	m/s
구름의 소수적(小水滴)	2	0.002	0.01	
	0	.01	.25	
	0	.02	1.0	
	0	0.1	25	
안개 비(霧 雨)	200	0.2	70	
	500	0.5		2.0
우 적(雨 滴)	1 000	1.0		3.9
	2 000	2.0		6.5
	3 000	3.0		8.1
	4 000	4.0		8.8
	5 000	5.0		9.1

설편(雪片, 눈송이) 직경(直徑) mm	종말속도 (m/s)	싸락눈
0.5	0.7	0.4
1	1.0	0.8
2	1.2	1.5
3	1.4	2.0
4	1.6	2.3
5	1.7	2.5
10～40	1.0～1.7	약 2.7

※ 싸락눈[설산(雪霰), 산(霰 ; 싸라기눈 산)], snow pellets

출처 : 소선섭 외 3인, 대기관측법(2009), 제 17장 대기현상, 378 쪽 참고

운립과 같이 작은 입자는 낙하해 오지 않는다고 위에서 설명을 했다. 일반적으로 공기에 한정된 것이 아니고, 점성유체(粘性流体)가 낙하하면, 처음에는 가속도를 가지고 낙하하지면, 이윽고 물체에 작용하는 중력과 유체의 저항이 평형을 이루어, 그 때의 낙하속도를 일정하게 만든다. 물론 이 종말속도는 무거운 것일수록 종말속도가 크다. 수적(水滴, 물방울)이랑 설편(雪片, 눈송이)의 종말속도를 표 Ⅲ.4에 표시한다.

다음은 수적(水滴, 물방울)과 빙립자(氷粒子, 얼음입자)의 종말속도를 포괄적으로 표 Ⅲ.5에서 보여주고 있다.

급속도로 발달한 구름 속 구름입자의 평균반경은 5～15㎛ 정도이고, 천천히 발달한 구름 속에서는 5～30㎛ 정도이다. 물론 운립의 크기는 구름의 발달과정에 따라서 달라, 적란운 등의 구름 속에서는 장소에 따라서도 분포가 큰 폭으로 다르다.

단, 상승기류(上昇氣流)가 있으면 이것도 평형을 이루어서 낙하해 오지 않음으로, 상당히 큰 운립이 아니면 우적(雨滴, 빗방울)으로서의 큰 낙하는 없다. 따라서 비가 오기 위해서는 대운립(大雲粒)이 성장하는 조건이 갖추어지지 않으면 안 된다. 또

표 Ⅲ.5 수적과 빙립자의 종말속도

종류	직 경(直徑)	종말속도(m/s)
수 적(水 滴) 물 방 울	1 ㎛(μ)	0.00003
	2 〃	0.00012
	5 〃	0.00075
	10 〃	0.003
	20 〃	0.012
	50 〃	0.075
	100 〃	0.30
	200 〃	0.80
	500 〃	2
	1 000 〃	4
	2 000 〃	7
	5 000 〃	10
빙립자(氷粒子) 우 박(雨 雹)	1 cm	9
	2 〃	16
	5 〃	33
	10 〃	59

※ 계산에 사용한 가정은 기온 = - 10 C, 수평면에 대한 상대습도 = 100.25 %

운립의 분포가 폭넓은(대립과 소립의 혼재) 경우는 큰 운립의 종말속도(거의 반경의 자승에 비례해서 증가)는 작은 운립과의 사이에서 상대적으로 큰 낙하속도를 가지므로(표 Ⅲ.6 참고), 큰 입자의 아래쪽에 작은 입자가 있는 경우, 양자는 접근해서 병합(倂合)하기 쉬워진다. 즉 입자는 용이하게 커질 수가 있다. 따라서 폭넓은 분포의 구름에서 큰 입자의 운립이 생기기 쉽다. 이것이 구름의 두께가 있으면 비교적 용이하게 비가 내리기 쉬운 이유이다.

이상의 표 Ⅲ.3~6의 4개의 표는 계산 조건들이 달라 하나로 통합하지 못하고 각각을 나열했으니, 좀 번거롭더라도 잘 살펴서 이용하기를 바란다.

표 Ⅲ.6 수적의 종말속도 (1,013 hPa, 20 C)

수적 직경 (mm)	종말속도 (cm/s)	수적 직경 (mm)	종말속도 (cm/s)
0.01	0.3	1.80	609
0.02	1.2	2.0	649
0.03	2.6	2.2	690
0.04	4.7	2.4	727
0.05	7.2	2.6	757
0.06	10.3	2.8	782
0.08	17.5	3.0	806
0.10	25.6	3.2	826
0.12	34.5	3.4	844
0.16	52.5	3.6	860
0.20	71	3.8	872
0.30	115	4.0	883
0.40	160	4.2	892
0.50	204	4.4	898
0.60	246	4.6	903
0.70	286	4.8	907
0.80	325	5.0	909
0.90	366	5.2	912
1.00	403	5.4	914
1.20	464	5.6	916
1.40	517	5.8	917
1.60	565		

6. 문제

1_ 공기의 저항에 의한 마찰력 없이 중력가속도로만 낙하하는 강수가 있었다고 할 때, 계산해서 다음의 표를 채우고, 계산내용과 함께 토의를 해보자. 또 그 위력을 우리 주위의 일들과 비유해서 설명하도록 하자(질량 $m = 1g$ 으로 가정).

구름 종류	대표높이 km	지상의 도착시간	운동에너지	지상의 도착속도	비 유
하층운	1				
중층운	5				
상층운	10				

2_ 공기의 저항이 작용하여 종말속도가 된 경우의 계산을 해보자. 식 Ⅲ.20에서 시간(t)이 어느 정도 경과하면 오른쪽 항 2째 항을 무시할 수가 있을까, 5% 오차 범위 내에서 계산하자(단, $r = 5\mu m$).

3_ 식 (Ⅲ.24)의 종말속도에 의해 표 Ⅲ.3에 있는 강수입자의 직경으로 계산해 보고 비교하자. 어떠한 차이점이 있는가? 있다면 그 이유는 무엇일까?

직경	종말속도	실험자의 계산에 의한 종말속도	차이
0.5 cm	8.9 m/s		
0.1 〃	4.0 〃		
0.5 mm	2.8 〃		
0.2 〃	1.5 〃		
0.1 〃	0.3 〃		
50 ㎛	7.6 cm/s		
10 〃	0.3 〃		
2 〃	0.12 mm/s		
1 〃	0.04 〃		

4_ 이 실험은 이론적으로 계산해서 종말속도를 이해하고 있다. 그러나 실제의 야외 실험을 시도해 보기를 바란다.

① 우선은 수적과 같이 유사한 성능을 갖는 모형을 구상해서 가급적이면 높은 건물의 옥상에서 낙하 실험을 해보도록 한다.

② 다음에는 실제의 수적(水滴)과 빙정(氷晶)을 만들어서 비행기나 기구(氣球) 등을 이용해서 구름의 존재하는 상공에서 낙하실험을 실제의 강수와 같게 실시한다.

현재는 이와 같은 실험이 실행되지는 않지만, 앞으로 실현이 되도록 논의하고 지혜를 모아보자.

실험날짜	학과	학번	이름	조(組)	평가

제 Ⅳ 부

수분(水分, 물)

IV-1 이슬점온도와 습도 측정

1. 목표

공기를 포화시키려면 냉각시키거나 수증기를 주입시키면 된다. 냉각시켜서 포화에 도달하는 온도인 이슬점온도를 찾아낸다. 또 수증기를 주입해서 포화에 도달했다면 이것은 현재의 기온에서 최대로 포함할 수 있는 수증기의 양이 된다. 이 양에 대해 현재 수증기의 양의 비의 백분율인 상대습도를 구하자.

2. 준비물

비커 200 mL 1 개, 봉상온도계 1 개, 스텐드 1 개, 물 젓는 기구 1 개, 실 약간, 얼음 약간, 물 약간, 망사주머니.

3. 원리

불포화된 공기가 냉각되어 포화에 도달되는 온도를 **이슬점온도[노점온도(露店溫度), dew-point temperature]**라고 한다. 이 기온 이하부터 이슬이 맺히기 시작한다.

기온과 포화수증기압의 관계식으로부터 작성한 그래프가 그림 Ⅳ.1이다. 이 그래프로부터 이슬점온도(Td)에 해당하는 포화수증기압(e = 현재의 수증기압)과 현재의 기온 T에서 최대로 수증기를 수용할 수 있는 포화수증기압($E(t)$)도 구할 수 있다(대기관측법 부록 4). 이슬점온도에서 포화수증기압(e)은 현재 기온 T에서 가지고 있는 수증기압과 같다.

따라서 **상대습도(relative humidity)** $R{\cdot}H$는 다음과 같이 정의된다.

$$R \cdot H = \frac{e}{E(T)} \times 100 \quad (\%) \qquad (\text{Ⅳ}.1)$$

4. 방법 및 과정

ㄱ. 기온을 먼저 측정해 두고, 그림 Ⅳ.2와 같이 스탠드 위에 비커와 온도계를 장치한다.

ㄴ. 비커에 물을 2/3정도 채우고, 비커의 표면을 물기가 없도록 깨끗하게 닦아둔다.

ㄷ. 얼음을 망사 주머니에 넣어 실로 묶어 그림 Ⅳ.3과 같이 물에 잠기도록 스탠드에 매단다. 이때 온도계에 부딪히지 않도록 주의한다.

ㄹ. 젓는 기구로 잘 저으면서 비커의 표면을 세심하게 관찰하여 흐려지는 때를 포착하여 그때의 온도를 읽는다.

※ 주의 : 이때 입김이 비커 표면에 닿지 않도록 주의해야 한다.

ㅁ. 같은 실험을 몇 번 반복해서 평균을 구한다.

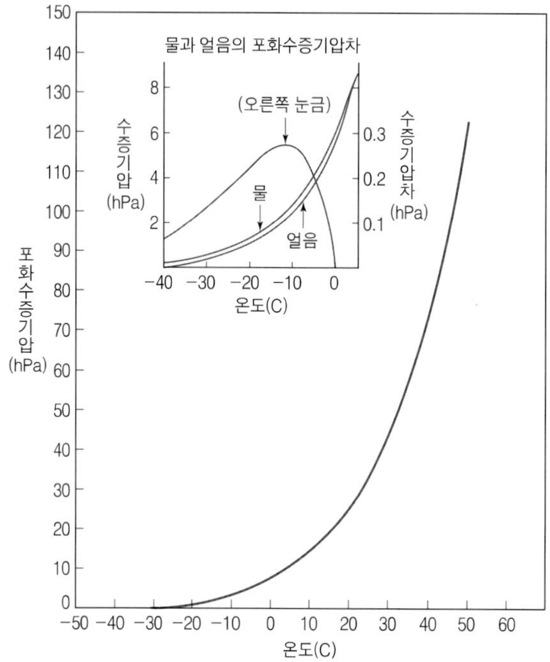

그림 Ⅳ.1 고프 그래취(Goff-Gratch)의 실험식으로 계산한 물과 얼음에 대한 포화수증기압 곡선

(위 그림은 물과 얼음에 대한 수증기압 곡선)

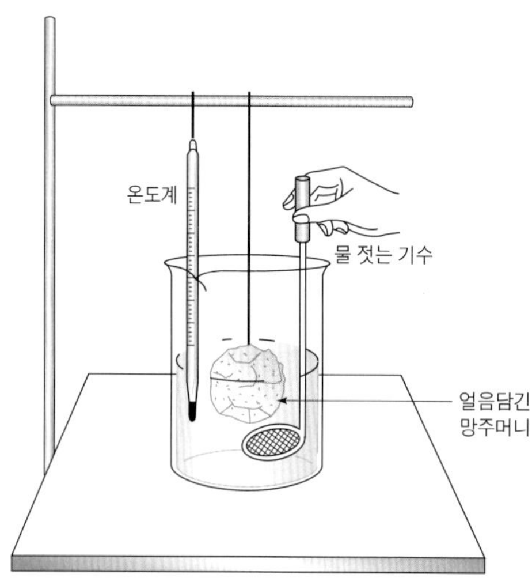

그림 Ⅳ.2 이슬점온도 측정장치

5. 결과 및 고찰

1_ 비커의 표면이 흐려지는 온도를 이슬점온도로 보는 이유는 무엇일까?

2_ 기온, 각 실험의 이슬점온도와 이들의 평균 이슬점온도는 얼마인가?

3_ 상대습도를 계산하자.

4_ 실험의 어려운 점과 어떤 점을 개선하면 좀 더 좋은 실험이 될지 토의하여 좋은 방안을 찾아내 보자.

6. 문제

1_ 비커 속의 물을 미리 공기 중에 놓아 두어 기온과 같게 해서 사용하는 것과 수도에서 방금 나온 물을 사용할 때의 차이점은 무엇일까?

2_ 비커 속의 얼음을 얼음주머니에 싸서 넣을 때와 그렇지 않을 때, 실험의 영향을 생각해 보자.

3_ 같은 실험을 몇 번 반복하는 이유는 무엇일까?

4_ 지금 측정한 공기가 단열상승하여 응결한다면, 구름이 생기는 고도를 **상승응결고도**(lifting condensation level)라고 한다. 상승응결고도(z)는 다음 식(dew-point formula)으로 주어진다.

$$z = \frac{T - T_d}{\Gamma - \Gamma_{de}} \fallingdotseq 124(T - T_d) \quad (m) \qquad (\text{Ⅳ}.2)$$

여기서 Γ_d 는 건조단열감률 $0.976\,C/100\,m$ 이고, Γ_{de} 는 $-\partial T_d/\partial z$ (노점온도감률)=$0.171\,C/100\,m$ 로 주어진다. 식 Ⅳ.2 로 상승응결고도를 구하고, 가능하면 이 식을 유도해보자.

실험날짜	학과	학번	이름	조(組)	평가

Ⅳ-2 공기 중의 물[水分]

1. 목표

실험실 안의 공기 중에 들어있는 수증기량을 구하고, 이들의 표현방법(습도의 종류)들을 익힌다. 이 실험과정을 적용해서 어떤 지역의 구름에 포함된 수증기량을 알아서 강수가능량(降水可能量)을 예견해 본다.

2. 준비물

건습구 온도계, 기압계, 줄자.

3. 원리

ㄱ. 상대습도(相對濕度, relative humidity)

상대습도는 다음과 같아도 표현된다.

$$R \cdot H = \frac{E'(T') - Kp(T - T')}{E(T)} \times 100 \quad (\%) \qquad (\text{IV}.3)$$

여기서 T와 T'는 건구와 습구의 절대온도이고 $E(T)$와 $E(T')$는 각각의 포화수증기압, P는 보정기압(hPa)이고, K는 건습계상수(乾濕計常數)로 0.000800으로 놓는다.

ㄴ. 비습(比濕, specific humidity)

습윤공기 1 kg 속에 $S\,g$의 수증기가 들어있다고 할 때 이 S를 **비습(比濕, specific humidity)**이라고 한다. 수증기 밀도와 습윤공기의 밀도의 비로 표현할 수 있다.

$$S = \frac{622\,e}{p - 0.378\,e} \quad (g/kg) \qquad (\text{IV}.4)$$

여기서 $p\,(hPa)$는 기압이다.

ㄷ. 혼합비(混合比, mixing ratio)

습윤공기 $1\,kg + x\,g$ 속에 xg의 수증기가 들어 있다고 할 때 이 x를 혼합비(混合比)라 한다. 수증기 밀도와 건조공기의 밀도의 비로도 표현할 수 있다.

$$x = \frac{622\,e}{p - e} \quad (g/kg) \qquad (\text{IV}.5)$$

ㄹ. **비장(比張, specific tension)**

비습과 혼합비의 식(IV .4, 5)를 변형하면

$$S = \frac{622\, e/p}{1 - 0.378\, e/p} \qquad \text{(IV .6)}$$

$$x = \frac{622\, e/p}{1 - e/p} \qquad \text{(IV .7)}$$

와 같이 된다. 분모의 e/p 는 0.04를 넘는 일이 없으므로 1에 비해 생략한다. 그러면,

$$S \fallingdotseq x \fallingdotseq 622\,\frac{e}{p} = w \qquad \text{(IV .8)}$$

이때의 $w\,(g/kg)$를 **비장(比張, specific tension)**이라 한다.

ㅁ. **절대습도(絶對濕度, absolute humidity)**

$1m^3$ 속의 습윤공기 속에 포함되어 있는 수증기를 g 수로 나타낸 것. a 를 **절대습도(絶對濕度, absolute humidity)**라 하면

$$a = 217\,\frac{e}{T} \quad (g/m^3) \qquad \text{(IV .9)}$$

4. 방법 및 과정

ㄱ. 건습구온도계에서 건구와 습구의 온도를 읽고, [대기관측법, 부록 4]에서 포화 수증기압을 구해서 식 IV .3에서 상대습도를 계산한다.

ㄴ. 국제적으로 채용되고 있는 고프·그래취(Goff-Gratch, 1945)의 실험식에서 건구온도 T에 대한 포화수증기압 $E(T)$를 구해서 상대습도의 식 Ⅳ.1에서 수증기압 e을 구한다.

ㄷ. 기압을 측정해서 이것과 위에서 구한 수증기압으로 비습, 혼합비, 비장을 구한다. 실험식의 크기를 측정하여 체적(體積)을 계산한다. 지표 공기의 밀도를 $1.225\,kg/m^3$ 의 표준밀도로 간주해서 실험실속에 들어있는 수증기량을 비습, 혼합비, 비장으로부터 계산한다.

ㄹ. 건구온도를 절대온도로 환산해서 절대습도(絶對濕度)를 계산한다.

5. 결과 및 고찰

1_ 상대습도, 수증기압, 비습, 혼합비, 비장, 실험실의 체적 및 절대습도를 구하고 비습, 혼합비, 비장, 절대습도로부터 수증기량을 계산해 보자.

- 상대습도 :
- 수증기압(e) :
- 비습(S) :
- 혼합비(x) :
- 비장(w) :
- 절대습도 :
- 체적 :
- 수증기량
  - ① 비습 :
  - ② 혼합비 :
  - ③ 비장 :
  - ④ 절대습도 :

6. 결과 및 고찰

1_ 비습, 혼합비, 비장은 어느 정도의 차이가 생기는지 비교해 보자.

2_ 비습이나 혼합비 대신 근사적인 비장을 쓸 때 실용상으로 문제가 없을까?

3_ 비습, 혼합비, 비장과 절대습도에서 구한 수증기의 양들에 차이가 있나? 있다면 무슨 까닭일까? 어디서 그 차이가 생겼을까?

실험날짜	학과	학번	이름	조(組)	평가

Ⅳ-3 물 수지(收支)

1. 목표

물 수지(water budget, water balance)는 물의 유입, 유출, 저유(貯留)를 통계적으로 정리해서 토양의 습기의 변화, 지하수의 변화 등의 계산에 응용함으로써 물의 균형(hydrologic balance)을 조사해서 알아보기 위함이다.

2. 준비물

색연필 3~5종, 계산기, 자.

3. 원리

ㄱ. $P-PE$ 는 건습의 정도를 나타내는 량으로 (+)이면 습윤기(濕潤期)이고, (-)이면 건조기(乾燥期)이다.

ㄴ. 토양의 수분저유량(水分貯留量) ST 의 최대량은 100 mm 로 해서 계산한다. 그 변화는 다음과 같다.

$$\triangle ST = ST(\text{이번 달}) - ST(\text{전 달}) \qquad (Ⅳ.10)$$

ㄷ. 실제 증·발산량(蒸·發散量) AE 는 다음과 같이 표현된다.

$$\left.\begin{array}{ll} \text{a. } P > PE \text{ 일 때,} & AE = PE \\ \text{b. } P < PE \text{ 일 때,} & E = P - \triangle ST \end{array}\right\} \qquad (Ⅳ.11)$$

ㄹ. 물 부족량 D 는

$$\left.\begin{array}{ll} \text{a. } ST \neq 0 \text{ 일 때,} & D = 0 \\ \text{b. } ST = 0 \text{ 일 때,} & D = \triangle ST - (P - PE) \end{array}\right\} \qquad (Ⅳ.12)$$

ㅁ. 물 과잉량 S 는

$$\left.\begin{array}{ll} \text{a. } ST = 100 \text{ 일 때,} & S = P - PE - \triangle ST \\ \text{b. } ST < 100 \text{ 일 때,} & S = 0 \end{array}\right\} \qquad (Ⅳ.13)$$

이다.

표 Ⅳ. 1 Texas 주, Houston 의 월별 물수지 자료

구분 \ 월	1	2	3	4	5	6	7	8	9	10	11	12	전년
P	89	75	85	92	119	116	98	99	103	95	89	108	1168
PE	19	23	50	83	128	166	182	172	135	81	39	20	1095
$P-PE$	70	52	35	9	−6	−50	−84	−73	−32	14	50	88	73
$\triangle ST$	0	0	0	0	−6	−50	−44	0	0	14	50	36	−
ST	100	100	100	100	94	44	0	0	0	14	64	100	−
AE	19	23	50	83	125	166	142	99	103	81	39	20	950
D	0	0	0	0	0	0	40	73	32	0	0	0	145
S	70	52	35	9	0	0	0	0	0	0	0	52	218

■ 사용 부호

P (precipitation) : 강수량

PE (potential evapotranspiration) : 증 · 발산 가능량

△ST : 전월 이후 토양수분 저유량의 변화

ST (soil−moisture storage at the end of the month) : 월말의 토양수분 저유량

AE (actual evapotranspiration) : 실제 증 · 발산량

D (water deficit) : 물 부족량

S (water surplus) : 물 과잉량

표 Ⅳ.1의 물 수지 자료를 이용하여 물 수지를 분석한 그래프가 그림 Ⅳ.3이다. 이 그림에서 보면 4월까지는 ST가 100 mm이므로 초과의 강수량은 물 과잉량(S)가 되고, 5 월부터 물이 부족하기 시작하여 토양수분 저유량(ST)으로 보충되다가 7월부터 9 월까지는 그것도 고갈되어 물 부족량(D)이 생겼다. 10 월이 되어서야 물의 여분이 생겨 ST 로 저장하다가 12 월에는 ST=100 mm를 채우고 드디어 남아 물 과잉량(S)이 생기게 된다.

4. 방법 및 과정

표 IV .1과 그림 IV .3을 생각하면서 다음 순서로 한다.

ㄱ. 표 IV .2의 물 수지 자료에 P-PE, △ST, ST, AE, D, S를 원리에서 설명한데로 계산해서 빈 칸을 채운다.

ㄴ. 그림 IV .4의 그래프용지에 표 IV .2 의 P, PE, AE를 범례의 보기와 같은 기호로 그려 넣는다.

△ST, D, S도 같은 그림에 보기와 같은 기호로 표시하되 구분을 쉽게 하기 위해 지정된 색으로 표시한다. 이때 △ST는 (+)와 (-)를 구분하고 이들이 일부분만 차지할 때는 밑에서부터 채운다.

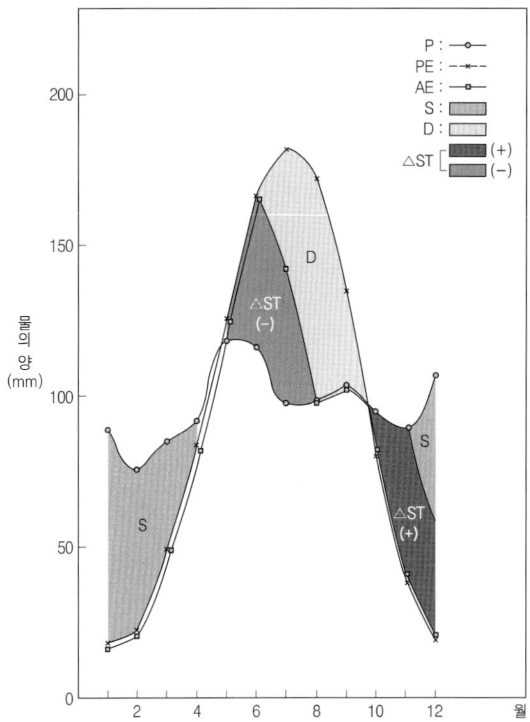

그림 IV .3 표 IV .1의 자료에 의한 물수지 그래프

5. 결과 및 고찰

1_ 표 IV. 2의 빈칸을 채우고, 그림 IV. 4의 그래프를 그림 IV. 3과 같은 원리로 완성하라.

표 IV .2 어떤 지역의 월별 물수지 자료

구분 \ 월	1	2	3	4	5	6	7	8	9	10	11	12	전년
P	34	54	97	140	169	179	181	175	154	82	68	41	
PE	82	92	104	116	125	133	138	134	129	117	104	96	
$P-PE$													
$\triangle ST$													
ST													
AE													
D													
S													

2_ 그림 IV .4를 해석해 보자.

3_ 증·발산 가능량은 어떻게 결정해야 하는 것일까?

4_ 토양의 수분저유량(ST)는 최대 100 mm로만 항상 놓을 수 있나? 어떤 변수가 있을 수 있을까?

5_ 물 수지를 이용한 수자원의 보존, 적절한 이용 등의 대책에 대해 논의해보고, 전년(全年)을 통해서 물 부족량이 과잉량을 초과할 때는 어떤 대책을 세워야 할까?

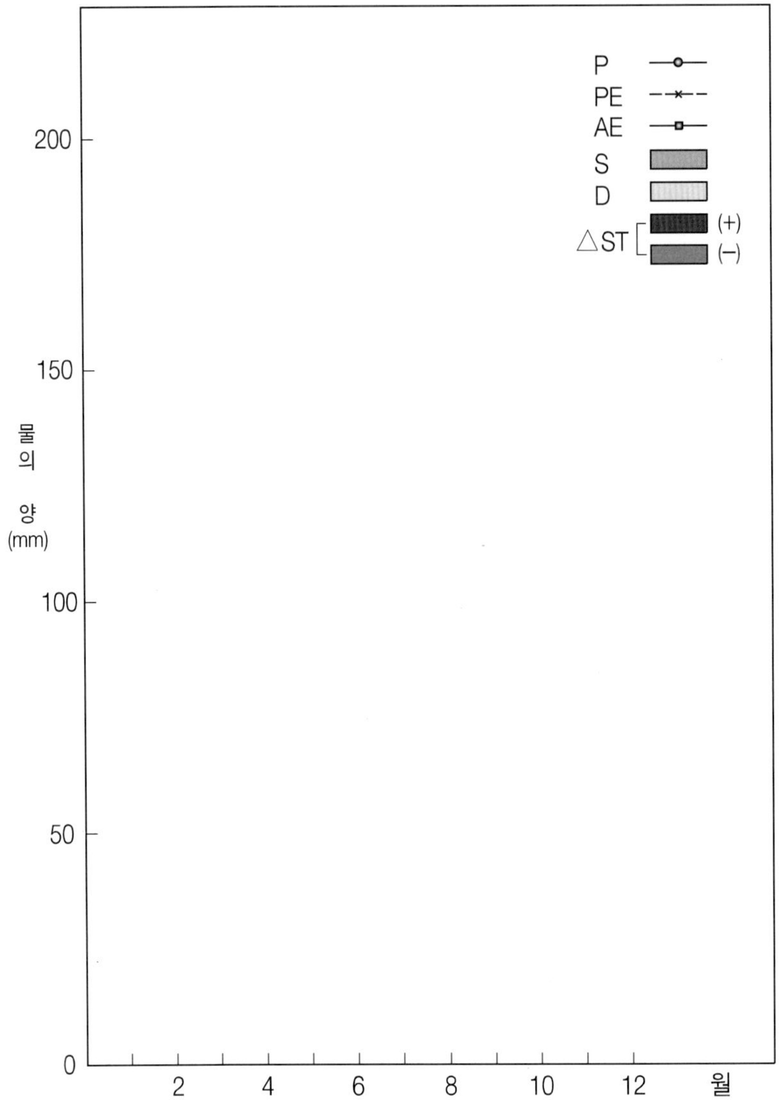

그림 Ⅳ.4 표 Ⅳ.2의 자료에 의한 물 수지 그래프

6. 문제

1_ 관개(灌漑)는 어느 달에 필요한가?

2_ 토양의 수분저유량(ST)은 물 부족 때 모두 증발산에 이용될 수 있을까?

실험날짜	학과	학번	이름	조(組)	평가

제 V 부

단열선도(斷熱線圖)

V-1. 기상요소의 산출

V-2. 층후와 1,000 hPa 고도

V-3. 응결고도와 평형고도

V-1 기상요소의 산출

1. 목표

복잡한 수식으로 계산해야 하는 기상현상이나 기상요소를 간단히 구할 수 있고 고층기상관측으로 얻어진 기상자료를 이용하여 대기를 입체적으로 분석, 파악하는데 편리하게 이용할 수 있다.

2. 준비물

단열선도(Skew T-Log p Diagram), 색연필, 화장지, 자.

3. 단열선도의 구성[adiabatic diagram(chart)]

그림 V.1 참조.

3.1. 기본등치선

ㄱ. **등압선(等壓線, isobar)** : 수평방향으로 그려진 갈색의 로그 척도(logarithm scale)의 직선으로 1,050 hPa − 100 hPa까지 또 400 hPa선에서 100 hPa − 25 hPa선이 겹쳐서 상층 일수록 넓게 그려져 있다. 아이카오(ICAO. International Civil Aviation Organigation, 국제민간항공기관)가 정한 표준대기의 고도 값이 해당 등압선의 왼쪽 끝에 feet와 meter로 표시되어 있다.

ㄴ. **등온선(等溫線, isotherm)** : 등압선과 45°의 각도로 왼쪽 아래에서 오른쪽 위로 등간격의 직선으로 섭씨(C) 눈금으로 새겨져 있고, 화씨온도(F)를 알고자 할 때는 하단의 화씨 눈금을 참고한다.

ㄷ. **건조단열선(乾燥斷熱線, dry adiabat)** : 왼쪽 위에서 오른쪽 아래로 기울어져 그려진 아래쪽으로 약간 오목한 갈색의 곡선들이다. 이들은 등온위선(等溫位線, isentrope)이고 섭씨로 표시되어 있고 고온일수록 다소 간격이 좁아진다.

ㄹ. **습윤단열선(濕潤斷熱線, moist adiabat) = 포화단열선(飽和斷熱線, saturation adiabat)** : 왼쪽 위에서 오른쪽 아래로 약간 위로 오목한 녹색의 곡선들로 섭씨로 표시되어 있다. 상승 중에 포화를 넘은 공기덩이 속의 응결된 물은 공기덩이에서 낙하하는 온도 변화율(위단열과정)로 보통 200 hPa까지 그려져 있다.

ㅁ. **포화혼합비선(飽和混合比線, saturation mixing ratio line)** : 왼쪽 아래에서 오른쪽 위로 거의 직선에 가까운 녹색의 파선(破線, dashed line)이고 등온선보다 경사가 급하고 값이 클수록 간격이 조밀하다. 200 hPa 등압선까지 그려져 있고, 밑에 수치의 단위는 g/kg 이다. 이 선들은 해당 온도에서 수평을 이룬 물의 표면상에서의 포화혼합비로 주어져 있다.

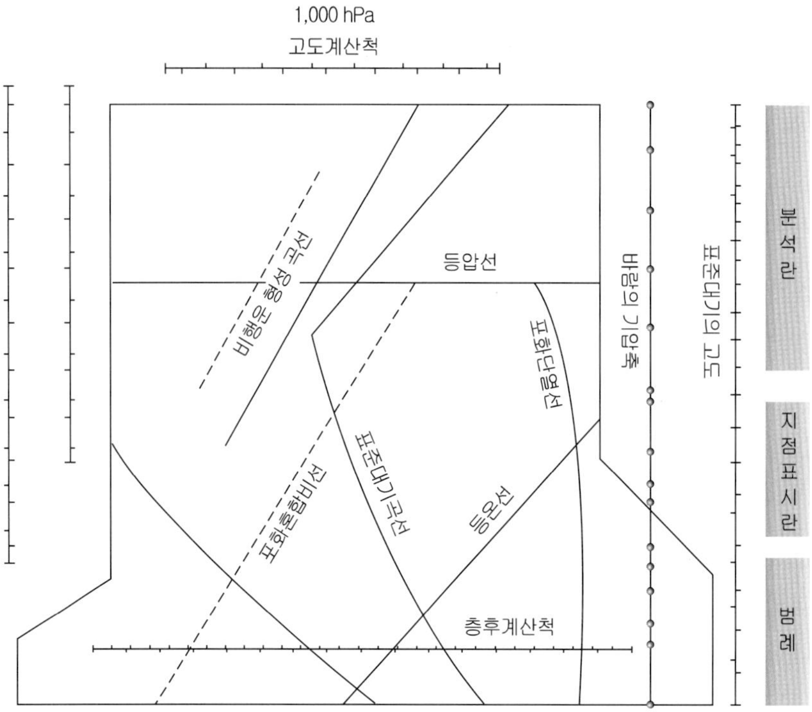

그림 V.1 단열선도의 등치선들과 보조선들

ㅂ. **층후 계산척(層厚 ---, thickness scale)**: 수평으로 눈금이 새겨진 검정색 선으로 선의 왼쪽 끝에 두 층의 등압면 값이 있고, 층의 중앙에 선이 위치하고 있다. 계산척의 위쪽은 100 geopotential feet, 아래쪽은 100 geopotential meter 단위의 값이 표시되어 있다.

3.2. 보조 자료선

ㄱ. 1,000 hPa **고도계산척**(1,000 hPa height nomogram): 지상의 기온이 단열선도의 최상단에 눈금이 새겨진 검정선으로 위가 화씨(F), 아래가 섭씨(C), 기압이 최좌단의 안쪽 검정 수직선이고, 그 바깥쪽이 지상 또는 지하의 고도를 나타내는 수직선을 1 조로 하는 1,000 hPa 고도의 계산척이다.

ㄴ. **표준대기곡선(standard atmosphere lapse rate)** : ICAO 표준대기곡선으로 $1013.25\,hPa$과 $15C$의 교점에서 시작해 약 $227\,hPa$, $-56.5C$까지 일정한 감률($0.65C/10m$)이고, 그 이상 상공에서 $100\,hPa$까지 $-56.5C$의 등온층으로 되어 있다.

ㄷ. **바람 기입축(wind scale)** : 상공의 바람을 기입하기 위해 오른쪽에 원들을 포함한 세 개의 검정 수직선들이다. 빈 원에는 기준 기압면(mandatory pressure level)의 바람을 기입하고, 채워진 원에는 보통 보고 된 그 고도의 바람의 값을 기입한다.

ㄹ. **비행운 형성곡선(contrail-formation curves)** : 제트항공기에 의한 비행운의 형성 가능성을 분석하기 위해 임계 상대습도 값을 나타내는 왼쪽 아래에서 오른쪽 위로 뻗는 2조 4선의 검정 직선으로 실선은 $500-100\,hPa$. 파선은 $100-40hPa$에 사용된다.

ㅁ. **표준대기의 고도(standard atmosphere altitude)** : 가장 오른쪽에 눈금이 새겨진 수직의 검정 직선으로, $1000\,hPa$ 기점으로 ICAO의 표준 높이가 표시되어 있다. 왼쪽은 meter, 오른쪽은 feet로 $100\,hPa$까지 표시되어 있다.

4. 방법 및 과정

ㄱ. 표 V .1의 라디오존데에서 관측한 각 고도의 기온에서 노점편차를 빼면 노점온도(이슬점 온도)가 되므로 이것을 표의 노점온도란에 기입한다.

ㄴ. 단열선도에 각 고도에 해당하는 기온과 노점온도를 찍어, 기온은 기온끼리, 노점 온도는 노점온도끼리 색연필로 각각 다른 색으로 연결한다.

ㄷ. 이렇게 단열선도에 그려진 기온과 노점온도의 공간분포로부터 기상요소와 기상의 여러 양 등을 구한다.

표 Ⅴ.1 라디오존데의 관측치

기압 (hPa)	기온 (C)	노점편차 (C)	노점온도 (C)
1,000	25	8	
900	19	7	
800	12	5.5	
700	4	3	
600	−6	0	
500	−17	0	
400	−30	2	

5. 기상요소의 산출

ㄱ. **습구온도(濕球溫度,** T_w**, wet-bulb temperature)와 습구온위(濕球溫位,** Θ_w**, potential wet-bulb temperature)** : 일정한 고도에서 구한 습구온도는 등압습구온도이지만, 단열선도에서 구하는 것은 위습구온도이다. 주어진 고도의 노점온도를 지나는 포화혼합비선과 기온을 지나는 건조단열선과의 교점(LCL, 상승응결고도)에서 이 점을 지나는 습윤단열선을 따라 원래의 고도로 왔을 때의 온도가 습구온도이고, 이 습윤단열선도상의 $1{,}000\,hPa$ 고도에 해당하는 온도가 습구온위이다.

ㄴ. **상당온도(相當溫度,** T_e**, equivalent temperature)와 상당온위(相當溫位,** Θ_e**, equivalent potential temperature)** : 주어진 공기속의 수증기를 전부 응결시켜 나온 잠열로 그 공기를 덮었다고 가정했을 때, 이에 상당하는 온도가 상당온도이다. 어떤 고도에서 상당온도를 단열도상에서 구하려면, 그 공기가 상승했다고 했을 때의 상승응결고도를 구하고, 그 점을 통과하는 습윤단열선을 따라 상승시켜서 건조단열선과 평행이 되면, 이번에는 건조단열선을 따라 원래의 고도에 왔을 때 온도가 상당온도이고, $1{,}000\,hPa$ 고도의 온도는 상당온위이다.

ㄷ. **수증기압(水蒸氣壓,** e**, vapour pressure)과 포화수증기압(飽和水蒸氣壓,** E**, saturation vapour pressure)** : 구하려는 고도의 노점온도(T_d)를 따라 $622\,hPa$ 등압선과 만

난점의 포화혼합비 값에 hPa를 붙인 것이 수증기압이고, 기온(T)을 같은 방법으로 한 것이 포화수증기압이다.

ㄹ. **혼합비(混合比,** x, mixing ratio)**와 포화혼합비(飽和混合比,** X, saturation mixing ratio): 혼합비를 식으로 표현하면,

$$x = \frac{\rho_v}{\rho_d} = \epsilon\frac{e}{p-e} \fallingdotseq \epsilon\frac{e}{p}, \quad X \fallingdotseq \epsilon\frac{E}{p}X \fallingdotseq \epsilon\frac{E}{p} \qquad (\text{V}.1)$$

이다. 주어진 고도의 노점온도를 지나서는 포화혼합비선의 값이 그 고도의 혼합비이고, 그 고도의 온도를 지나는 포화혼합비선의 값이 포화혼합비이다.

ㅁ. **상대습도(相對濕度,** $R{\cdot}H$, relative humidity)

a. 혼합비에 의한 방법

$$R{\cdot}H = \frac{x}{X} \times 100 \ (\%) \qquad (\text{V}.2)$$

b. 수증기압에 의한 방법

$$R{\cdot}H = \frac{e}{E} \times 100 \ (\%) \qquad (\text{V}.3)$$

c. 단열선도에 의한 방법 : 구하려는 고도의 T_d를 지나는 포화혼합비선을 따라 $1{,}000\,hPa$까지 내려간 점의 등온선을 따라 처음 주어진 고도의 T를 만나는 포화혼합비선과의 만난점의 등압선 값을 10으로 나누어 %를 붙이면 그 고도의 상대습도이다.

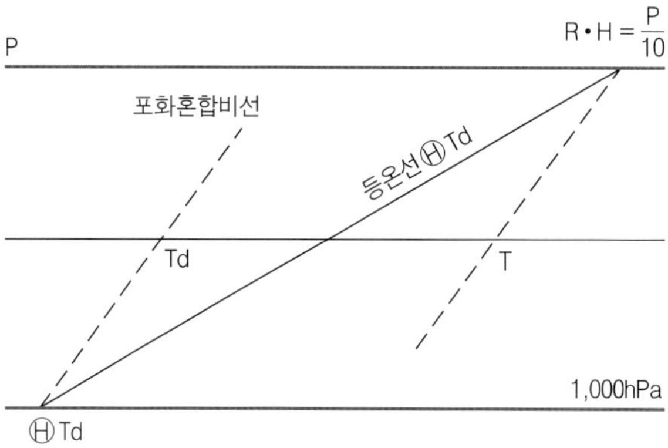

그림 V.2 단열선도에서 상대습도를 구함

〈증명〉

$$x = \epsilon \frac{e\ (\Theta T_d)}{1{,}000}, \quad x = \epsilon \frac{e\ (\Theta T_d)}{p}$$

$$RH = \frac{x}{X} \times 100 = \frac{p}{1{,}000} \times 100 = \frac{p}{10} \quad (\%)$$

각 고도에서 이들의 기상요소를 모두 구해서 실험 결과의 표 V.2의 빈칸을 채우고, 상대습도는 단열도에 의한 방법의 값을 기입하자.

표 V.2 기상요소의 산출 결과

기상요소 / 기압(hPa)	습구 온도	습구 온위	상당 온도	상당 온위	수증 기압	포화 수증기압	혼합비	포화 혼합비	상대 습도
1,000									
900									
800									
700									
600									
500									
400									

6. 결과 및 고찰

1_ 습구온도와 위습구온도는 약간 차이가 있다. 단열도에서 포화단열선이 위단열과 정인 것을 생각해서 구별해보자.

7. 문제

1_ 상대습도는 세 가지의 방법으로 구해보고 차이가 있는지? 있다면 무슨 이유인지 알아보자.

실험날짜	학과	학번	이름	조(組)	평가

V-2 층후와 1,000 hPa 고도

1. 목표

ㄱ. 정해진 등압면 사이의 두께인 층후를 구한다.

ㄴ. 1,000 hPa 고도는 온위면이고 기준이 되는 면이므로 이 등압면의 고도를 안다.

2. 준비물

단열선도(Skew T-Log p Diagram), 색연필, 자, 화장지.

3. 원리

ㄱ. **층후(層厚, thickness)** : 두 등압면 사이의 고도의 차가 층후다. 등압면 P_1과 P_2 사이의 층후 h는 다음과 같다.

$$h = \frac{R\overline{T_w}}{g} ln \ \frac{p_1}{p_2} \fallingdotseq \frac{R\overline{T}}{gM} log \frac{p_1}{p_2} \qquad (V.4)$$

R : 건조공기 고유의 기체상수($2.8704 \times 10^6 \mathrm{cm}^2/\mathrm{s}^2 \cdot \mathrm{deg}$)

g : 중력가속도(공주 = $979.86\,cm/s^2$)

$\overline{T_w}$: 층의 평균 가온도(K)

$\overline{T}$: 층의 평균기온(K)

M : $\log\ e = 0.4343$

두 등압면이 일정하게 정해져 있으면 층후는 평균기온에 비례한다.

$$h = 67.45\,\overline{T}\log\frac{p_1}{p_2} \quad (m) \qquad (V.5)$$

$$g\,h = 66.09\ \overline{T}\ \log\ \frac{p_1}{p_2} \times 10^5\,cm^2/s^2 \cdot \frac{1}{\deg} \qquad (V.6)$$

$1\ dyn{\cdot}m = \ 1gpm \ = 10^5\,cm^2/s^2$ 이므로

$$gh = 66.09{\cdot}\overline{T}\ \log\frac{p_1}{p_2} \ (gpm) \qquad (V.7)$$

ㄴ. $1{,}000\,hPa$ **등압면 고도**(level of $1{,}000\,hPa$ surface)

$1{,}000\,hPa$ 기준면의 고도는 지면의 기압이 $1{,}000\,hPa$ 보다 높으면 상공에 있고, 낮으면 지하에 존재한다.

식 (V .4)와 식 (V .5)에서 p_1를 지상기압 p_0, $p_2 = 1{,}000\,hPa$이라고 하면

$$h = \frac{R\overline{T}}{gM}\log\frac{p_0}{1{,}000} = 67.45\ \overline{T}(\log p_0 - 3) \qquad (V.8)$$

이므로 h는 $\overline{T}$와 p_0 만으로 구해진다.

4. 방법 및 과정

ㄱ. **층후를 구하는 방법**: 구하고자 하는 층후의 온도 곡선을 그린 다음, 이 온도곡선을 두 등압면과 이 곡선이 이루는 좌우의 면적이 같도록 직선을 그어, 층의 중간에 있는 층후 계산척과 만나는 점의 층후 값을 읽으면 된다(그림 V.3 참조).

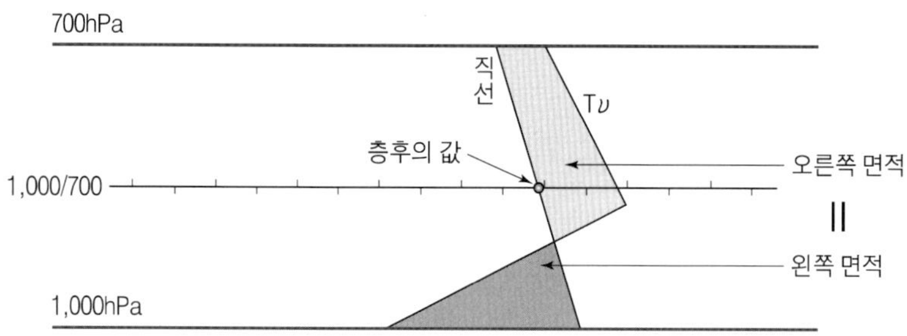

그림 V .3 층후값을 구하는 요령

표 V .3 의 각 등압면의 온도분포를 단열선도에 기입해서 온도곡선을 그려서, 1,000/700, 1,000/500, 700/500, 500/300, 300/200 의 층후 값을 구하여 표 V .5 에 기입한다.

표 V .3 일정 기압고도의 온도

기압고도(hPa)	1,000	900	800	700	600	500	400	300	250	200
기온(C)	20	10	6	2	−8	−19	−35	−42	−50	−65

ㄴ. 1,000 hPa **등압면 고도를 구하는 방법** : 단열선도의 상단과 좌단에 있는 1,000 hPa 고도 계산척을 사용한다. 지상의 기온을 단열선도의 상단의 온도 축에서 점을 찍고, 기압을 좌단의 기압 축에 각각 기입하여 이 두 점을 연결해서 그 연장선이 최좌단의 고도척과 만나는 점의 값이 1,000 hPa의 고도값이다. 지상기압이 1,000 hPa보다 높으면 지상(+값)에 있고 낮으면 지하(-값)에 있다.

5. 결과 및 고찰

표 V .4 의 충남지역의 지상기온과 기압의 자료로 1,000 hPa 등압면 고도를 단열선도 상에서 구해 결과표(표 V .6)를 작성하라.

표 V .4 각 지역의 지상기온과 기압

지점	공주	대전	부여	천안	대천	온양	서산	논산
기온 (C)	30	5	−10	−25	25	10	0	−15
기압(hPa)	1,015	1,030	1,040	1,050	990	975	955	935

표 V .5 일정 등압면 간의 층후의 값

두 층의 경계 (hPa)	1,000/700	1,000/500	700/500	500/300	300/200
층후 (gpm)					

표 V .6 1,000 hPa 등압면 고도의 값

지점	공주	대전	부여	천안	보령	온양	서산	논산
고도(m)								

1_ 층후를 구한 결과와 층후의 식 (V .4)나 식 (V .5)에서 구한 값과 비교하고 결과를 설명하자.

2_ 가온도(T_v)와 온도(T)의 차이를 구해보고, 근사식으로 써도 무방함을 오차의 값으로 생각해 보자(단, 혼합비 = 10 g /kg)

3_ 1,000 hPa 등압면 고도를 단열도상에 구한 값과 등온대기일 때의 식 (V.6)에 의한 값을 비교해서 토의하자.

4_ 층후를 구하는 과정에서 좌, 우 면적을 같게 측정할 때, 어떻게 하면 효과가 적고, 정확히 측정할 수 있는지를 고안해 보자.

6. 문제

1_ 고층기상관측 때 일정 기압면으로 정해놓고 관측하면 어떤 점이 편리한가?

2_ 등온대기가 무엇이고 층후의 식을 유도할 때 어떻게 적용이 되었나?

3_ gpm(geopotential meter)과 m(meter)는 어떻게 다른가? 근사적으로는 같다고 할 수 있나?

4_ 1,000 hPa 등압면 고도의 값이 양(+), 음(-) 은 무슨 의미인가?

실험날짜	학과	학번	이름	조(組)	평가

Ⅴ-3 응결고도와 평형고도

1. 목적

공기는 가열되어 부력을 얻어 자력으로 상승할 수도 있고, 강제적으로 상승할 수도 있다. 이들은 상승해서 어떤 고도에서 응결이 되고 어디까지 상승하다가 부력을 잃어 평형상태가 되는지 등을 알아보려고 한다.

2. 준비물

단열선도(Skew T-Log p Diagram), 색연필, 자, 화장지.

3. 원리 - 각종 응결고도와 평형고도

ㄱ. **상승응결고도(上昇凝結高度, LCL, lifting condensation level)** : 지상의 공기덩이가 건조단열적으로 상승하여 포화에 이르는 고도를 상승응결고도라고 하고 이 때 온도를 **응결온도(凝結溫度)**라 한다.

ㄴ. **대류응결고도(對流凝結高度, CCL, convection condensation level)** : 지상의 공기덩이가 가열로 에너지를 받아 단열적으로 상승하여 포화에 이르는 고도를 대류응결고도라 하고 이 때 지상 온도를 **대류온도(對流溫度, T_c, convective temperature)**라 한다. 이 고도에서부터 대류운이 생기고 이 고도가 적운형의 운저(雲低, cloud base)가 된다. 보통 지표 부근의 공기의 LCL은 CCL보다 낮고, 대기의 상태곡선이 건조단열선과 평행일 때는 CCL은 LCL과 일치한다.

ㄷ. **자유대류고도(自由對流高度, LFC, level of free convection)** : LCL에서 포화단열적으로 계속 상승해서 처음으로 대기의 상태곡선과 만나는 고도를 자유대류고도라 하고, 이 이상의 고도에서는 공기덩이는 주위보다 따뜻하여 부력을 얻어 자유인과 같이 자유롭게 상승한다. 상태곡선이 건조단 열선과 평행이면 LCL, CCL, LFC는 모두 일치한다.

ㄹ. **평형고도(平衡高度, EL, eguilibrium level)** : CCL이나 LFC상부에서 부력을 얻어 상승하던 공기덩이가 대기의 상태곡선과 만나면 부력을 잃어 상승을 정지하고 주위 기온과 같아 평형상태가 되는 이 고도를 평형고도라 한다.

ㅁ. **빙결고도(氷結高度, FL, freezing level)** : 대기의 온도가 0 C 에 달하는 고도를 빙결고도라 한다. 지상의 대기는 0 C 에서 빙결하지만 상공의 공기는 기압이 낮아 -20 C 정도에도 과랭각 수적이 존재하고 심하게는 -40 C 정도 이하이어야 빙결한다.

ㅂ. **혼합응결고도(混合凝結高度, MCL, mixing condensation level)** : 바람 등의 요란이 강하면 공기는 상하로 혼합이 이루어진다. 잘 혼합되면 공기의 연직분포에서 기온은 건조단열선과 평행하게 분포하게 된다. 이렇게 형성된 온도곡선과 노점 온

도곡선의 교점이 혼합응결고도로 혼합기층이 충분히 두꺼워서 MCL 이상이면 혼합응결고도 이상에서부터 포화되어 구름이 형성되어 운저가 되고 혼합기층 내에 구름이 형성된다.

4. 방법 및 과정

그림 V.4를 참고하여 다음을 구한다.

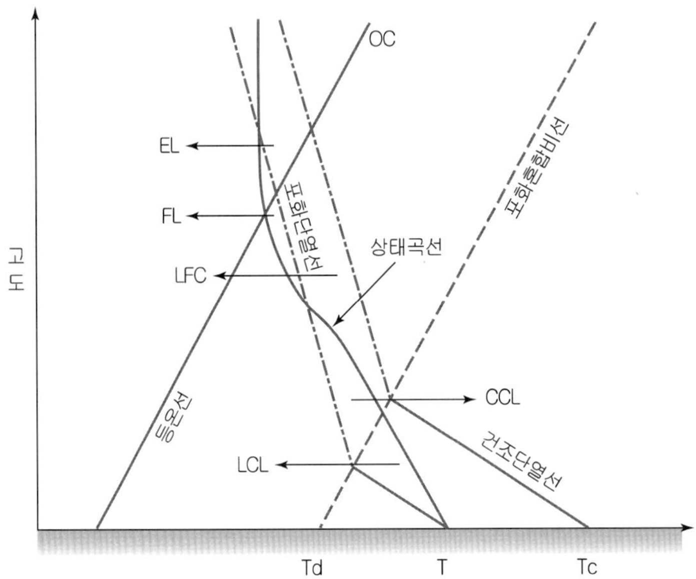

그림 V.4 상승응결고도(LCL), 대류응결고도(CCL), 자유대류고도(LFC), 평형고도(E), 빙결고도(FL), T_d : 지상의 노점온도, T : 지상기온, T_c : 대류온도

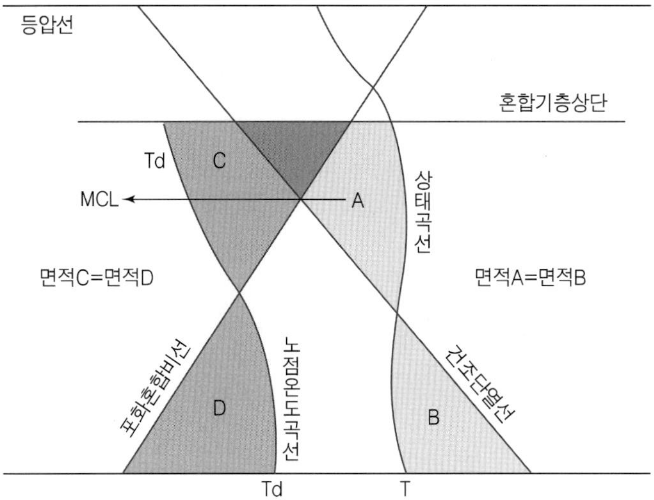

그림 V.5 혼합응결고도

ㄱ. **상승응결고도(LCL)** : 단열선도에서 온도를 지나는 건조단열선과 노점온도를 지나는 포화 혼합비선의 교점의 고도를 찾는다.

ㄴ. **대류응결고도(CCL)** : 지상의 노점온도를 지나는 포화 혼합비선과 대기의 상태곡선과 만나는 점의 고도를 찾는다.

ㄷ. **자유대류고도(LFC)** : 상승응결고도를 구한 점에서 습윤단열선을 따라 올라가서 상태 곡선과 맨 처음 만나는 점의 고도를 찾는다.

ㄹ. **평형고도(EL)** : 대류응결고도(지면가열에 의한 경우)나 자유대류고도(강제 상승의 경우)를 구한 점에서 습윤단열선을 따라 올라가서 처음으로 상태곡선과 만나는 점의 고도를 구한다.

ㅁ. **빙결고도(FL)** : 단열선도의 등온선 0C의 선과 상태곡선이 만나는 점의 지상고도를 구한다.

ㅂ. **혼합응결고도(MCL)** : 먼저 혼합층의 두께를 하층대기의 예상 풍속, 지형, 지상 장애물, 대기의 상태곡선 등을 고려하여 경험적으로 결정한다. 그런 다음 그림 V.5와 같이 면적 $A =$ 면적 B, 면적 $C =$ 면적 D가 되도록 건조단열선과 포화혼

합비선을 정하여 이들의 교점 (MCL)을 구한다. 이 점이 혼합층 이상의 높이에서 만나면 혼합에 의한 응결은 일어나지 않는다.

5. 결과 및 고찰

표 V.7 의 상층기상 자료로부터 각종 응결고도와 평형고도를 구해 표 V.8 의 빈칸을 채워보자.

표 V.7 상층기상 관측에서 얻은 기온, 노점온도와 혼합층의 높이

관측지점 \ 기압고도(hPa) / 기상요소(C)		1,000	900	800	700	600	500	400	혼합층의 높이
공주	기온	30.1	24.5	17.1	9.6	3.0	−2.5	−8.2	800 hPa
	노점온도	23.0	19.1	14.7	8.3	2.0	−5.0	−16.3	
대전	기온	10.1	4.8	−1.5	−11.4	−23.6	−33.2	−38.3	700 hPa
	노점온도	0.0	−2.9	−7.7	−14.6	−24.4	−33.4	−43.3	

표 V.8 응결고도와 평형고도의 기압고도(hPa)

관측지점 \ 고도의 종류	LCL	CCL	LFC	EL	FL	MCL
공주						
대전						

1_ 같은 조건하에서 산위의 구름과 평지위의 구름의 운저가 다르다면, 이것을 LCL과 CCL의 생성여건과 관련해서 논의해보자.

2_ 현재의 상태곡선에서 지상의 공기가 상승하여 구름을 형성하려면 어떤 여건들이 갖추어져야 하는지 토의하자.

6. 문제

1_ 현재 지상의 공기는 상승할 수 있나?

2_ 만일 지상의 공기가 LFC를 넘었다면 운정(cloud top)은 어디일까?

3_ LFC 와 CCL 을 따라 올라간 적운의 운저와 운정은 각각 어디인가?

4_ MCL 을 구한 혼합공기의 운저와 운정의 기압 고도는 얼마인가?

실험날짜	학과	학번	이름	조(組)	평가

제 Ⅵ 부

대기선도(大氣線圖)

Ⅵ-1 기상 전문 기입 및 분석

1. 목표

일기도는 어떤 시각의 넓은 지역에 걸친 기상상태를 한눈으로 보기 위해서 그 시각에 각지에서 일제히 관측한 기상요소들을 일정한 형식(숫자나 기호)으로 한 장의 지도위에 기입한 것이다. 이때 기상요소를 표현하는 방법을 알고 그 의미를 명확히 하기로 하자.

2. 준비물

연필, 지우개, 50 원짜리 동전.

3. 원리

일기도에 관측 자료를 숫자나 기호 등의 형태로 기입하여 등치선(等値線)을 그리기 위해서는 그림 VI.1과 같이 정해진 일정한 형식으로 기입해야 한다. 전문의 종류로는 지상전문, 해상전문, 고층 전문이 있는데 여기서는 지상전문을 가지고 일기도에 기상요소를 기입하는 방법을 알아보자.

	$T_nT_nT_n$	C_H	E or E' sss	
	TTT	C_M	PPP $a_3$hhh	
VV	ww	Ⓝ	PPP	a
	$T_dT_dT_d$	C_LN_h h	W_1W_2	GG
	$T_wT_wT_w$	$P_wP_wH_wH_w$	RRR/t_R	
	$d_{w1}d_{w1}P_{w1}P_{w1}H_{w1}H_{w1}$			

그림 VI.1 전문의 기입형식

4. 지상전문(SYNOP) 해독

ㄱ. 지상 전문의 예

```
AAXX 07004
47108 11530 80708 10063 21018 30082 40190 57006 60162 76166 8672/ 333 20061 70160=
```

그림 Ⅵ.2 전운량(N), 기압변화(a), 일기자료(W_1 W_2)의 기호

ㄴ. 지상전문의 형식

Section 0 (식별부)		$M_iM_iM_jM_j$ YYGGi_w IIiii	
	M_iM_i M_jM_j	AAXX	: SYNOP (육상관측소) 전문인 경우
		BBXX	: SHIP (해상관측소) 전문인 경우
	YY GG i_w	YY	: 날짜
		GG	: 관측시각
		i_w	: 0,1 ⇒ m/s 3,4 ⇒ knots (추정값, 계측값 순서) ※ 1m/s는 2kt와 같음.
	IIiii	II	: WMO 의 고유 구역번호.
		iii	: 관측소 고유 번호 ※ 한국+일본의(II)=47, 서울의 (iii) = 108
Section 1 (공통자료부)		i_Ri_xhVV Nddff(00fff) $1s_nTTT$ $2s_nT_dT_dT_d$ $3P_0P_0P_0P_0$ 4PPPP 5appp $6RRRt_R$ $7wwW_1W_2$ $8N_hC_LC_MC_H$ 9GGgg	
	iR iX h vv	iR	: 강수여부 (0 : section 1과 section 3 , 1 : section 10에 포함, 2 : section 3, 3 : 무 강수로 불포함, 4 : 결측으로 불포함)
		i_x	: 관측소 운영형태와 과거일기, 현재일기 포함여부 표시
		h	: 최하층 운저의 지상고도, 안 보일 때는 / 로 표시한다.
		VV	: 지상의 악시정 (0 : 0.1 km미만, 01~50 : 0.1km, 51~55 : ×, 56~80 : km단위이며 50을 뺀다, 81~88 : 35~70km, 89 : 70km 이상, 90 이상 : 해상에서 사용)
	N dd ff	N	: 전운량(그림 21-2 참고)
		dd	: 10분간의 평균 풍향.
		ff	: 10분간의 평균 풍속
	1 SnTTT	Sn	: 0 : 0이상의 값(+), 1 : 0보다 작은 값(−), 9 : 상대습도 표시)
		TTT	: 0.1도 단위의 섭씨 온도
	2 $SnT_dT_dT_d$	Sn	: 0 : 0이상의 값(+), 1 : 0보다 작은 값(−), 9 : 상대습도 표시)
		$T_dT_dT_d$	: 0.1도 단위의 섭씨 노점온도
	3 $P_0P_0P_0P_0$	$P_0P_0P_0P_0$	: 현지기압 (0.1 hPa 단위), $P_0P_0P_0P_0$ → $P_0P_0P_0$. P_0 hPa
	4 PPPP	PPPP	: 해면기압 (0.1 hPa 단위), 해면경정 후의 기압 ex) 0190 : 1019.0 hPa, 9892 : 989.2 hPa
	5 aPPP	a	: 3시간 전 관측 이후의 기압 변화 경향 (그림 Ⅵ.2 참고)
		PPP	: 3시간 전 관측 이후의 현지 기압 변화량(0.1 hPa 단위)
	6 $RRRt_R$	RRR	: 강수량 (001~988 : 1 mm 단위, 989 : 989 mm 이상, 990 : Trace, 991~999 : 각각 0.1~0.9mm)
		t_R	: 강수량 측정을 위한 집수시간 (1 : 6 시간, 2 : 12 시간, 3 : 18 시간, 4 : 24시간, 5 : 1 시간, 6 : 2 시간, 7 : 3 시간, 8 : 9 시간, 9 : 15 시간)
	7 wwW_1W_2	ww	: 현재일기
		W_1W_2	: 과거시간 일기(6시간 전 또는 3시간 전) (그림 Ⅵ.2 참고)
	$8N_hC_LC_MC_H$	N_h	: 하층운의 운량, 하층운이 없을 경우 중층운의 운량
		$C_LC_MC_H$	C_L : 하층운, C_M : 중층운, C_H : 상층운 정보 (그림 Ⅵ.2 참고)
	9 GGgg	GGgg	section 1에 보고된 표준시각 GG와 10분 이상 차이 날 때만 관측시간과 분을 GGgg에 나타낸다.
Section 3 (지역별자료부)		333(0...) (1snTxTxTx) (2snTnTnTn)	
Section 4 (관측소고도이하)		444...	
Section 5 (국가별 자료)		555...	

5. 지상전문의 실습

ㄱ.

AAXX	07004						
$M_iM_iM_jM_j$	YYGGiw						
47108	11530	80708	10063	21018	30082	40190	57006
IIiii	iRiXhVV	Nddff	1snTTT	2snTdTdTd	3P0P0P0P0	4PPPP	5appp
60162	76166	8672/	333	20061	70160=		
6RRRtR	7wwW1W2	8NhCLCMCH	Section 3				

		C_H		
	TTT	C_M	PPPP $a_3$hhh	
VV	ww	(N)	PPP	a
	$T_dT_dT_d$	C_LN_h h	W_1W_2	GG
			RRR/t_R	

ㄴ.

AAXX	47105						
11435	83201	10045	20038	30180	40213	57001	69902
76062	8672/	333	20039	79999=			

ㄷ.

AAXX	21432						
32980	21003	11356	21377	30380	40392	57004	82030
333	21392	48011	55055=				

6. 문제

1_ 실습문제 (ㄱ) 에서 시정은 몇 km인가? 만약 전문에서의 시정 값이 58 이라면 시정은 몇 km인가?

2_ 다음의 기입된 그림을 보고 전문을 완성해 보자.

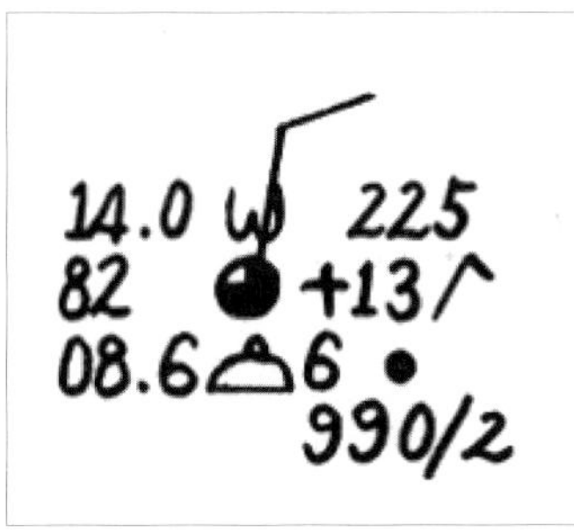

실험날짜	학과	학번	이름	조(組)	평가

Ⅵ-2 일기도 그리기

1. 목표

일기도 작성 및 분석하여 흐름을 파악하고, 다양한 일기도를 학습하므로 일기도 분석과 종류에 대하여 알아보고자 한다.

2. 준비물

2B 연필, 4B 연필, 색연필, 지우개, 도장.

3. 원리

전문을 기입하고 등치선을 그려서 일기도를 완성하는데 본 실험에서는 여러 관측 자료의 기상요소 중 기압의 자료를 가지고 기압의 분포를 알아보기 위해 등압선을 기르는 요령과 성질을 분석해본다.

4. 종관 일기도

대기 중의 기상상태를 입체적으로 관찰하는 것을 목적으로 독일의 물리학자 브란데스(Brandes)에 의해 1820 년에 만들어졌고 국제 협정에 의해 전 지구상에서 동시에 지상 관측이 행해지는 시각으로 GMT(Greenwich Mean Time)가 사용되는데, 1994 년부터는 UTC(Universal Time Coordinated)시각으로 교체되어 사용되고 있다.

보통 종관 일기도는 00:00 로부터 매 3 시간 간격으로 1 일 8 회 생산된다.

5. 일기도의 종류

ㄱ. 지상일기도

① 북반구 일기도 : 대규모의 기압계, 전선, 온도 분포의 개요 분석 등 장기예보용 일기도이다.

② 아시아 태평양 일기도 : 장기 예보용 일기도이다.

③ 극동 일기도 : 우리나라 주변의 상세한 일기 분포 및 일기 파악에 사용된다.

④ 국지 일기도 : 뇌우, 강수량 등의 상세한 분포 조사와 세밀한 기압 배치 및 국지 기상 파악에 사용된다.

ㄴ. 상층 일기도

① 850 hPa 면 일기도(1,500 m) : 지상 일기도와 대응시켜 사용되며, 전선분석에 이용된다.

② 700 hPa 면 일기도(3,000 m) : 대류권 하층을 대표로 하는 고도로 수증기분석에 적합하다.

③ 500 hPa 면 일기도(5,580 m) : 대류권 중층(비발산 고도)으로 광범위한 대기환류 조사에 적합하다.

④ 300 hPa 면 일기도(9,180 m) : 대류권 상층으로 편서풍이 강하게 나타난다. 제트류의 해석에 편리함.

⑤ 200 hPa 면 일기도(11,760 m) : 300 hPa과 동일하다. 제트 항공기에 대한 비행 정보 제공에 이용된다.

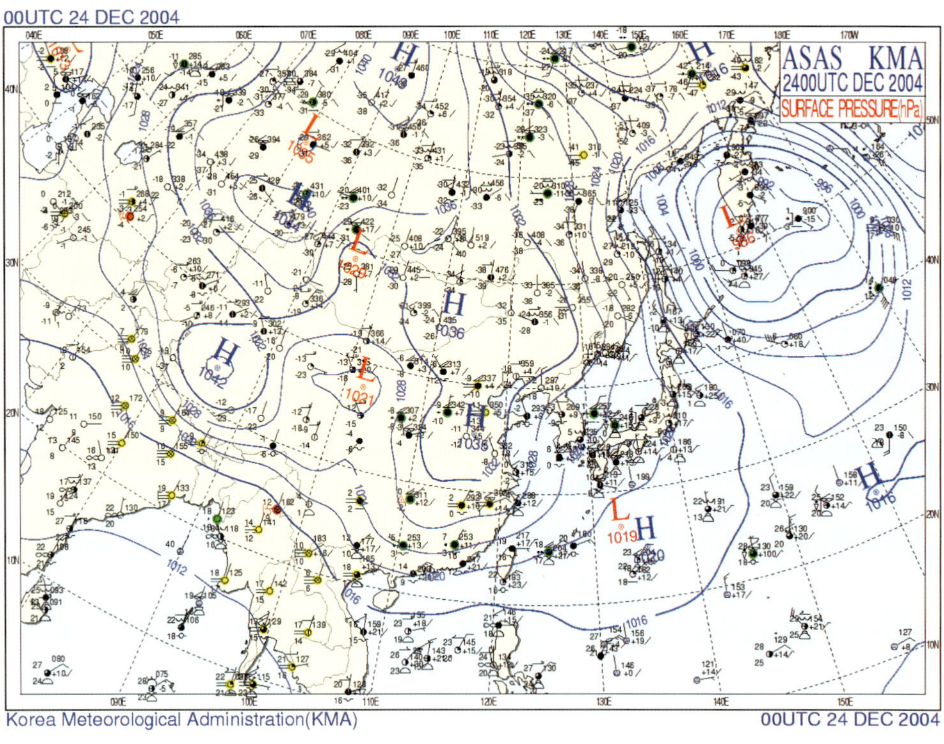

그림 Ⅵ.3 분석된 지상 일기도(2004. 12. 24. 09 시, 자료제공 : 기상청)

ㄷ. 보조선도

보조일기도들은 지역예보시스템의 기온, 바람, 습도 등의 기본 분석장에 다양한 진단관계식을 통해 도출된 것이다. 통상, 여름철은 5 월 1 일 ~ 10 월 31 일로, 겨울철은 11 월 1 일 ~ 4 월 30 일로 정의하였다.

① 보조일기도-1 (AXFE 1)

850 hPa 습윤속

850 hPa면에서 단위면적을 단위시간에 통과하는 수증기의 양과 이동 방향을 화살표로 표시.

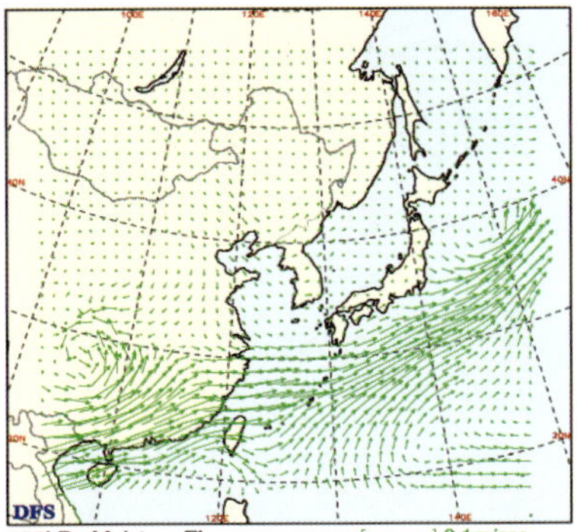

850hPa Moisture Flux [→] 0.1m/sec

850 hPa 유선도

850 hPa 면의 각점에서 풍향에 평행하게 연속적으로 이은선.

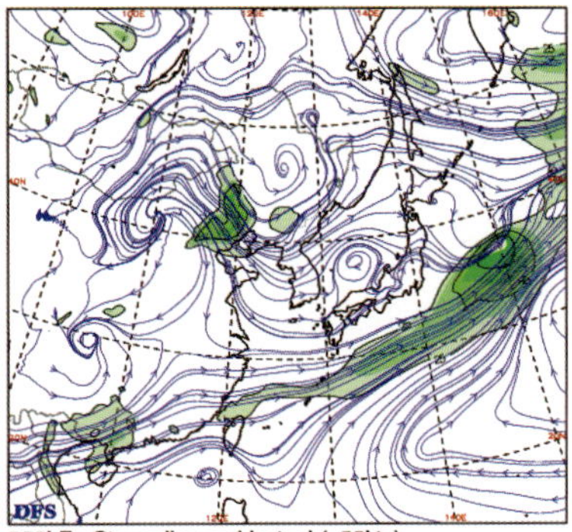

850hPa Streamline and Isotach(>25kts)

SSI 안정도 지수

500 hPa 기온–850 hPa면의 LCL의 습윤단열선을 따라 500 hPa 에서 만나는 온도.

- 4≤SSI : 대류운 발생하지 않음
- 0≤SSI≤4 : 소나기와 약간의 뇌우 가능성
- 3≤SSI≤0 : 뇌우 가능성 급증
- 6≤SSI≤-3 : 심한 뇌우 가능성
- SSI≤-6 : 토네이도 발생 가능성

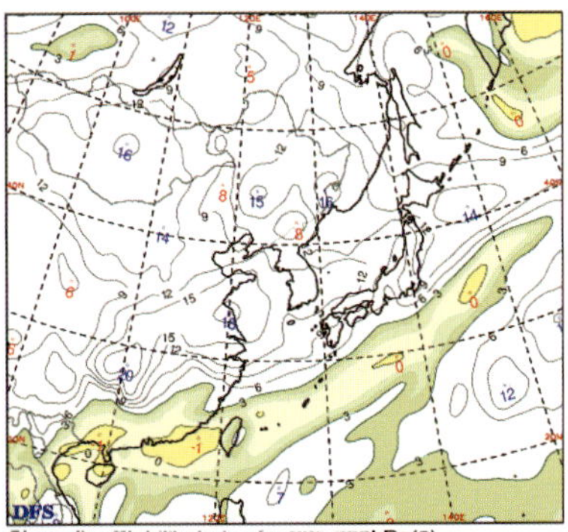

Showalter Stability Index for 925-700hPa(3)

1000 hPa–700 hPa 층후

바람에 따른 난기, 한기의 이동에서 비롯되는 중 · 하층의 대기의 기온 변화를 나타낸다.

기온이 높아지는 곳에서는 상승기류가 생기고, 기온이 낮아지는 곳에서는 하강기류가 생긴다. 겨울철에만 분석한다.

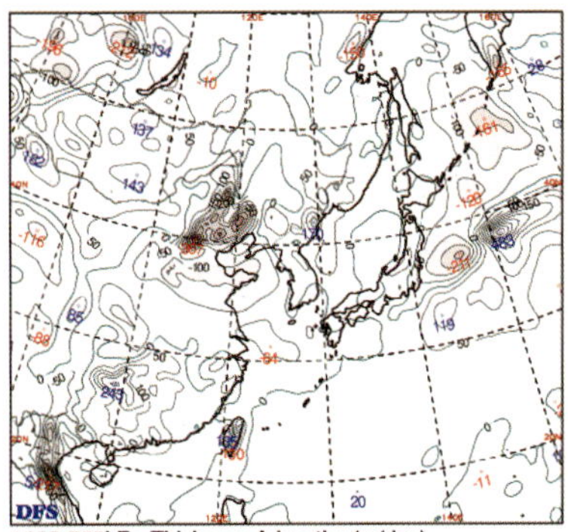

1000-700hPa Thickness Advection(m/day)

925 hPa 온도

겨울철 대륙성 고기압의 확장에 따른 한기의 남하와 관련된 강설현상의 분석.

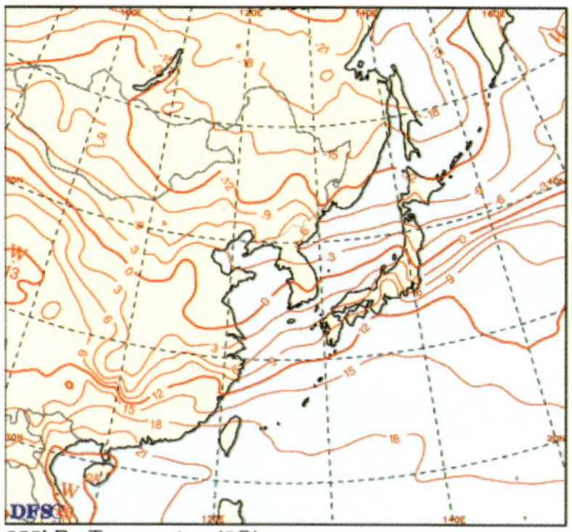

925hPa Temperature(3C)

1000–700 hPa 층후와 습수

해당 등압면의 기온과 노점온도의 차이
습한 지역 : C, 건조한 지역 : D로 표시

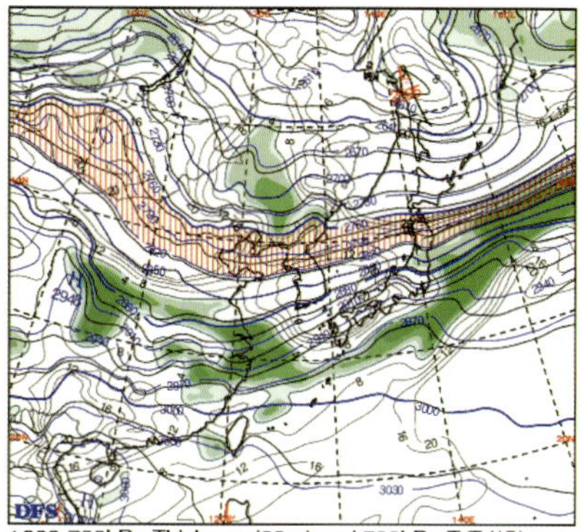

1000-700hPa Thickness(30m) and 700hPa T-Td(C)

② 보조일기도 -2 (AXFE2)

500 hPa 24 시간 고도변화도

500 hPa 고도장의 24 시간 변화량을 30 m 간격의 등치선으로 그리고 고도 하강역을 빗금으로 표시 : 일기악화.

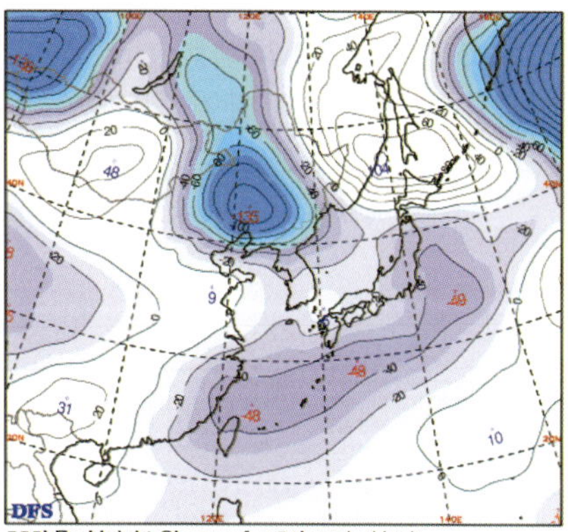

500hPa Height Change for 24hour(m/day)

850 hPa 24 시간 온도변화도

850 hPa 온도장의 24 시간 변화량을 3 C 간격의 등치선으로 그리고 온도 하강역을 빗금으로 표시 : 일기 악화.

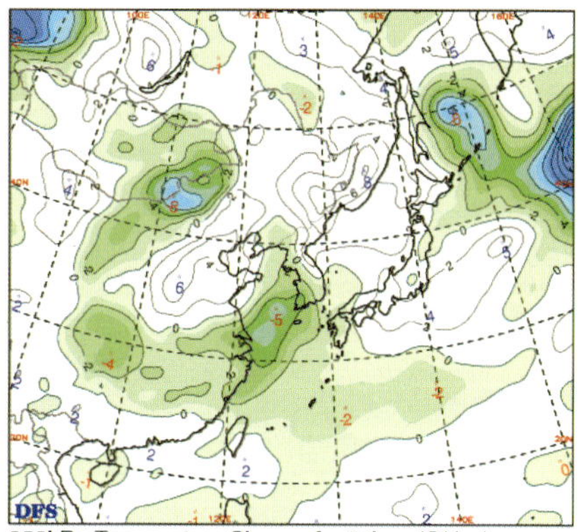

850hPa Temperature Change for 24hour(C/day)

700 hPa 상승속도

700 hPa은 중하층 대기의 연직바람 성분을 대표한다. 상승류가 있는 곳에서는 포화수증기가 응결하고 대기가 불안정 나타난다.

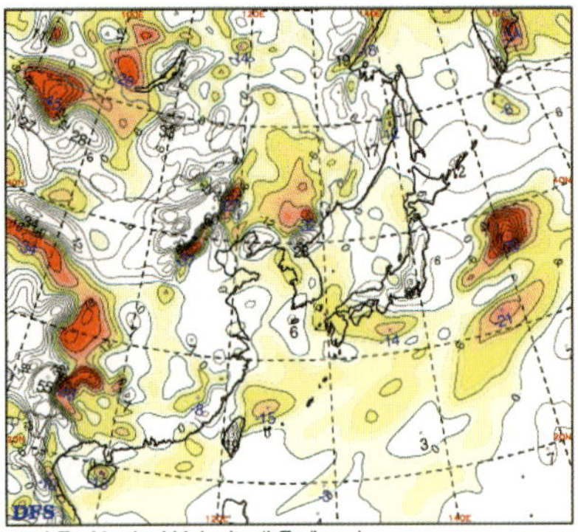

700hPa Vertical Velocity (hPa/hour)

500 hPa 소용돌이도

바람장의 방향 및 속도변화에 의해 발생하는 회전운동 상층에서 구름대와 저압부를 찾는데 효과적이다.

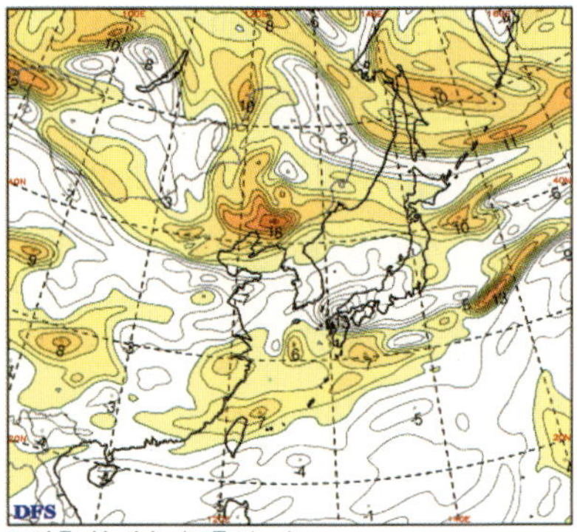

500hPa Vorticity (10E-5/sec)

850 hPa 수렴

어떤 지점에 공기가 모여들고 빠져나가는 정도를 나타낸 것 ('−': 수렴, '+': 발산).
하층에서 수렴기류가 있거나 상층에서 발산기류가 있는 곳에서는 연직 상승류가 생겨 대기가 불안정.

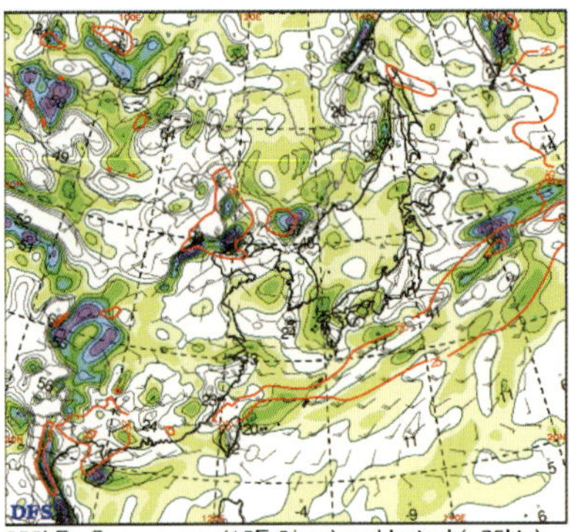

850hPa Convergence(10E-6/sec) and Isotach(>25kts)

300 hPa 발산

850 hPa 수렴과 방법이 동일하며, 상층에서는 발산역의 위치와 강도, 제트기류의 위치파악 가능

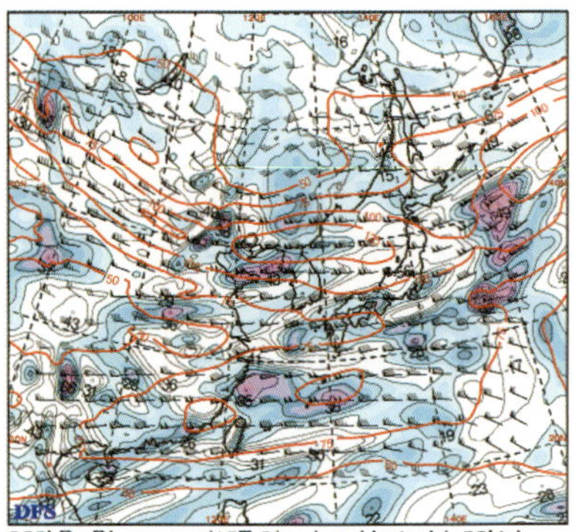

300hPa Divergence(10E-6/sec) and Isotach(>50kts)

ㄹ. 지상일기도 원리 및 방법

① 등압선은 반드시 폐곡선을 이루거나, 일기도의 가장자리에서 끝나게 된다.

② 등압선은 서로 교차하지 않는다.

③ 등압선은 두 갈래로 갈라지지도 않으며, 두 등압선이 하나로 합쳐지지도 않고,

도중에 끊어지지도 않는다.

④ 등압선을 경계로 한쪽은 등압선의 값보다 높고, 다른 한쪽은 낮게 분포하도록 등압선을 그려준다.

⑤ 공기의 대규모적인 운동을 고려해서 등압선의 굴곡이 심하지 않도록 완만한 곡선으로 그려준다.

⑥ 저기압 중심부근의 바람은 반시계방향으로 불어 들어가고, 고기압 부근의 바람은 시계방향으로 불어 나간다.

⑦ 전선(前線)의 전후에서는 등압선에 약간 불연속적으로 저기압성으로 굴곡이 되도록 그린다.

⑧ 등압선은 1000 hPa 등압선을 기준으로 하여 대개의 경우 4 hPa 간격으로 그린다. 등압선의 간격이 너무 드물어서 분포가 분명하지 않을 때는 중간데 2 hPa 간격선을 파선(破船)으로 삽입한다.

⑨ 등압선은 그리기 쉬운 곳(자료가 많은 육지 또는 기압치가 조밀한 곳), 또 자료의 신빙성이 큰 곳부터 묘화(描畵)하기 시작하여 주위로 연장시켜 나간다.

⑩ 관측 값이 없는 경우는 내삽(內挿), 또는 외삽법(外挿法)의 원리로 이웃하는 두 지점의 간격을 비례로 나누어서 부드럽고 매끈한 곡선으로 묘화한다.

6. 결과 및 고찰

1_ 일기도를 묘화할 때 만일 관측결과가 부정확하거나 잘못 관측된 것이 라면 어떻게 될까? 주변 관측값과 비교하여 차이가 큰 관측값은 어떻게 해야 할까?

2_ 원리와 방법 및 과정에 따라 다음 일기도의 등압선을 묘화하라.

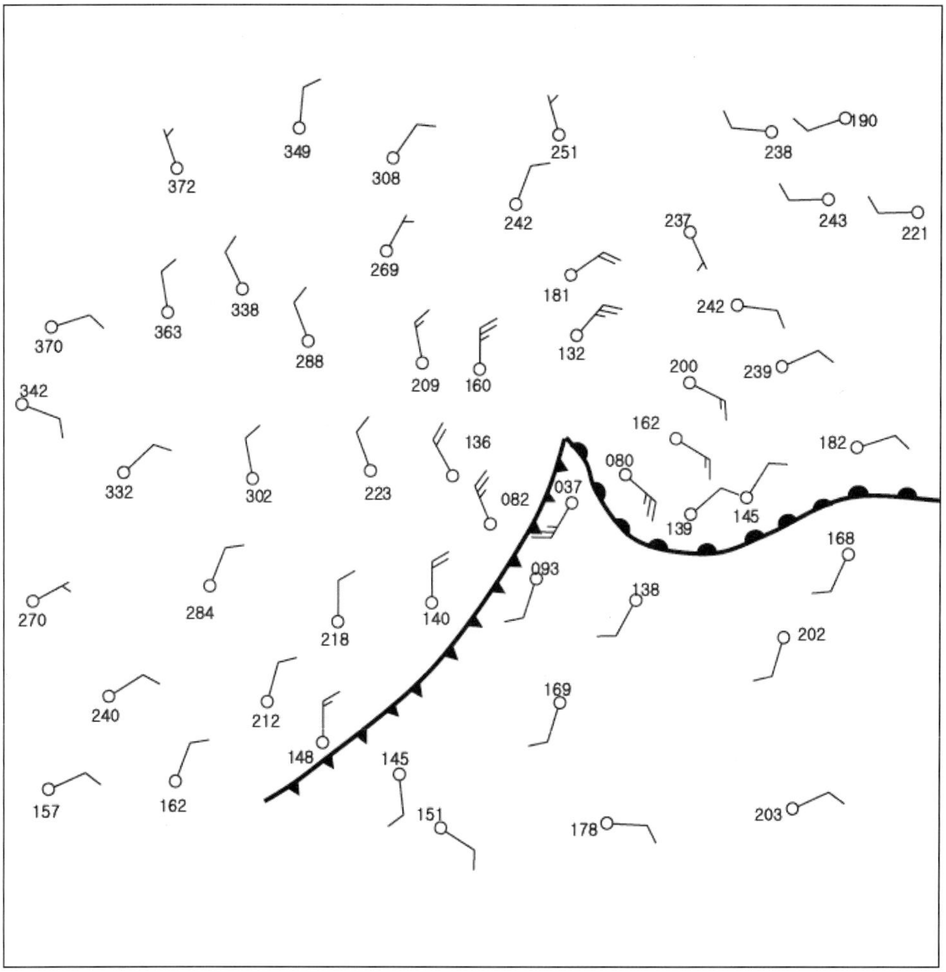

실험날짜	학과	학번	이름	조(組)	평가

제 Ⅶ 부

야외관측(野外觀測)

기상학 또는 대기과학은 우리의 일상생활에서 매일 접하고 있는 현상이다. 이들은 우리의 피부에 직접 닿고, 생활에도 막대한 영향을 행사하므로 우리의 관심 또한 대단히 크다. 그중에서도 제일 흔하게 볼 수 있는 것이 구름[운(雲), clouds]이다. 하늘의 구름을 쳐다보고 기분이 좋을 때도 있고, 찌뿌듯할 때도 있다. 하늘의 구름은 우리의 기분마저도 좌우한다. 이러한 구름의 야외관측(野外觀測)에서부터 시작하자.

대기현상의 공부나 연구는 관측해 보고, 이것을 재는 측정으로부터 시작을 한다. 이것이 처음의 시작이며, 다음에는 실험실에서 이들 구름[운(雲)], 눈[설(雪)], 천둥번개[뇌(雷)] 등을 재현해 보아서, 어떻게 생성되는지를 알아내는 것이다. 이와 같은 과정에서 관측·측정은 그 시작으로 제일 중요함에도 이를 경시(輕視)하거나 간과(看過)해 버리는 풍조는 심히 유감스러운 일이 아닐 수 없다.

공기 중의 수증기가 응결을 해서 구름입자가 되고, 운립이 모여서 다시 빗방울이 되어 비가 내린다. 이것이 0℃ 이하가 되면 설편(雪片)이 되는데, 이것도 여유가 있어 눈의 결정이 되기도 하고, 급속한 냉각으로 싸라기가 되기도 한다. 급한 상승기류(上昇氣流)와 같이 형성되는 수증기의 응결은 소나기와 함께 천둥번개를 형성한다. 이들의 일련의 관측에서 형성~소멸까지의 과정의 자연법칙을 알아 우리생활에 반영하는 것이다.

VII-1 구 름

아침에 눈을 뜨고 일어나 외출하려고 밖에 나오면 으레 하늘을 쳐다보고 기상상태를 살핀다. 날씨를 보고 비가 오는지 맑은지를 판단해서 우산의 지참 등을 결정한다. 그 중 제일 많이 보는 것이 구름이다. 맑은지 흐린지 등을 살핀다. 즉, 이들이 우리생활에 영향을 주기 때문이다.

관천망기(觀天望氣)란 하늘의 공기의 상태를 바라보고 날씨를 관측하는 것이다. 구름이나 여러 대기현상을 살펴보고 날씨를 예측하는 일이기도 하다. 옛날부터 전해 내려왔으며, 농사짓는 데에 참고하였다. 저녁노을이 지면 날이 개고, 햇무리나 달무리가 지거나, 연기가 낮게 깔리면 비가 온다고 했다. 현재에는 그다지 잘 사용되지 않는 말이지만, 구름이나 바람 등의 하늘의 상태를 보고 날씨의 변화를 예측하는 옛날의 일기예보의 주류를 이루었다. 지금은 일기도나 수치예보 등에 의한 대기과학적인 예보기술의 진보로 그 중요성이 감소했다. 그러나 국지적인 현상인 단시간 일기예보나 해안가, 산악지역에서는 지금도 그 중요성이 여전히 발휘되고 있다.

1. 구름의 관측

구름[운(雲), clouds]이라고 하는 것은 수증기를 포함한 공기덩이가 상승하면, 압력이 떨어지므로 단열팽창에 의해 온도가 내려가서 포화에 도달하게 된다. 포화에 이른 공기는 대기 중에 떠돌아다니는 무수한 에어로솔(aerosol)을 핵(核)으로 사용해서 응결(凝結)해 눈에 보이는 구름이 된다.

차가운 지면에 접하고 있던 공기는 냉각하여 포화에 이르러 역시 눈에 보이는 안개가 된다. 이것이 전선면(前線面)이나 산의 사면을 활승(滑昇)하는 경우, 또 직접 태양방사에 의해 덥혀져서 상승하는 공기에 의해 형성되는 청천적운(晴天積雲) 등의 구름에 상당한다. 또, 따뜻한 해면에 접하고 있던 공기덩이도 포화에 이르러 역시 눈에 보이는 안개가 된다. 이것이 분지(盆地)에 생기는 방사무(放射霧)나 바다에서 종종 보이는 증기무(蒸氣霧) 등에 상당한다.

이와 같이 구름이나 안개는 그 발생하는 장소나, 높이, 그 생성과정, 또 날씨의 계(系, system) 속에서 다양한 형태를 나타냄으로, 일기예보나 강수현상 등의 예측이 되고, 관천망기(觀天望氣)에 구름이 사용되었던 것은 이 때문이었다.

구름이 대기현상(기상현상)에 주는 영향을 분명하게 하기 위해서 구름의 형성, 유지과정을 해명함과 동시에 구름입자, 운수량(雲水量) 등의 대기과학량(大氣科學量)의 방사(放射)특성에 대한 영향을 명백히 하고, 구름의 분포상태와 그 방사특성과의 사이에 합리적인 관계를 확립하는 것이다.

또, 기상위성에 의한 전 지구적인 구름분포의 파악, 새로운 구름의 관측수단의 개발을 합해서, 종래의 구름을 보는 관천망기는 정성적(定性的)으로 정적(靜的)이라고 하면, 현재는 구름과 방사의 프로그램 등은 정량적(定量的)인 동적(動的)이라고 말 할 수 있을 것이다. 어느 쪽이든 구름에 대한 평가가 재인식되고, 그 관측의 중요성이 높아진 것은 사실일 것이다.

1.1. 운형

구름은 대기의 구름입자의 상(相: 물방울 또는 얼음방울)에 따라서, 또 성층상태에 따라서 천차만별의 모양을 갖지만, 주로 모양과 고도(높이)에 따라서 10류(類, 기본 운형)로 대별하고, 이것을 다시 더욱 세밀한 특징이나 투명도 등에 따라서 종(鍾), 변종(變種) 등으로 나누어진다.

세계기상기관(世界氣象機關, WMO)에서는 구름의 분류와 해석을 「국제운도장(國際雲圖帳)」으로 간행해서 이것에 의해 운형(雲形, cloud forms)의 관측을 행하는 것을 의무화하고 있다. 이것에 대한 자세한 내용은 "소선섭 외 3인, 2009 : 대기관측법" 166-167 쪽을 참고하기 바란다.

그러나 이 장에서는 기상청의 일반적인 업무로서의 관측이 아니고, 우리들이 기상현상을 이해하기 위해서 행하는 연구관측에 수반되어 행하는 기상관측을 대상으로 하고 있음으로 눈 관측이든, 사진관측이든, 노트에 기록하는 데는 10류의 운형으로 충분하다. I부 I-1장의 표 I.2에서 이들의 명칭과 기호를 표시하고 있다. 기상관측을 하는 데에는 기상청에서 발행하는 「지상기상관측법(地上氣象觀測法)」을 지니고 다니는 것이 편리하다. 10류의 기본운형의 대표적인 사진들은 "소선섭 외 3인, 2009: 대기관측법"을 참고해서 실제의 관측에서의 구름의 분류하는 데에 도움이 되기를 바란다.

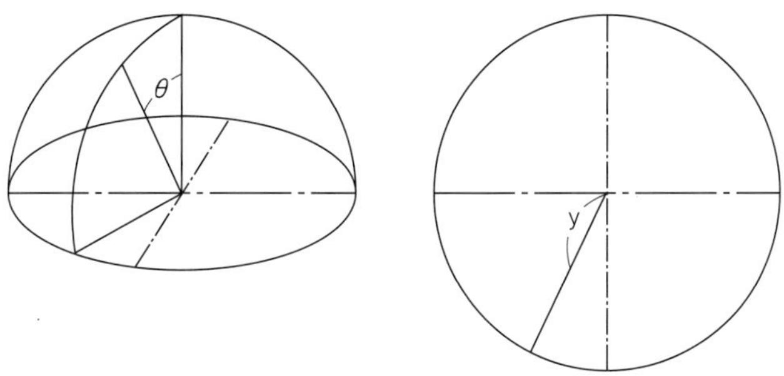

그림 VII.1 어안렌즈카메라의 상점의 광축에서의 거리와 천정각의 관계

1.2. 운량

어떤 목적의 연구관측에 수반되어 행하는 기상관측에서는 적란운(積亂雲) 등의 경우는 제외하고는 운형보다도 운량(雲量, cloudiness)의 쪽이 더욱 중요한 경우가 많다.

운량은 목시(目視)에 의해 0 ~ 10 까지의 정수로 I 부 I -1 장의 표 I .3 과 같이 표시한다. 운량이 10 이라고 해도 구름이 없는 부분이 근소하게 있는 경우에는 10^{-} 와 같이 기록한다.

운량은 전천(全天 ; 모든 하늘)에 대한 구름이 있는 부분의 비율로 나타내기 때문에, 전천을 촬영할 수 있는 장치가 있으면 좋을 것이다. 그래서 반구경(半球鏡)을 수평으로 놓고, 1 m 바로 머리 위에 35 mm 카메라를 지지봉(支持峰)에 장치하는 전천사진기(全天寫眞機)에 의한 방법도 과거에는 시도되었지만, 현재에는 어안렌즈카메라가 주류를 이루고 있다.

어안(魚眼 : fish eye)렌즈는 광각(廣角)렌즈보다도 초점거리가 짧아서 35 mm판에서는 6 ~ 16 mm정도이고, 사각(射角)은 180 ~ 220° 정도를 포괄한다. 전천카메라는 이 어안렌즈를 사용해서 지평선을 포함하여 하늘 전체를 한꺼번에 촬영할 수 있는 카메라이다.

지금 반구(半球) 돔의 중심에 어안렌즈 카메라를 놓고(그림 Ⅶ .1 참고), 돔 위에 어떤 물점(物点)의 천정각 θ와, 그 상점(像点)의 광축(光軸)에서의 거리 y 와의 사이에는 어안 NIKKOR(일본 Nicon 사가 만든 렌즈의 일종)에서는

$$y = C\theta \qquad (Ⅶ.1)$$

로 표현하듯이 등거리사영(等距離射影)을 채용하고 있어, 해석에 대단히 편리하다. θ 와 y 와의 관계의 직선성(直線性)에서의 어긋남은 약 ± 2 % 이다. 사진촬영이므로, 운량이나 운형만이 아니고 연속해서 촬영하면, 그들 구름의 이동방향도 알 수 있는 이점이 있다. 통상의 카메라를 사용한 스테레오 사진관측에서는 그 시야의 좁음에서, 구름의 이동에 수반해서 방위각(方位角), 앙각(仰角)을 적당히 바꾸지 않으면 안되는데 반해서 광축을 천정(天頂)으로 향한 어안렌즈카메라에 의한 스테레오 사진관측에서는 그 번거로움도 없고 구름의 수평위치, 고도도 간단히 구할 수가 있다.

1.3. 이동방향과 속도

구름의 방향은 구름덩이가 진행해 가는 방향으로 8 방위로 나타내고, 운형별로 관측한다. 일반적으로 구름의 방향은 그들의 구름을 동반하는 요란의 방향과, 또 상층의 구름과 하층의 구름과는 종종 이동방향이 다르므로 주의가 필요하다. 구름의 방향의 관측은 미리 방향이 가늠되는 것을 정해놓고, 그 아래에서 수직 위를 보고 구름이 움직이는 방향을 정한다고 하는 목시에 의한 것이 보통이다. 구름의 이동방향이나 겉보기의 속도를 구하기 위한 측기(測器)로서 운경(雲鏡)이나 빗살형 측운기 등이 고안되었지만, 현재 사용되고 있는 것은 아니다. 그러나 운경(雲鏡)만이 아니고, 기상관측이나 실험에 어떠한 목적으로, 어떠한 측기를 생각해 사용했는가를 아는 것은 그 시대를 보는 방향, 사고(思考)를 알 수 있어서 즐겁다.

1.4. 운고

운고(雲高)는 구름의 높이로 관측지점에서 운저까지의 높이를 말하고, 산악이나 항공기에서 판단할 때는 평지에서의 높이를 말한다. 특히 구름의 발달 정도의 가늠이 필요할 때에는 운정고도(雲頂高度)와 응결고도(凝結高度)로서의 가늠이 필요할 때는 운저고도(雲底高度)의 관측이 필요하다. 운정고도와 운저고도의 차가 구름의 두께이다. 최근의 항공기의 대형화와 고속화, 그리고 공항의 과밀함은 보다 정확한 높은 안전이 요구된다. 그러기 위해서는 구름이나 안개, 강수에 관한 정밀도가 높은 정보가 필요하게 된다. 목시(目視) 이외의 구름의 높이 측정에는 다음과 같은 방법이 이용되고 있다.

ㄱ. **측운기구** : 측운기구(測雲氣球, ceiling balloon)는 상승속도를 일정하게 한 중량 20 g 정도의 기구를 방구(放球)하여 운저에 들어갈 때까지의 시간을 초시계로 측정해서 운고를 구한다. 상승속도는 150 ~ 200 m/min 로 하고, 하늘의 상태에 따라서 유백색(乳白色)이나 적색(빨강색)의 기구를 사용하고, 야간에는 두(豆)램프를 단다. 이 기구를 경위의(經緯儀)로 시시각각 추적하고, 그 때의 방위각과 고도각을 읽음으로써, 운저에 들어갈 때까지의 상층의 풍향·풍속을 구할 수도 있다.

ㄴ. **운저고도기록계** : 운저고도기록계(雲底高度記錄計, cloud-base recorder)는 운저고도(雲底高度)를 결정해서 기록하는 측기이다. 근대적인 설계는 ※ 라이더타입으로, 펄스레이저(pulse-laser) 광선이 연직방향으로 발사되어 운저에서 반사된 복귀 펄스를 적절한 검출기(檢出器)로 포착한다.

※ 참고 : 라이더(lidar)는 light detection and ranging의 약어이다. 기상학으로의 응용으로서 에어러솔, 구름입자, 및 그 외의 입자의 존재와 운동을 검출하는 데에 이용되는 펄스레이저 시스템(pulse laser system)이다. 레이저(laser)에서 펄스(pulse)상의 빛이 발사되어, 부유입자(浮遊粒子)에서의 후방산란신호(後方散亂信号)가 망원경을 이용해서 검출된다. 특별한 응용으로서는 운저측정기(雲底測定器), 청천난(기)류[晴天亂(氣)流, CAT]의 검출이 있다. 레이더(radar)와 유사형 이어서, 레이저・레이더(laser radar) 및 광학・레이더(optical radar)라고도 불린다.

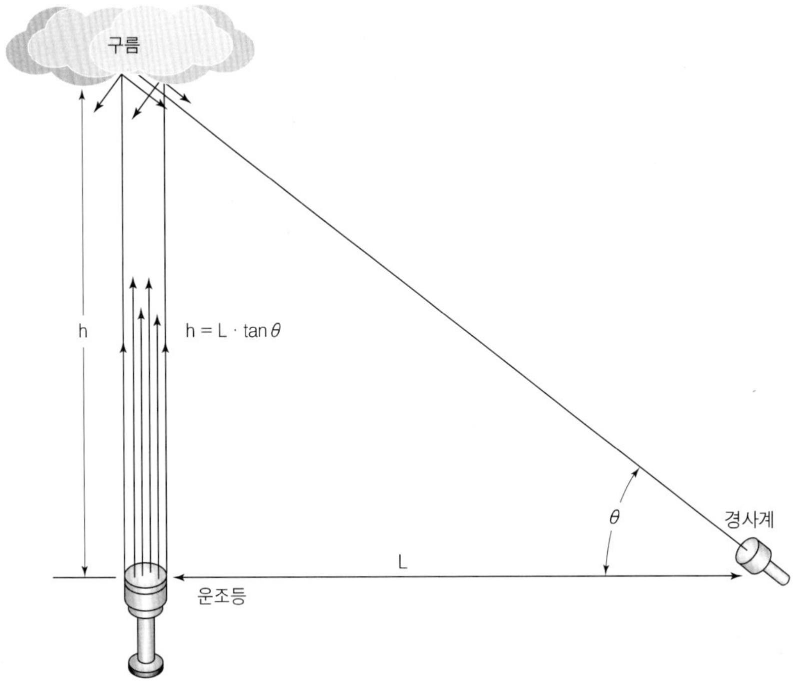

그림 Ⅶ.2 운조등과 경사계에 의한 운저고도의 관측

운저고도기록계와 유사한 용어로 시로메타(ceilometer)가 있다. 이것 역시 운저의 높이나 연직시정(鉛直視程)을 측정하는 측기이다. 회전빔식(回轉beam式)과 펄스식(pulse式)이 있다. 회전빔식 시로메타는 투광기(投光器)는 연직면을 회전하면서 빛을 조사(照射)하고, 운저에서 반사한 빛을 연직방향을 향한 수광기(受光器)에서 받는다. 투광기와 수광기의 거리는 알고 있음으로 삼각측량(三角測量)의 이론에 근거해서 운저의 높이를 알 수가 있다. 펄스식 시로메타에 의한 측정은 투광기에서 연직상방으로 레이저펄스를 발사하고, 운저에서 반사되어 돌아올 때까지의 시간에서 운저의 높이를 측정한다.

지상에서 연직으로 빛을 조사하고, 운저의 스팟(spot, 점, 장소)의 고도각(高度角)을 일정거리에서 측정하는 방법이 있다. 운저고도 h 는 그림 Ⅶ.2 와 같이 기선장(基線長) L 과 앙각(仰角) θ 에서

$$h = L\tan\theta \tag{Ⅶ.2}$$

로 구할 수가 있다. 야간의 자연광 속에서의 운저의 스폿을 식별하기 우해서, 수은등(水銀燈) 등을 사용한다. 한편, 일점관측(一点觀測)에서는 연직으로 발사된 빛의 펄스가 운저에서 반사해서 되돌아 올 때까지의 시간을 측정해서 구한다.

ㄷ. **스테레오 사진관측** : 앞의 ㄱ, ㄴ에서 언급한 방법에서는 고정된 장소에서의 운고(雲高)만의 자료가 얻어지는데 불과했다. 용도는 다르지만, 운고는 물론이고, 운형도 구름의 이동속도도 동시에 측정할 수 있는 스테레오 사진관측이 있다. 이 방법이 이용되었던 당초에는 사진경위의(寫眞經緯儀)의 망원경 부분에 카메라를 부착한 것이 이용되었지만, 현재에는 경위의 위에서 직접 카메라를 고정한 것이 사용되고 있다.

2점간 A, B 의 기선 L 과 고도차 ΔZ 가 알려져 있는 관측점에서 촬영된 4조(組)의 스테레오 사진에서 얻어진 운고 Z, Z' 은 식 Ⅶ.3 의 관계에서 구해진다.

$$Z = L\frac{\sin\alpha' \tan\beta}{\sin(\alpha + \alpha')}, \qquad Z' = L\frac{\sin\alpha \tan\beta'}{\sin(\alpha + \alpha')} \tag{Ⅶ.3}$$

그러나 실제에 운형의 대응점, 또 각각의 읽어 들여 얻은 값이 포함되기 때문에, 반듯이, $Z= Z' + \triangle Z$ 로는 되지 않는다. 따라서 관측점의 해발고도를 Z'' 으로 하면, 해면상의 운고 Z_0 는 다음과 같은 평균화로서 결정된다.

$$Z_0 = \frac{1}{2}\{Z + (Z' + \triangle Z)\} + Z'' \tag{Ⅶ.4}$$

2. 관측실험

목시관측(目視觀測)은 육안으로 하늘의 구름을 관측하는 것이다.

2.1. 목시관측

ㄱ. 운형(雲形)에 관한 사항을 관측하여, 다음의 표 Ⅶ 3.1에 해당하는 구름이 있는 것만을 기재한다.

표 Ⅶ.1 운형의 관측사항 기록

종류	분류 · 높이(km) 운고(雲高)		10 류(類)	우리 이름	국제부호	운형부호
층상운 (層狀雲)	상층운 C_H					
	중층운 C_M					
	하층운 C_L					
대류운 (對流雲)	운 저 : 운 정 :					

ㄴ. 다음에는 운량과 구름의 이동방향, 이동속도를 측정하여 다음의 표를 채워라.

표 Ⅶ.2 운량과 구름의 이동방향, 이동속도

운량(雲量)		이동방향(8방위)	이동속도
숫자부호(10분법)	기호		

2.2. 측기관측

ㄱ. **준비물** : 어안(魚眼)렌즈카메라(NIKKOR), 반구 돔, 운경(雲鏡), 즐형측운기(櫛形測雲器, 비살형측운기), 측운기구, 초시계, 두(豆)램프, 경위의(經緯儀), 운고고도기록계(시로메타), 수은등, 스테레오 사진기(카메라) 망원경 등.

ㄴ. **관측 결과의 기록**

측정종류	기 록 사 항
사용한 측기	
운형과 운량	
이동방향과 이동속도(운속)	
운고, 운저, 구름의 두께	
운정고도, 응결고도, 운저고도	
기타 기록 사항	

실험날짜	학과	학번	이름	조(組)	평가

Ⅶ-2 눈

눈[설(雪), snow] 이라고 하면, 일반적으로는 영하(零下, 0℃ 이하)에서 얼어서 형성된 얼음 알갱이를 총칭해서 이르는 말이다. 그러나 이것은 그때의 기상상태나 성장속도 등에 따라서 서서히 여유 있게 성장을 하면 눈결정을 형성한다. 이것이 소위 눈을 좁은 의미로 이야기할 때 아름다운 결정(結晶)을 이루는 눈이 된다. 또한 설편(雪片)도 있고, 급속히 냉각을 하면 덩어리 모양인 싸락눈이나 우박 등을 형성한다.

1. 눈결정

눈의 결정[설결정(雪結晶), 눈결정, snow crystals]은 일반적으로 빙점하(氷点下)에서 대기 주에 떠 있는 무수한 응결핵을 중심으로 해서 수증기가 응결해서 직경 10 ㎛ 정도의 과냉각운립(過冷却雲粒)이 되고, 이것이 동결해서 생긴 빙정(氷晶)이 더욱 주위의 수증기를 흡입해서 성장해 외경(外徑)이 100 ㎛ 정도가 된 것이다. 따라서 동결 직후의 빙정은 구형(球形)을 하고 있고, 미크로(Mikro, 독: 1/100 만, μ)로 보면 골프

공의 표면과 같이, 작은 표면으로 둘러싸인 것과 같이 보인다. 이들의 작은 표면이 만일 균일하게 같은 속도로 성장을 한다면, 원래의 결정이 그대로 커진 형태가 될 것이다. 그러나 눈결정도 다른 광물이나 금속 등과 같이 성장속도가 결정면에 따라 다르다.

1.1. 육각결정

눈결정이 왜 육각결정(六角結晶)일까라고 하는 질문에 대한 대답은 그리 간단치가 않다. 결정(結晶)이라고 하는 것은 그것을 구성하고 있는 원자나름, 분자나름 대로의 일정한 기하학적인 배열을 반복하면서 3원적으로 펴진 구조를 갖기 때문이다.

눈, 즉 빙결정(氷結晶)에 있어서는 물분자의 배열이 어떤 특정의 방향에서 보면 육방대칭(六方對稱)으로 줄지어 있다. 결정 내부의 구조가 육방대칭이라고 해서, 결정의 외형이 육각이 된다고 하는 것은 바로는 연결되지 않는다. 외형(外形)은 성장할 때의 분자의 배열의 조직에 좌우되기 때문이다. 눈의 육각형이 되는 이유를 알 듯 하지 않겠는가?

따라서 통상의 눈결정은 육방정계(六方晶系)이기 때문에, 그림 Ⅶ.3과 같이, 결정주축에 평행하게 120°의 각도로 교차하는 6장의 주면(柱面)과 결정주축에 수직으로 서로 평행한 2장의 저면(底面)으로 이루어져 있다. 이들의 면의 성장속도가 특히 작아 그 결과로서 눈결정은 육각주(六角柱)가 된다. 이 기본형으로서의 육각주가 더욱 긴 각주(角柱)가 될까, 판상결정(板狀結晶)이 될까, 또는 각각의 각(角)에서 가지가 성장할지는 그 후의 눈결정이 성장하는 환경(기상상태)에 의해 결정된다.

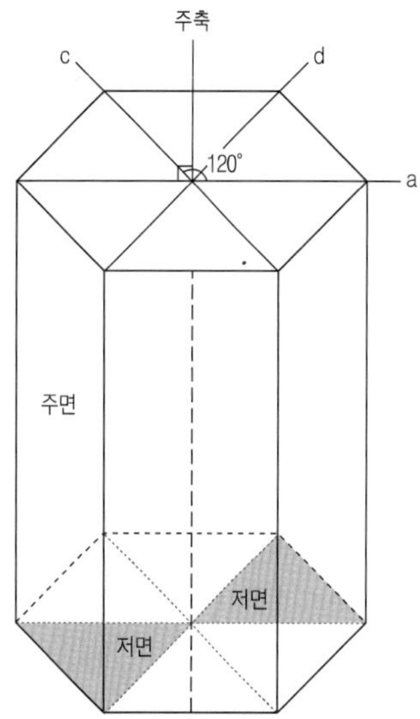

그림 Ⅶ.3 눈결정의 기본구조

1.2. 눈결정의 분류 – 6 종류

눈결정은 그야말로 각양각색으로 천차만별하다. 그 모양은 내릴 때의 기상조건에 따라서 주로 기온과 수증기의 양에 따라서 미묘하게 변한다.

도대체 눈결정은 어느 정도의 종류가 있을까? 궁금하여 자세하게 분류하면 그 수가 셀 수가 없이 끝이 없다고 한다. 그래서 우리는 여기서 그렇게 자세한 분류는 도리어 혼란만을 야기 시킬 뿐임으로, 다음과 같은 6종류 정도를 알고 있으면 된다고 생각을 한다(그림 Ⅶ.3).

물론 이들의 중간형(中間型), 조합형(組合型), 그 외에 불규칙(不規則)한 것까지 다양해서 실제로 내려 온 눈을 어느 분류에 넣어야 좋을까라고 하면, 전문가라도 고개를 갸우뚱하는 일이 있다.

ㄱ. **침** : 각주(角柱)가 긴 쪽 방향으로 뻗으면, 유각의 측면(側面)만으로 둘러싸인 허공의 칼집 모양이 되고, 더욱 각(角)이 좁고 길게 뻗은 것을 침(針, 바늘)이라고 한다. 침에는 몇 개의 속(束, 다발)으로 되기도 하고, 교차하고 있는 형태의 것이 많다(그림 Ⅶ.4 관찰).

그림 Ⅶ.4 침(針) (小林禎作, 1993 에서)

ㄴ. **각주** : 각주(角柱)라고 하는 것은 연필 끝을 1 cm 정도의 길이로 자른 모양의 결정으로, 보는 방향에 따라서 육각(六角)으로 보이기도 하고, 장방형(長方形, 직사각형)으로 보이기도 한다. 1 mm 이하로 작다(그림 Ⅶ.5 관찰).

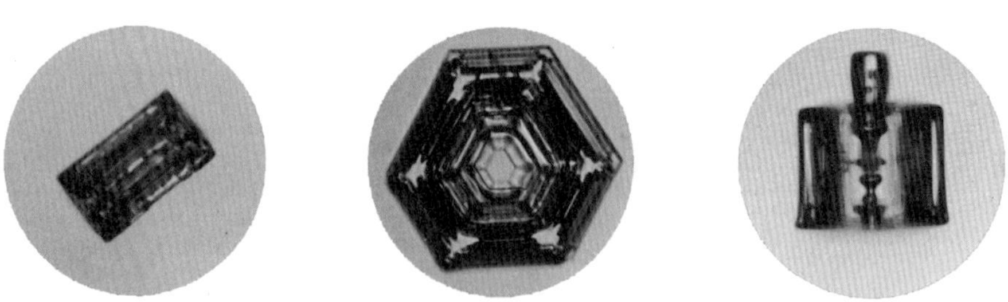

그림 Ⅶ.5 각주(角柱) (小林禎作, 1993)

ㄷ. **각판** : **각판(角板)**은 막 생긴 육각주(六角柱)의 결정이 성장함에 따라서 옆으로 퍼지면 두꺼운 각판이 되고, 그 상하의 저면(底面)이 밀어 나오면서 2장의 각판의 구조를 갖는다. 그 어는 쪽인가가 한쪽 방향으로 성장이 이기면, 그것은 더욱 성장을 계속해 얇은 한 장의 각판이 되고, 진 쪽은 그대로 남아서 중앙으로 육각형의 모양이 되어 보인다(그림 Ⅶ.6 관찰).

그림 Ⅶ.6 각판(角板) (小林 禎作, 1993)

ㄹ. **선상육화** : 각판의 각(角) 모서리가 더욱 밀려 나와서, 마치 부채를 펼친 것과 같은 모양[선상(扇狀)]을 한 것을 **선상육화(扇狀六花**, 부채 모양을 한 6개의 꽃)라고 부르고 있다(그림 Ⅶ. 7 관찰).

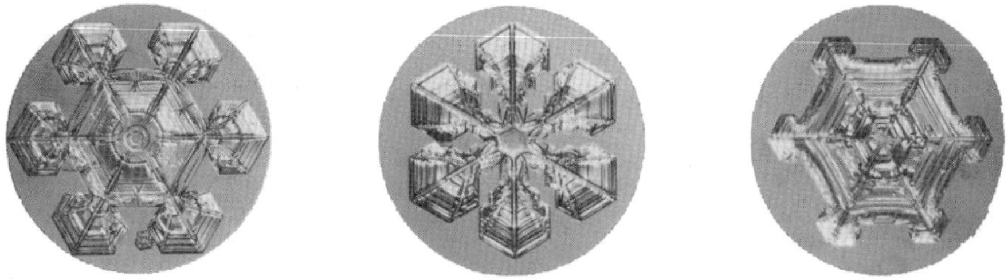

그림 Ⅶ.7 선상육화(小林 禎作, 1993)

ㅁ. **광폭육화** : 선상육화의 각이 폭넓게 돌출되어 나온 것을 **광폭육화(廣幅六花)**라고 한다. 선상(扇狀)과 수지상(樹枝狀)의 중간적인 성장형으로서 여러 가지의 단계가 있고, 변화가 풍부한 다양성을 가지고 있다. 자연의 정교함을 집중시킨 그의 아름다운 모양도, 구름 속에서 태어나 자라서, 지상에 쌓일 때까지의 1~2 시간의 생명에 지나지 않는다. 그것을 겨울의 짧은 생애라고 부르기에 어울리고, 다발

(뭉치) 사이에서 사라져서 같은 모양은 두 번 다시 만들어지는 일은 없다(그림 Ⅶ.8 관찰).

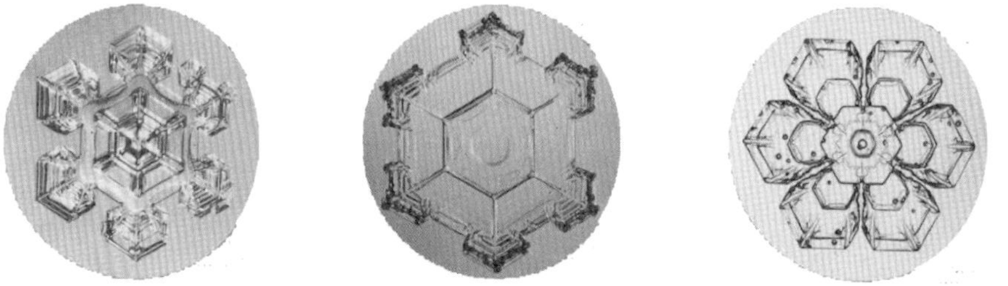

그림 Ⅶ.8 광폭육화(小林禎作, 1993 에서)

ㅂ. **수지상육화** : 중심에서 6개의 가는 가지[지(枝)]가 뻗은 것을 성상(星狀 : 별 모양), 6개의 가지에서 더욱 다수의 작은 가지가 나누어진 것을 수지상(樹枝狀 : 나뭇가지 모양)이라고 한다. 가지는 모두 같은 평면상에 있고, 가지와 가지가 이루는 각은 60° 이다. 크기도 보통 1~3 mm 정도, 모양도 변화가 많고 아름답다. 주의해서 보면, 가지의 세부까지 대칭이 잘 정리된 것과 그렇지 않은 것, 가지 끝이 둥그스름한 것과 직선적으로 선상(扇狀)에 가까운 것 등, 각양각색이다(그림 Ⅶ.9 관찰).

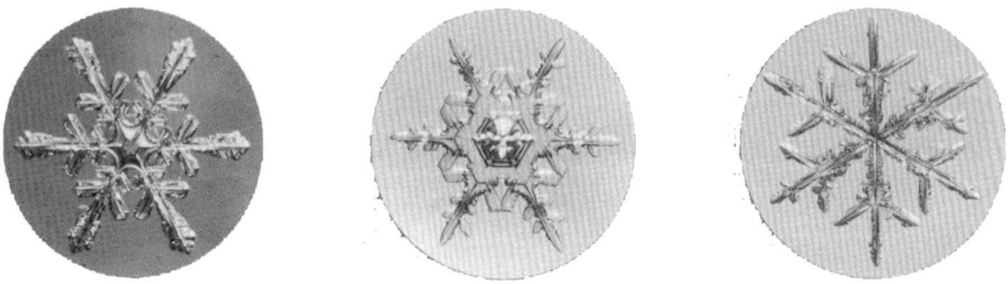

그림 Ⅶ.9 수지상육화(小林禎作, 1993)

1.3. 설편

설편(雪片, snowflakes, **눈송이**)은 빙정(氷晶)의 집합체이다. 눈결정이 낙하하는 도중에, 몇 개가 달라붙어서 생긴 것이다. 보통은 수 개 ~ 수 100개의 눈결정이 뭉쳐져서 만들어지나, 함박눈 같은 경우에는 수천 개의 결정이 한데 뭉쳐 있는 경우도 있다. 큰 눈송이(설편)는 기온 0 ~ -5 ℃ 와 -10 ~ -15 ℃ 의 영역에서 관측되는 경우가 많다. 전자는 기온이 0 ℃에 가까워지면 얼음의 표면이 달라붙기 쉬워지기 때문이다. 후자는 -15 ℃ 부근이 수지상(樹枝狀) 결정의 성장영역이고, 선단부의 복잡한 형상에 의해 눈결정 끼리가 기계적으로 서로 결합하기 쉬운 조건이기 때문이다.

온대지방에 내리는 눈의 대부분은 단결정의 형태보다도 오히려 설편(눈송이)의 모양을 취하는 경우가 많다. 단결정(單結晶)으로 시작한 눈이 어떻게 해서 큰 설편이 되는가는 아직 충분히 연구되어 있지 않다. 생각되어지는 요인으로서는 결정형(結晶形), 크기, 낙하속도, 모양의 정합성(整合性), 결정의 수평방향의 흔들림, 포착율(捕捉率), 응집력(凝集力), 결정의 발생 고도, 기온분포, 풍속분포, 전하(電荷) 부호 및 크기 등을 들 수 있다. 설편의 발생기구(發生機構)가 중요한 것은 결정의 병합이라고 하는 미기상과정(微氣象過程)의 흥미 외에도 그 질량의 크기에서 강수량으로의 기여가 있기 때문이다.

1.4. 싸라기

싸라기[산(霰), graupel, snow pellets, ice pellets]는 과냉각수적(過冷却水滴) 끼리 서로 충돌해서 얼어서 생긴 불투명한 설산상[雪霰狀 = 싸락눈 모양]의 강수로 구름에서 낙하는 백색 불투명·반투명 또는 투명하다. 또는 그들이 낙하하는 현상이다. 전형적인 직경은 2 ~5 mm 의 얼음의 입자로 **설산(雪霰, soft hail)**이라고도 한다. 설산(雪霰)·빙산(氷霰, 싸락우박, ice pellets) 및 동우(凍雨, ice pellets)의 총칭이기도 하다.

직경 수 mm 정도 또는 그 이하의 구형(球形), 원추형(圓錐形), 부정형(不定形)의 얼음으로 생긴 강수입자이다. 과냉각(過冷却)의 구름 속에서 설결정이나 동결수적(凍結水滴)이 나하 도중에 무수한 입자를 부착해서 싸라기가 된다. 싸라기의 중심이 되는 입자의 모양이나 크기, 운립포착성장 중의 낙하자세에 의해, 여러 가지 형상의 싸라기가 형성된다. 부착한 운립은 구형을 유지한 체 순간 냉각하고, 때로는 수주상(數珠狀: 여러 개의 구슬 모양) 모양으로 연결되어, 공극(空隙)을 많이 포함한 구조를 하고 있다. 그러기 때문에 싸라기는 백색불투명하고, 비중이 작아서 0.1 ~ 03 정도이다.

싸리기도 설편과 같이, 그 질량의 크기에서 강수량에 주어지는 영향이 크다. 그러나 계절풍에 수반되는 설운(雪雲)에서 오는 싸라기는 설편과는 달라 기껏해야 수분 간, 특히 큰 싸라기는 경우 수 10 초간이라고 하는 짧은 시간밖에 내리지 않는 것이 특징이다.

그림 Ⅶ.10 싸리기의 발달과정을 나타내고 있다. 눈의 결정에 낙하 도중에 운립이 충돌하고, 그대로 동결하면 "두흔(痘痕; 마마자국, 천연두 후의 남은 부스럼 자국, 곰보자국)" 상의 운립부결정(雲粒付結晶)이 되고, 그것이 더욱 심하게 되면 싸라기가 된다. 싸라기에는 중심이 된 눈의 원형이 보이는 것으로부터, 원형(原形)을 막을 수 없을 정도로 둥근 것, 원추형(圓錐形)의 것 등이 있다.

그림 Ⅶ.10 싸리기[산(霰)]의 발달과정(小林禎作, 1993)

1.5. 우박

우박[雨雹, 누리, 백우(白雨) hail, hail stone]은 대류성의 구름에서 내리는 직경 5 mm 이상의 구형 또는 덩어리 모양의 얼음으로 만들어진 강수입자 또는 그들이 내리는 고형강수(固形降水) 현상을 뜻한다. 5 mm 이하의 투명한 것은 **빙산(氷霰)**, 불투명한 것을 **설산(雪霰)**으로 정의하고 있다. 우박은 초여름에 뇌우와 함께 내리는 일이 많지만, 늦가을에 오는 경우도 있다. 싸라기나 빙정(氷晶), 동결수적(凍結水滴), 동결미수적(凍結微水滴)이, 적란운과 같이 강한 상승류 속에서 풍부하게 존재하는 과냉각운립(過冷却雲粒)을 포착해서 커진 것이 우박이다. 싸라기는 우박의 어린 시절 같기도 해서 우박을 윤절(輪切 : 원통형의 물건을 가로로 둥글게 자르는 일)해 보면 중심 부근에 싸라기가 발견되는 일이 있다. 우박은 적란운 내의 상승기류로 지탱되어 빙산

(氷霰) 또는 싸라기로서 발생해서 교대로 변해서 무빙(霧氷)이나 우빙(雨氷)의 층으로서 그 질량이 더 이상 상승류로 지탱할 수 없을 때까지 과냉각수적을 부착(付着)성장시켜서 커진다.

우박을 박편(薄片)으로 만들어 투과광(透過光)으로 보면 몇 개의 층으로 이루어진 것을 알 수가 있다. 과냉각운립을 포착해서 성장하는 과정을 2개로 분류할 수 있다. 그 하나는 포착된 운립은 구형을 유지한 채 순간에 동결하기 때문에, 공극(空隙) 즉 기포(氣泡)가 많은 불투명한 층으로 비중이 작은(0.1 ~ 0.6) 얼음을 만드는 경우로, **건조성장(乾燥成長, dry growth)**이라고 한다. 또 하나는 투명한 층으로 과냉각운립의 동결에 의해 방출되는 잠열(潛熱)을 바깥 공기로 충분히 내보내지 못할 경우에 생긴다. 이때, 강수입자의 표면온도는 0 ℃ 가까이까지 상승하고, 포착된 과냉각운립은 순간에 동결할 수 없게 되어, 그 사이의 공극에 스며들어 천천히 동결하기 때문에 비중의 큰(0.6 ~ 0.9) 얼음을 만든다. 이것을 **습윤성장(濕潤成長, wet growth)**이라고 부른다.

건조성장이 될까 습윤성장이 될까는 기온, 강수입자의 크기, 낙하속도, 과냉각운립의 질량농도(운수량)이나 평균입경에 의해 정해진다. 우박은 이들의 조건에 따라서, 건조성장과 습윤성장과를 반복하면서 성장하고, 때로는 10 cm를 넘는 것도 관측된다. 우박을 윤절(輪切)했을 때, 흰색의 불투명한 층과 투명한 층이 교대로 반복해서 보이는 것은 이 때문이다.

싸라기를 형성하고 나서 운립의 충돌이 더욱 심해지면, 아직 얼지 못한 사이에 다음의 운립이 또 충돌해 와서 표면은 젖은 스펀지 모양의 얼음 덩어리가 된다. 즉 우박에는 아직 부착한 운립이 충분히 얼지 못하고 수분을 포함한 채 성장하는 경우가 되어 이 층을 **스펀지 얼음**(spongy ice)이라 부르고 있다. 여름의 적란운이 강한 상승기류에 지지되어, 이 젖음과 동결의 과정이 반복되면서 우박은 커진다.

우박의 크기의 과거의 기록으로는 1970 년 3 월 미국의 켄서스주에서의 직경 19 cm, 무게 766 g 이 있다. 50 mm를 넘고, 가장 무거운 것으로는 약 1 kg의 것이 1986년 방글라데시의 고팔간지(Gopalanji)에서 기록되고 있다. 복수의 우박이 부착해서 무게가 3.4 ~ 4 kg의 결합체가 1939 년 인도의 하이데라바드(Hyderabad)와, 1902 년 중국의 유우에서 각각 보고 되고 있다.

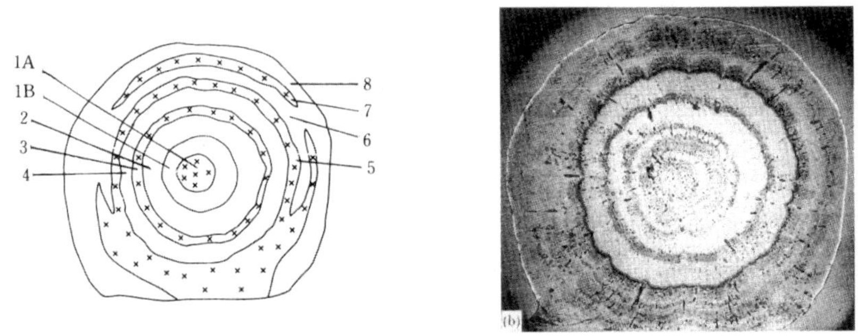

(a) 우박의 단면의 층구조

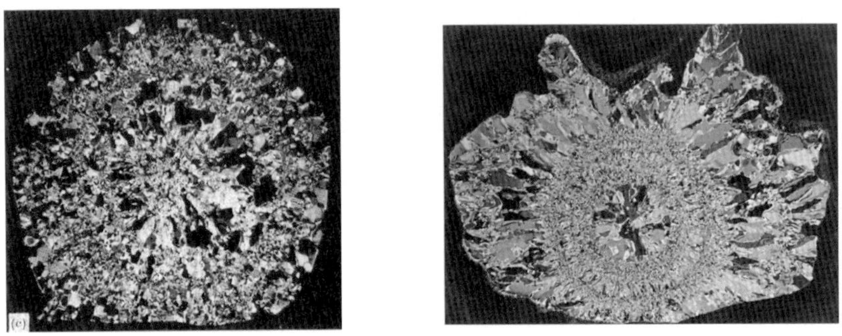

(b) 우박의 편광현미경 사진

그림 Ⅶ.11 우박의 단면과 편광사진

우박은 발달한 적란운(積亂雲)에서 뇌전(雷電)을 동반해서 비교적 좁은 범위에 집중해서 내리는 일이 많다. 직경 5 cm의 우박의 낙하속도는 30 m/s 에도 도달하고, 야구공 정도의 크기가 되면 때로는 낙하속도도 야구의 투구속도 140 km/h에 가깝다. 그 충격에 의해 농작물이나 가옥, 때로는 사람과 가축에게 피해를 입히는 일이 있기 때문에, 씨뿌림에 의한 강박억제(降雹抑制; 우박이 내리는 것을 억제 또는 저지하는 것)의 연구도 하고 있다.

우박은 대단히 발달한 적란운에서 내려오기 때문에 한 여름에서 초가을 에 많다. 그러나 그 내리는 범위가 대단히 좁고, 또 짧은 시간이기 때문에 관측이 어렵다. 동양에서는 주로 1 cm 전후의 크기이지만, 미국에서는 사람 머리통만한 우박이 내리기도 한다.

2. 관찰 실험

2.1. 관찰

이제까지의 위에서의 설명과 관찰을 기반으로 해서 다음의 그림 Ⅶ.12의 각 그림의 무엇에 해당하는지 그림 밑의 빈칸에 그 이름을 적어보자.

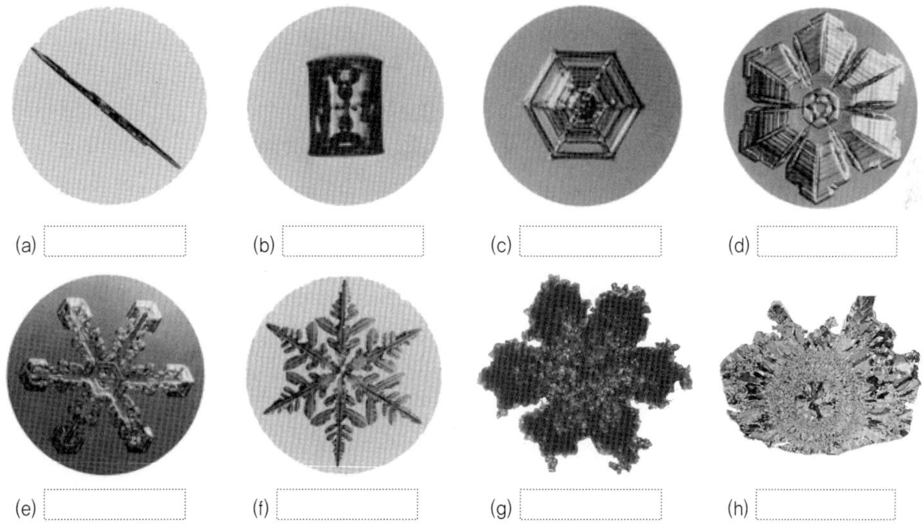

그림 Ⅶ.12 눈(설결정, 싸라기, 우박)들의 구분

2.2. 고찰

눈은 우리지방에서는 주로 겨울철에 내리는 데 우리는 그때가 겨울 방학이다. 따라서 학기 중에는 눈을 볼 수가 없어서 실내 실험에서는 자연의 눈을 대상으로 관측하고 관찰할 수가 없어서 부득이 알려진 이론과 이미 연구된 자료들을 가지고 공부하는 형식이 되었다. 그러나 언젠가 여건이 갖추어지면 다음과 같은 것을 해보았으면 하는 바람이다.

ㄱ. **목시관측** : 눈의 결정을 본격적으로 관측하기 위해서는 20 cm × 20 cm 정도의 골

판지(마분지의 안쪽에 울룩불룩 골이 진 엷은 종이를 붙인 것)나 베이야판에 검은 벨벳[velvet, 미로도, 우단 : 면(棉; 목화), 견(絹; 명주), 모(毛; 털)로 짜서 털을 세운 부드럽고 매끈한 천]의 천(헝겊)을 붙인 판을 준비하고, 그 위에 눈결정을 받는 것이 좋다. 적당한 간격으로 받은 단계에서 멈추어, 설동(雪洞)이나 물치(物置)에 넣어서 육안(肉眼)이나 루페로 본 후에 노트에 기록한다. 일단 한번 보고난 뒤에는 빗자루나 가제(거즈)로 가볍게 씻어 내서 다음의 관측에 준비를 한다.

ㄴ. **현미경 사진 관측** : 단순히 깨끗한 그리고 진귀한 눈의 결정 사진을 촬영할 것인가, 그렇지 않으면 실제로 내리고 있는 눈의 대표적인 결정형(結晶形)을 찍을 것인가에 따라서 사진촬영도 다르다. 깨끗한 결정만을 취한다면, 검은 벨벳판에 슬라이드 글라스를 놓고, 그 위에 내려온 결정을 그라스 마다 현미경의 스테이지에 올려놓고 결정을 찍을까, 벨벳판에 놓은 결정의 중에서 깨끗한 결정을 선택해서 이쑤시개의 끝 등으로 낚아 올려, 슬라이드 글라스에 놓으면 된다.

이것에는 사광조명법(斜光照明法), 이색광원조명법(二色光源照明法), 편광현미경관측(偏光顯微鏡觀測) 등이 있다.

ㄷ. **플라스틱 · 레프리카법** : 눈의 결정을 내린 그 상태대로 보존하고, 강설강도(降雪强度)를 계산하기도 하고, 결정형을 천천히 볼 수가 있는 우수한 방법으로, 합성수지(合成樹脂)를 사용하는 방법이 있다. 이 방법은 목시와 현미경관측을 합친 것과 같은 것으로, **플라스틱 · 레프리카법**(약해서 레프리카법)이라 부르고, 이염화(二鹽化)에틸렌($CH_2 Cl CH_2 Cl$)의 용액 100에 대해서 프리비닐호루말[$(C_2 H_{12} O_3)_n$]의 분말을 중량비로 해서 0.5 ~ 1 % 녹인 무색투명의 용액(레프리카액)으로, 설결정의 모양을 채취하는 방법으로, 마치 눈의 결정을 플라스틱의 박막(薄膜)으로 모양을 취한 매미의 빈껍데기(허울)와 같은 것이다.

ㄹ. **눈결정 존데** : 이제까지 소개해 온 관측법은 모두 지상에서 이루어진 것들이었다. 그러나 상공의 구름 내의 결정형과 기온이나 습도와의 관계, 또 결정형의 전하부호(電荷符号)와 그 장소에서의 전장(電場)과의 관계를 알려고 하는 경우에는 레프리카법을 응용한 **눈결정 존데**(snow crystal sonde)와 상승하강 **라디오 존데**

(UD sonde)나 **전하(電荷) 존데**를 동시에 비양(飛揚)하기도 해서 설결정 존데를 계유(係留 : 걸린 상태로 멈추어 있음)함으로서 많은 정보를 얻을 수가 있다.

ㅁ. **항공기 관측** : 설결정에만 한정된 것이 아니고, 구름 속의 강수입자의 정보를 시공간적으로 넓은 범위에 걸쳐서 얻기 위해서는 항공기탑재형의 관측장치가 필요하게 된다.

ㅂ. **인공설의 성장실험** : 이제까지 눈, 싸라기, 우박 등의 있지만, 이들 하나하나에도 무수한 많은 종류가 있다는 느낌을 가질 것이다. 한마디로 천차만별이라고 했다. 이들이 각양각색의 모양들이 어떻게 하면 만들어질까? 인위적으로 흉내를 내보는 것이 인공설(人工雪)의 성장실험(成長實驗)이다. 이와 같이 자연을 재현해 보려는 우리의 궁금증과 호기심은 앞으로 많은 의문점을 해결해 주는 실험이 계속될 것임으로 우리도 분발하자.

ㅅ. **눈결정의 수치실험** : 눈의 결정을 인공적으로 만든다고 하는 실험적인 측면은 많은 연구자들에 의해 정력적으로 행하여지고 있지만, 이론적인 연구는 그것에 비해서 크게 늦어지고 있다. 이 분야의 눈결정의 수치실험도 우리의 몫이다. 이 분야의 전문가가 앞으로 탄생하기를 기원한다.

3. 문제

1_ 눈의 관측에는 어떤 것들이 있나?

실험날짜	학과	학번	이름	조(組)	평가

Ⅶ-3 천둥번개

옛날부터 자연(대기과학, 기상)으로부터 오는 무서움은 많이 있었을 것이다. 폭풍, 가뭄, 홍수, 강풍, 폭설, 태풍, 지진 등이 그것이다. 이들은 천재(天災)는 하늘의 재앙이므로 인력으로는 어떻게 할 수 없는 것들이었다. 그 중에서도 가장 두려운 공포의 대상은 역시 뇌전(雷電; 천둥번개)일 것이다. 갑작스럽게 우레와 같은 요란한 소리[천둥, 뇌명(雷鳴)]과 함께 떨어지는 번개[전광(電光)]는 강한 빛으로 순식간에 떨어지는 낙뢰(落雷; 번개가 떨어짐) 지점에 그것이 물건이든 사람이든 가리지 않고 금방 숯덩이로 만들어 버린다. 이런 재앙 앞에서 인간은 무력할 수밖에 없었다. 그래서 옛날에 소낙비와 함께 천둥번개가 치면, 죄 지은 것 생각하고 집안에서 오들오들 떨고 있었다. 요즈음에 와서야 뇌전을 대기과학적으로 알고 예방도 하기 때문에 옛날 같은 공포의 대상은 아니다.

1. 번개(전광)

번개[lighting, 전광(電光)]는 찰나에 발하는 빛이므로, 사진을 찍어서 관찰할 필요가 있다. 지참하고 있는 사진기(카메라)로 촬영하는 경우에는 다음과 같은 사항과 주의가 필요하다.

① 야간의 번개를 택한다. 그때 주변이 어두운 편이 좋다.
② 사진기에 비가 맞지 않도록 하고, 삼각을 고정해 번개의 방향을 향하게 한다.
③ 조리개를 개방하고, T셔터※(shutter)로 한다.
④ 초점거리를 무한대로 한다.
⑤ 렌즈의 방향에 번개가 보이면 셔터를 닫고, 필름을 한 장면(frame, scene) 보낸다. 일안(一眼)리플 카메라※보다 이안(二眼)리플 카메라가 촬영확률이 좋다.
⑥ 카메라의 시야에는 이미 위치를 알고 있는 정경(情景)의 일부를 넣도록 한다.
⑦ 노트에 필름번호, 촬영시각, 카메라의 방향 등을 기록한다.

낙뢰(落雷)의 다중도(多重度)를 기록하기 위해서는 번개의 상(像)을 시간과 함께 이동시킬 필요가 있다. 그러기 위해서는 (1) 카메라 본체의 회전, (2) 렌즈의 회전, (3) 광로(光路; 빛의 길)의 도중에 놓여있는 반사경(反射鏡)의 회전, (4) 필름의 이동 등을 생각할 수 있다.

※ **참 고**

I 셔터(instant shutter) : 일반적인 셔터로 1/1, 1/2, 1/4, ... 1/250, 1/500, 1/1000, 등.

B 셔터(B shutter) : 셔터눈금에 기록도어 있는 이 기호는 벌브(bulb) 노출, 즉 스트로크를 누르고 있는 사이에만 셔터가 열려 있는 것을 표시한다.

T셔터(T shutter) : T셔터는 1분 이상의 장시간 노출용으로 셔터를 한 번 누르면 셔터가 열리고 다시 한 번 더 누르면 셔터가 닫힌다.

일반적인 셔터 표시 : 일반적으로 셔터 스피드가 60이라는 것은 60분의 1초(1/60)를 말하는 것으로 아주 짧은 시간을 의미한다.

리플 카메라 : 리플렉스 카메라(reflex camera)의 약지로, 렌즈를 통해 들어오는 빛을 거울로 반사시켜 위에서 보면서 핀트를 맞추는 사진기.

1.1. 회전 카메라

회전 카메라(回轉, rotating camera)는 카메라를 고정시키지 않고 돌아가게 하는 것이다. 전광이 운저(雲底)에서 지면으로[대지방전(對地放電), 낙뢰(落雷)], 구름에서 구름으로[운간방전(雲間放電)], 또 구름 속[운내방전(雲內放電)]에서 어떠한 거동을 할 것인가를 보기 위해서 1대의 카메라에서는 불가능하다. 여러 대의 사진기가 필요하게 된다.

한 예를 보면, 회전축에 초점거리 50 mm의 고급 카메라 10대를 36° 마다 고정하고, 회전속도 5회/s로 해서 사용했다. 이것과 병행해서, 별도로 3대의 사진기를 36° 마다 방향을 바꾸어서 장치하고 정지사진을 찍어, 양자를 비교해서 방전(放電)의 진행속도를 계산했다.

이와 같이 고급 사진기를 13대씩이나 동원한다고 하는 것은 쉬운 일이 안일 것이다. 따라서 우리는 제정 사정이 허용되는 한 사진기를 준비해서 번개를 촬영하도록 하자.

1.2. 보이스 카메라

번개의 다중도를 기록하기 위해서는 사진기를 고속 회전시키는 방법 외에도, 카메라를 고정시키고, 렌즈를 회전시키는 **보이스 카메라**(boys camera)가 있다.

보이스 사진기에 의해 얻어진 상(像)을 시간축으로 해서 분해한 것이 그림 Ⅶ.13이다. 정지 카메라에서 촬영한 운저에서 지면에 도달한 단순한 모양의 번개(낙뢰)(a)도 실제로는 몇 개의 과정을 고치고 있는 것이다. 우선 운저(雲底)에서 짧은 전광이 발생해서 도중에서 멈추고, 다음에 같은 경로를 통과해 온 전광은 전보다 조금 진전해서 또 멈춘다. 이 상태를 반복해서 번개의 선단이 서서히 지상으로 접근한다. 지상 가까이에서 가지로 나누어진 전광도 같은 과정을 밟는다. 이 단계를 **계단형전구(階段型前驅, stepped leader)**라고 한다. 전광의 맨 앞 끝이 지상에 도달함과 동시에 지면에서 운저를 향해서 같은 경로를 통해서 방전(放電)이 일어난다. 이것을 **귀환뇌격(歸還雷擊, return stroke)**이라고 한다. 이것이 1회의 뇌격(雷擊)에 상당하고, 이 지속시간은 약 0.01초이다.

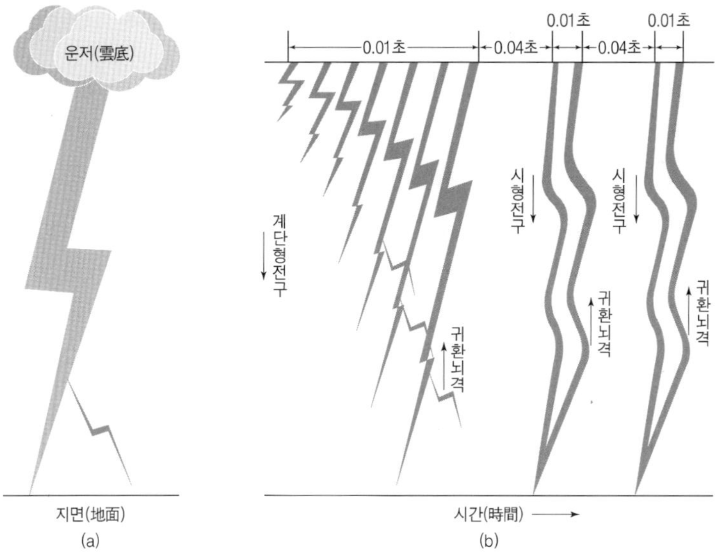

그림 Ⅶ.13 번개의 분해도

그리고서 약 0.04초 후에 제 2의 뇌격이 생기는데, 이미 통로는 이온화되어 있음으로 통과하기 쉬워서 단계형전구를 취하지 않고, 시형전구(矢型前驅, dart leader, 화살모양)라 불리는 것으로 된다. 귀환뇌격을 포함해도, 그 지속시간은 약 0.001초이다.

이 그림과 같이, 1회의 전격으로 끝나는 낙뢰(落雷)는 전체의 약 1/4이고, 그 외는 2회 이상의 다중뇌격(多重雷擊)이로 이루어지는 것이 보통이다. 이와 같이 해서 1회의 낙뢰가 완료된다. 직경 약 10 km, 운정고도(雲頂高度) 10수 km의 적란운(積亂雲)도, 평면적으로 보면 몇 개의 세포(細胞, cell)로 나누어져 있고, 그들의 세포가 각각 전기적인 활동을 하는 것이다.

2. 천둥(뇌명)

뇌방전(雷放電)과 같이 국소적이면서도 대량의 전류가 흐르면, 대기는 전기저항을 가지고 있음으로 뜨거워져서, 고온고압 가스의 채널이 만들어진다. 이 가스는 충격파가 되어 주위의 대기를 팽창시키고, 그 후 쇠약해져서 음향파(音響波)로 변한다. 천둥[뇌명(雷鳴)]은 방전로(放電路; 방전하는 길)를 통과 중에 발생하는 음향파가 모인 것으로 생각되어지기 때문에, 적당한 마이크로폰[microphone: 음파 또는 초음파를 받아서 그 진동에 따른 전기신호를 발생하는 장치, 마이크(mic)로 약칭한다. 넓은 의미에서는 전화기의 송화기도 포함된다] 으로 잡아서 해석해 보면 방전로의 모양을 알 수가 있다. 이때 동시의 풍향, 풍속, 기온의 자료를 이용해서 음속을 보정할 필요가 있다.

3. 대기전장

뇌방전(雷放電)에 한정되지 않고, 관측점의 머리 위를 대전(帶電)된 구름이 통과하고 있으면, 지상의 대기전장(大氣電場)이 변화한다. 따라서 대체의 뇌방전의 위치를 알기 위해서는 1 대의 전장계(電場計)에 의해 그 변화량을 측정하면 된다.

좌표 X, Y, Z(km)에 있는 정전하(正電荷)와 x, y, z(km)에 있는 부전하(負電荷)가 방전해서, ±Q [쿨롬, coulomb; 전기량의 MKS 단위이며 1 암페어(ampere) 전류에 의하여 1 초간에 흐르는 전기량이며, 기호는 C]의 전하를 중화(中和)시켰다고 했을 때, 점전하(点電荷)를 가정함으로서, 관측점에서의 전장의 변화량(變化量, $\triangle E$)은

$$\triangle E = 2\times 10^4\, Q\left\{\frac{Z}{\sqrt{(X^2+Y^2+Z^2)^3}} - \frac{z}{\sqrt{(x^2+y^2+z^2)^3}}\right\} \quad (\text{Ⅶ.5})$$

로 표현된다. 여기서

$$\begin{aligned} X^2 + Y^2 &> Z^2 \\ x^2 + y^2 &> z^2 \\ X^2 + Y^2 &\fallingdotseq x^2 + y^2 = d^2 \end{aligned} \quad (\text{Ⅶ.6})$$

를 가정하면,

$$\triangle E = 2 \times 10^4 Q \frac{Z - z}{d^3} \tag{Ⅶ.7}$$

이 되고, Q, Z, z가 전장(電場) 마다 바뀌지 않는다면 전장의 변화에서 뇌방전까지의 거리를 구할 수가 있다. 대기전장의 측정에는 휠드・밀(field mill) 이라고 하는 전장계 등이 이용되고 있다. 그러나 최근에는 휠드・밀보다도 보수(保守)에 일손이 들지 않는 슬로우(slow)・안테나를 사용해서 뇌방전빈도(雷放電頻度), 낙뢰와 운간방전(雲間放電)의 구별, 낙뢰의 극성이나 다중도의 관측이 행해지고 있다.

이것에 대해서 100 Hz ~1 kHz 보다 높은 주파수 영역을 관측대상으로 한 것으로 화스트(fast)・안테나가 있어, 대기전장변화나 낙뢰전류의 관측에 이용되고 있다.

4. 전자파와 기타 뇌현상

4.1. 전자파

천둥을 마이크로폰(마이크, mic)으로 관측한 것과 같이 뇌방전일 때 방사된 ※ VHF 나 UHF 전자파를 관측하는 방법이 있다. 그러나 전자파는 뇌명에 비교해서 전파속도가 훨씬 빠르다는 것, 또 빠른 시간변화를 하기 때문에, 측정장치는 시간분해능이 높은 것이 요구된다. 미국의 케네디・스페이스 센터에서는 휠드・밀을 이용한 네트워크 외에도 VHF 전자파를 사용해서 뇌방전로(雷放電路)의 위치를 실시간(real time)으로 결정하고 있다.

※ 참 고

VHF[초단파(超短波), very high frequency]는 30 ~ 300 MHz의 무선 주파수 범위이다. 파장은 1~10 m 이다. 텔레비전, 라디오(FM방송), 지상파 DMB, 무전기 전송에 이용하고 있다.

UHF[극초단파(極超短波), ultra-high frequency]는 파장의 범위가 1 mm ~ 1 m, 주파수 300(파장 1 m)~3,000 MHz = 3.0 GHz(1 MHz = 1,000 kHz)사이의 전파들을 모두 가리키는 용어이다. 파장이 짧으므로 빛과 거의 비슷한 성질을 갖고 있으며 살균력이 강하다는 특징이 있다. 이런 특성을 적용한 것인 전자레인지이다.

4.2. 기타 뇌현상

일반적으로 뇌방전(雷放電)이라 하면, 적란운(積亂雲) 속에서 싸라기와 빙정(氷晶)과 과냉각운립(過冷却雲粒)의 상호작용에 의한 것으로 생각되고 있다. 그러나 1923년 관동대진재(關東大震災)의 큰 불에 의해 발생한 연기에 의해 뇌명이 들렸고, 1945년 히로시마[광도(廣島)]에 투하된 원자폭탄에 의한 큰 불의 경우도 뇌명과 함께 소나기가 내렸다는 기록이 있다. 이와 같이 뇌(雷)를 화재뢰(火災雷)라고 일컬어지고 있다.

한편, 대규모적인 화산폭발에 의해서도 뇌는 발생하여, 이것을 화산뢰(火山雷)라고 한다. 1963년 아이슬란드(Iceland) 남쪽바다의 스루쓰에이 화산은 그 규모면이나 많은 기상학자들이 항공기나 배에서 관측한 것으로 유명했다.

1977년 8월 7일 오전, 일본 북해도(北海道)의 우스산[有珠山]이 돌연 분화해서 그 내 뿜은 연기는 10 km 이상 도달하고, 빈번하게 낙뢰나 운간방전(雲間放電)이 보였다. 화산뢰(火山雷)의 전하발생기구(電荷發生機構)는 화산회입자(火山灰粒子)의 마찰전기(摩擦電氣)가 주원인인 것으로 생각되며, 사실 현지관측에서도 또 실내실험에서도 강회입자(降灰粒子)가 상당한 전하를 가지고 있었다.

5. 인공낙뢰실험

최근 천둥번개의 재해가 다양하게 발생하고 있어, 인체나 암장(岩場, 산의 바위가 많은 장소), 산림 등으로의 모의낙뢰(模擬落雷)의 실험이 자연과학(이학), 공학, 의학 등의 면에서 진행되어야 할 필요가 요구된다. 왜냐하면 뇌의 전기의 발생, 분리기구를 확실하게 해야 할 저온실(低溫室)을 사용한 실험은 다수 있지만, 현재로서는 그들을 충분히 설명해서 얻은 실내실험은 없다. 그래서 이 장에서는 뇌(雷) 그 자신을 실험실에서 만든다고 하는 것이 아니고, 충격전압(衝擊電壓)을 이용한 모의뇌격(模擬雷擊)에 의한 인형(人形) 등에 방전실험(放電實驗)을 소개해서 이제 막 대기과학을 시작하려고 하는 젊은 기상인이 관심을 갖고, 이 분야에 전문가가 되기를 바란다.

5.1. 인형, 동물에의 방전실험

사람의 몸 인체가 낙뢰를 받으면, 저항치(抵抗値)가 다른 인체 내와의 전기현상을 자연과학적, 공학적으로 알아보는 일, 또 낙뢰가 인체에 비치는 영향, 생사(生死), 상해(傷害)를 의학적으로 규명하기 위해서 인형(人形)이나 동물을 사용해서 실험을 한다.

이제까지의 실험의 상황을 보면, 실제의 인간의 고유저항(固有抵抗)은 체내 각부에 따라 다르지만, 머리에서 양발까지의 신장(身長)방향의 전저항(全抵抗)은 300 ~400 Ω (옴, ohm)의 내부조직에 $1cm^2$ 당 10^4 ~ 10^5 Ω의 피부로 덮여 있는 것으로 생각할 수가 있다. 방전실험에 이용된 인형은 시판의 마네킹(mannequin) 인형에 도전수지도료(導電樹脂塗料)를 칠해서 전저항 340 ~ 470 Ω의 내부조직을 갖고, 피부에는 절연성(絶緣性) 첨가제를 더해서, 10^4 Ω의 피부로 대용하고 있다. 또 토끼 등의 동물을 사용한 방전실험을 행하고, 그 기구를 분명하게 하고, 피뢰에 관한 제언을 하고 있다.

5.2. 암장에서의 방전실험

암장(岩場)으로의 낙뢰는 지면의 저항률이 대단히 높기 때문에, 뇌전류는 곧바로 땅속으로 들어가지를 못하고, 지표면을 플래시오버[flashover, 섬락(閃絡): 절연체 표면의 방전]한다. 그때 지면의 요철(凹凸)과 인체와의 위치관계에 의해, 지표면에서 머리까지로 또 발에서 옆 사람의 머리나 어깨로 방전한다고 하는 줄지어 있는 인체에 대해서 염주(念珠) 연결상(連結狀)으로 방전한다고 하는 것이 확인되었다. 이들의 실험에서 암장 부근은 극히 위험도가 높고, 염주연결상(念珠連結狀)의 방전을 피하기 위해서는 분산행동을 취하는 것이 필요하고, 키를 낮게 해도 안심할 수 없음으로 적란운이 급속히 발달하면, 조금이라도 빨리 안정성이 높은 곳으로 피난할 필요가 있다. 특히 능선(稜線)을 걷고 있을 때에는 평지에서의 운저에서의 대지방전(對地放電, 낙뢰)과 달리, 그 장(場)에서의 뇌격(雷擊, stroke)이 있을 수 있다고 하는 것에 주의하지 않으면 안 된다.

6. 뇌의 수치실험

뇌운(雷雲) 내에서의 전기의 발생기구는 옛날에는 엘스터와 가이텔(Elster and Geitel)의 정전유도설(靜電誘導說)로 시작하여, 그 후에도 수많은 실내실험이 수행되어 왔다. 그들의 자세한 내용은 메이슨(Mason, 1971)에 맡기기로 한다. 실험의 대부분은, 방전할수록 뇌전기(雷電氣)를 발생시킨다고 하는 것이 아니고, 어느 쪽인가 하면, 어떠한 기구로 전하의 발생이 되는가라고 하는 것이 많았다. 그들은 예를 들면 심프슨(Simpson)의 수적분열설(水滴分裂說), 윌슨(Wilson)의 이온 흡착설(吸着說), 워크맨과 레이놀즈(Workman and Reynolds)의 동결(凍結) 퍼텐셜설, 메이슨 등의 온도경도설(溫度傾度說) 등이다.

6.1. 전하발생이론의 개략

다까하시 쓰또무[고교 소(高橋 劭), 1986]는 지금까지 제창(提唱)된 전하발생이론(電荷發生理論)을 정리해서 전장(電場)에 의존하는 것과 그렇지 않은 것, 기타의 이론으로 나누고, 뇌운 내의 전장의 증가율을 10분간 이내로 $3.4 \times 10^5\ V/m$의 임계전장(臨界電場)을 설정하고, 각각의 이론에 의한 전장증가율(電場增加率)을 계산했다. 전장에 의존하는 이론으로서는 싸라기와 빙정이 충돌할 때에 정전장(正電場) 하에서 빙정이 싸라기의 표면에 유도되어 표면전하를 가지고 가기 때문에 전하분리가 일어난다고 하는 분극설(分極說), 또 정전장 하에, 싸라기의 표면에 유도된 표면전하에 작은 이온이 포착되어 싸라기가 대전하는 유도설(誘導說)이 있다.

이들에 대해서 전장에 의존하지 않는 것으로서, 예를 들면 과냉각운립(過冷却雲粒)을 포착해서 싸라기가 성장하고 있는 사이에 빙정과의 충돌에 의해 전하가 발생하는 착빙설(着氷說), 또 싸라기의 표면상에서 엷은 수막(水膜)이 동결 중에 얼음과 물과의 계면(界面)에서 강한 전하분리가 있고, 표면에서 물이 끊기어 떨어질 때에 싸라기가 대전하는 동결(凍結)퍼텐셜설(說), 기타 싸라기기 융해할 때에 대전하는 융해설(融解說), 빗방울이 낙하 중에 분열하고, 대전하는 수적분열설(水滴分裂說) 등이 있다.

이와 같은 전장의존(電場依存)의 유무에 관계하지 않고, 구름 내에서의 강수입자가 무엇인가의 형태로 전하발생분리(電荷發生分離)에 기여하고 있지만, 1955 년 본내갓트(Vonnegut)는 전연 새로운 대류설(對流說)을 제창했다. 이것은 지표 부근의 정(正) 이온이 상승기류에 의해 적운의 중심으로 운반되어, 정(正, +)으로 대전된 구름을 형성하고, 이 구름의 위에서 부(-) 이온이 구름으로 향해서 모아져, 구름의 주위의 하강기류에 잡히어서 구름의 하방(下方)에까지 도달해서 운저(雲底)의 주위를 강하게 부(負, -)로 대전시켜서 결과적으로 구름의 상하로 전하분리를 일으킨다고 하는 것이 된다.

6.2. 겨울철 뢰의 수치실험

다까하시(高橋, 1986)는 위에서 말한 모든 모델의 전장증가율을 계산했다(그림 Ⅶ.14 참고). 이 그림에서 가장 효율적인 것은 착빙설(着氷說)로 분극성, 대류설도 상당히 유효하다. 따라서 뇌운 내에서의 전하발생기구(電荷發生機構)는 단순히 ▽▽설이라든가, △△기구라고 하는 단순한 모델에서는 설명할 수 없다는 것을 알 수 있다.

高橋(1986)는 당시 주목되고 있던 호꾸리꾸 지방[북륙지방(北陸지방(地方): 일본 북서부의 富山・石川・福井・新潟縣을 의미]의 겨울철 뢰의 수치실험을 했다. 모델은 구름 속에서 싸라기를 형성하는 미기상과정과, 전하발생분리기구로서 착빙설, 이온확산, 유도설을 포함하고, 지상에서의 코로나 방전도 고려해서 1 회의 방전으로 중화(中和)되는 전기량을 20 쿨롱으로 했다. 이들의 결과는 高橋(1987)에 자세하게 소개되어 있다. 가장 전하발생분리에 중요한 역할을 수행하는 -10 C 층에서의 부전하(負電荷)의 축적기구(蓄積機構)를 포함하는 뇌운(雷雲)의 모델을 보였다.

수치실험을 보는 한, 현상을 잘 재현하고 있는 것처럼 보인다. 그러나 뇌방전에만 극한된 것이 아니고, 이용한 매개변수를 조금만 바꾸어도, 그의 값이 1/2 에도 1/3 으로도 변한다고 하는 것을 알아 둘 필요가 있다. 그만큼 우리들은 아직 뇌운(雷雲) 내에서 일어나는 일들을 충분히 알지 못하고 있다는 것일 것이다.

청명하게 맑게 갠 여름의 푸른 대기에 갑자기 적란운이 발달하고, 천둥번개가 발생하는 것을 청천(靑天)의 벽력(霹靂)※이라고 말하지만, 아직까지도 뇌전기의 발생이

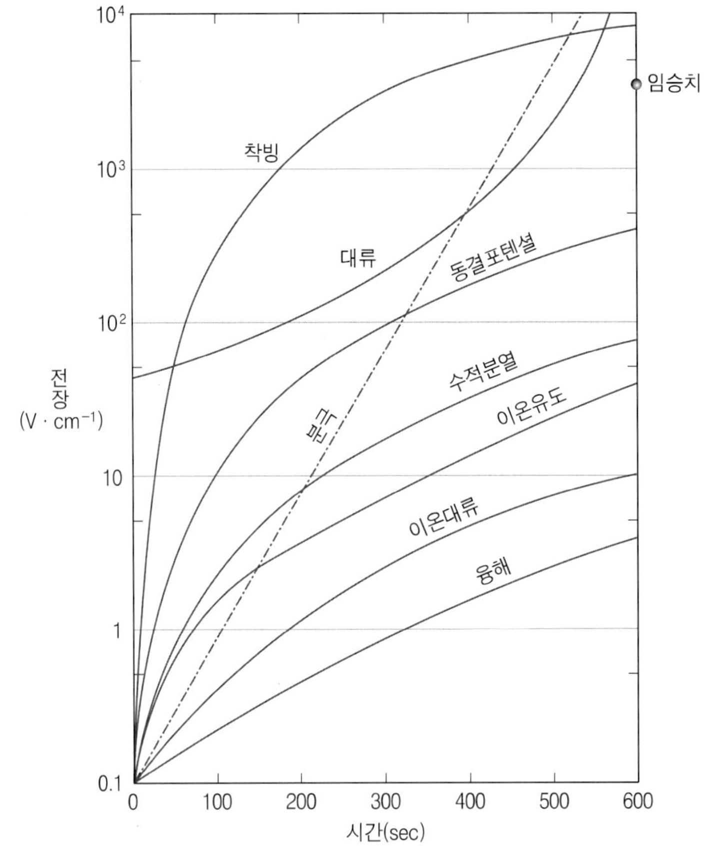

그림 Ⅶ.14 각종 전하발생기구에 의한 전장의 증가율(高橋, 1986)

나. 그 분리기구에 확고한 이론이 없는 것은 이것이야 말로 청천벽력(靑天霹靂 : 맑은 하늘에 날벼락)이라고 해야 할 것이다.

※ **참 고**

벽력(霹靂) = 벼락 : 공중의 전기와 당 위의 물체에 흐르는 전기와의 사이에 방전(放電) 작용으로 일어나는 자연현상이다.

날벼락 = 생벼락 : 아무런 죄도 없이 맞는 벼락

7. 낙뢰에 대한 안전대책

ㄱ. 자동차[무개차(無蓋車 : 뚜껑이 없는 차)는 불가], 버스, 열차, 콘크리트 건물은 내부가 안전함으로, 거기에 머문다.

ㄴ. 일반 가옥에서는 옥외 텔레비전 안테나에 접속된 TV세트에서 2 m 이상 떨어져야 한다. 만전을 기하기 위해서는 전등선, 전화선, 안테나선, 이들에 접속된 모든 전기기구에서 1 m 이상 떨어져야 하고, 전화는 사용하지 않는다.

이것에 연결되는 안전법은 피뢰침 또는 높은 물체의 보호범위에 들어가는 것이다. 보호범위는 그 정상(頂上)을 45° 이상의 각도로 올려다보는 범위, 즉 근원을 중심으로 높이를 반경으로 해서 그린 원주 내이지만, 그 안정성은 확률적으로 100 %가 아니다. 이들의 물체를 이용해서 낙뢰를 피하는 데에는 이하의 주위가 필요하다.

ㄷ. 높이 4 m 이상의 물체[수목, 홀, 크레인(crane, 기중기)]가 근방에 있을 때에는 그 정상(頂上)을 45° 이상의 각도로 올려다보고, 물체의 어느 부분에서도 2 m 이상 떨어진 위치에서, 자세를 낮게 한다. 수목의 경우는 모든 나뭇가지 선단, 잎의 끝에서 2 m 이상 떨어진다.

ㄹ. 높이 4 m 이하의 물체에서는 접근하지 않는다.

ㅁ. 송전선, 배전선의 최상부에는 가공지선(架空地線)이 뻗어 있음으로, 이것을 45° 이상의 각도로 올려다보는 벨트(띠) 지대(地帶)는 보호범위가 된다. 피난할 때는 이 띠 지대를 통해서 이동하는 것이다.

안전공간, 보호공간에서 격리된 열린 평지, 해안, 하이킹 코스, 등산 코스 등에서는 낙뢰(落雷)를 받을 확률이 높고 안전수단이 없음으로 이들의 장소에서는 뇌우(雷雨)가 접근해 오기 전에 가능한 한 빨리 피할 필요가 있다.

그러기 위해서는 일기예보를 이용하고, 또 끊임없이 기상상황을 주시해서, 뇌우의 내습을 사전에 예지해야 한다. 입도운[入道雲, 웅대적운(雄大積雲)]은 몇 분 정도에 뇌운으로 발달하고, 뇌운의 진행방향에는 구름 내의 하강기류가 돌풍이 되어 퍼진다. 천둥의 가청거리(可聽距離 : 소리를 들을 수 있는 거리)는 약 10 km 이므로, 천둥소리가 들리면 미약하다 해도 바로 피난을 해야 한다. 왜냐하면 벼락은 단발보다는 여러 번에 걸쳐서 때리는 다중성이어서 바로 다음에는 이어지는 벼락은 본인의 머리 위일 수도 있기 때문이다. 휴대 라디오에서 강하게 지속적으로 들리는 잡음도 피난을 요하는 경고이다.

낙뢰에서 넘어진 사람의 나왔으면, 호흡(呼吸) · 맥박(脈拍)을 조사하고, 정지해 있을 때에는 곧바로 인공호흡, 심장 마사지를 실시하고, 구급대가 도착할 때까지 계속한다. 5분 이내의 호흡, 심박이 회복되면, 구조될 확률이 높다. 이런 때를 위해서 인공호흡, 심장 마사지를 병행하는 심폐소생법(心肺蘇生法)에 대해서 사전에 알아 둘 필요가 있다.

8. 문제

1_ 번개(전광)를 관측하는 사진기(카메라)의 종류와 사진촬영 시의 주의사항은 어떤 것들이 있나?

2_ B 셔터와 T 셔터는 어떠한 노출 상태인가?

3_ 정전하(正電荷)의 좌표 $X = 2.3\,km$, $Y = 2.4\,km$, $Z = 2.5\,km$이고, 부전하(負電荷)의 좌표를 $x = 3.3\,km$, $y = 3.2\,km$, $z = 3.1\,km$ 라고 할 때, 전장의 변화량을 원식 (Ⅶ.5)으로 계산했을 때와 식 (Ⅶ.6)의 가정을 이용해서 약식 (Ⅶ.7)으로 계산했을 때에 각각의 값들과 그 오차는 얼마인가를 계산하고 음미(吟味)하라.

4_ 화재뢰(火災雷)와 화산뢰(火山雷)는 무엇인가?

5_ 다음의 전하발생이론들을 간단히 설명하라.

- 분극설(分極說) :

- 유도설(誘導說) :

• 착빙설(着氷說) :

• 동결(凍結)퍼텐셜설(說) :

• 융해설(融解說) :

• 수적분열설(水滴分裂說) :

• 대류설(對流說) :

6_ 낙뢰에 대한 안전대책을 간략하게 설명하라.

실험날짜	학과	학번	이름	조(組)	평가

제 Ⅷ 부

실내실험(室內實驗)

기상학(대기과학)에 관련된 유체실험(流体室驗)의 의의의 하나는 대상으로 하는 대기현상을 실험실에서 재현하고, 그 현상의 원인과 결과의 논리의 이치를 확실하게 한다는 것이다. 그렇다면 재현(再現)이라고 하는 것은 무엇일까? 실험실의 현상이 대기현상의 재현이라고 말할 수 있으려면 두 가지가 같은 논리로 이해되지 않으면 안 된다. 이것은 소위 모형실험(模型實驗)에 있어서 중요한 것이다. 원형(元型)에 대해서 모형이 모형 나름대로 얻고 있는 논리가 없어서는 안 된다.

「비슷하다」라고 하는 것만으로는 그다지 의미가 없다. 양동이의 밑에서 물을 빼서 와(渦)를 만들었다고 하자. 그러나 그것은 결코 태풍의 모형은 아니다. 와의 모양은 비슷하다 해도 그것이 태풍의 원인과 결과의 논리를 증명해 주고 있지는 않기 때문이다.

여기서 소개하는 두 개의 실험, 즉 「회전수조실험(回轉水槽實驗)」과 「준 2 년 진동(準二年振動)의 실내실험」은 전자가 중위도 대류권대기의 대규모운동에, 후자가 그 이름대로 적도성층권의 준 2 년 진동에 관련해서 설명하고 있는 것이다. 두 가지 모두 대기의 현상에 대해서 명확한 아나로지[analogy, 유추(類推)]를 가지고 있다고 하는 것을 강조하고 싶다. 더욱 한발 나아가서 전자는 「경압불안정(傾壓不安定)」, 후자는 「파(波)에 의한 평균류의 가속」이라고 하는 개념의 검증도 하고 있다. 이들의 개념은 대기현상의 연구를 통해서 제출된 것이지만, 실험실에서의 검증을 통해 그 기반을 확실하게 쟁취했다고 해도 좋을 것이다.

실내실험의 또 하나의 측면은 대기현상과의 직접적인 관련을 떠나서 그 자신을 연구하는 것이다. 이것을 역으로 대기현상을 넓은 파라미터 공간 속으로 붙잡는다고 하는 의미를 가지고 있다. 특히 「회전수조실험」은 역사도 깊고, 계측(計測)도 점차로 정밀화되어 오고 있어, 최근에는 그와 같은 소위 유체대기과학실험(流体大氣科學實驗)적인 색채(전문적)를 띠고 있다. 그러나 여기서는 「실험기상학」으로서, 대기현상과의 관련성에 역점을 둔 설명에 그친다.

Ⅷ-1 회전수조실험

회전수조(回轉水槽, rotating cistern)란 말을 한마디로 알기 쉽게 이야기하면, 돌아기는 물그릇이라고 하는 의미이다. 돌아가는 의 회전(回轉, rotate)의 의미는 지구의 자전(自轉)을 뜻한다. 물그릇 또는 물탱크의 수조(水槽)의 조(槽)는 옛날 말이나 소의 짐승의 밥그릇에 해당하는 구유 같은 것의 의미한다. 이 구유에 물을 담은 것이 수조이다. 이와 같은 것이 우리 유체역학, 역학대기과학의 중요한 실험의 주인공으로 등장하게 되는 것이다.

1. 사고단계

1.1. 생각

역학대기과학 교재의 그림 17.6의 상공 500hPa 등압면의 일기도를 다시 한번 음미

해 보면서 생각해 보기로 하자. 다시 보는 이 그림이 현 실험서의 그림 Ⅷ. 1 의 (a)에 표시되어 있다. 이것은 극의 상공에서 500 hPa 등압면을 적도면에 투영하는 식으로 해서 평면이 되었다. 즉 구면(球面)이 이 투영으로 인해서 평면이 되었다. 이것을 보면, 위도면에 평행하게 따라서 흐르는 파동(波動)이 되어 있는 것을 알 수가 있다. 이것을 단순화해서 모식적(模式的)으로 그린 것이 그림 Ⅷ. 1 의 (b)이다.

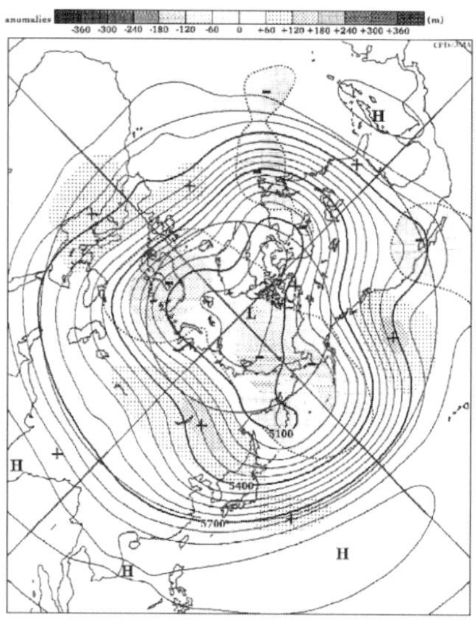

(a) 500 hPa 등압면의 실제의 파동

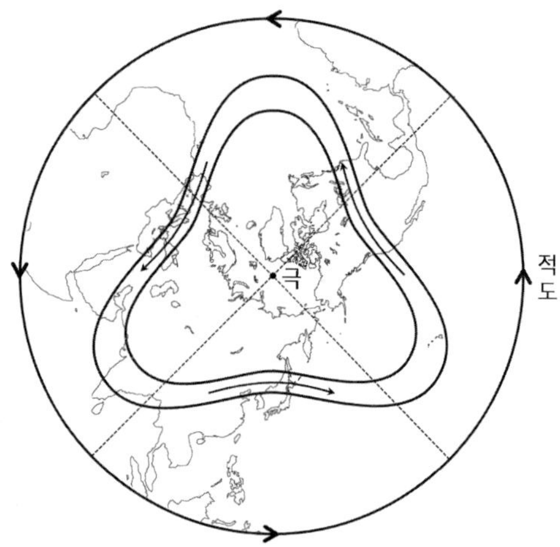

(b) 모식적인 파동의 모양

그림 Ⅷ.1 상공 500 hPa 등압면의 일기도와 파형(波形)

그림 Ⅷ. 1 의 (b)를 보면서 이와 같은 것을 재현해 보는 데에는 원통(圓筒)의 용기를 준비하여 이 원통을 회전을 시키면 재현할 수가 있을 것이라는 생각이 든다. 원통 속의 유체로는 공기는 가시화(可視化)에 어려움으로 우선은 물을 사용하는 것을 생각해 보는 것이다. 이렇게 해서 탄생한 것이 **회전원통수조실험(回轉圓筒水槽實驗, rotating annulus experiment)**이다. 간단히 약해서 회전수조실험이다.

1.2. 원리

냉수조(冷水槽)와 온수조(溫水槽)의 수온이 다르다고 하는 것은 열역학법칙에 의해서 열은 높은 곳에서 낮을 곳으로 흐리기 때문에, 온수조에서 열이 빠져나와서 수온이 낮은 냉수조로 흘러 들어가야 한다. 그래서 언제인가는 열이 다 흘러 들어가서 양쪽이 같게 되면 평형이 되어 열의 흐름도 멈추게 된다. 즉 두 수온도 같아지게 될 것이다.

그런데 이러한 열을 흐름이 있는 동안, 회전대를 돌리면 열이 온수조에서 나와서 냉수조로 들어가는 것을 방해해서 열의 흐름이 더딜 것이다. 회전속도가 빠르면 빠를수록 열의 흐름의 방해는 더욱 심해질 것이다. 점점 더 회전속도가 빨라지면 어떻게 될까?

2. 준비물

2.1. 실험장치

그림 Ⅷ. 2는 공주대학교 자연과학대학 대기과학과에서 보유하고 있는 삼중회전수조(三重回轉水槽) 중이 하나이다(소선섭 · 소은미, 2009 : 역학대기과학 교재의 그림 17.4를 참조).

이와 같은 실험장치가 없을 경우에는 다음과 같은 사항을 고려하여 제작한다.

① 변속(變速)할 수 있는 회전대 위에 원판을 만들어 놓고, 이 원판이 회전할 때 흔들림이 없이 돌 수 있도록 수평으로 만든다.
② 회전대 위에 물을 담을 수 있는 동심원의 용기를 3통으로 구분하여 부착한다.
③ 중심을 포함한 제일 안쪽의 동심원의 용기에는 냉수(冷水)로 넣는다.
④ 가장 바깥쪽의 원에는 온수(溫水)를 넣고, 원안의 전체의 수온이 일정하도록 유지시킨다.

⑤ 중간의 가운데 원 안은 작업 수조로 작업에 필요한 물을 넣고, 실험에 필요한 일들을 한다.

2.2. 가시화 물질

작업유체 속의 물의 운동을 육안으로는 확인이 어려움으로 이것을 볼 수 있도록 하는 것이 가시화(可視化)이고, 이를 위해서 사용하는 것이 가시화 물질이다. 이것은 여러 가지가 다양한 물질과 방법들이 있다. 이것의 자세한 내용은 저서 역학대기과학[소선섭 · 소은미(2009)]의 제 17 장을 참고하기 바란다.

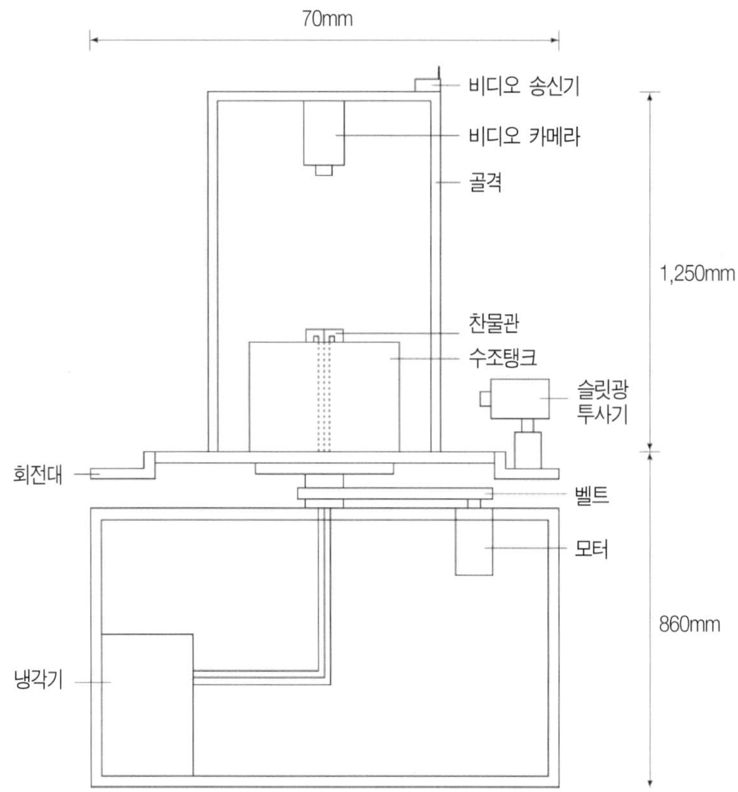

그림 Ⅷ.2 삼중회전수조

공주대학교 자연과학대학 대기과학과에서 보유하고 있는 회전수조 중의 한 예
(소선섭 · 소은미, 2009 : 역학대기과학 교재의 그림 17.4, 그 외도 참고)

2.3. 추적자

작업조(作業槽) 내부의 흐름이나 운동을 알기 위해서는 그 속을 다 보이게 해(가시화) 주면서 정보를 알려 줄 수 있는 물질이 필요하다. 이 역할을 담당하는 것이 추적자(追跡子, tracer)이다.

2.4. 조명

회전수조의 나타나는 현상들의 영상(映像), 화상(畵像) 또는 사진으로 만들 때, 촬영에 필요한 조명(照明)이 필요하다. 수면 위에서 반사되지 않도록 젖빛 유리, 창호지, 간접 조명 등의 궁리를 해서 선명하게 찍도록 하자.

3. 방법 및 과정

3.1. 방법

회전대(回轉臺) 위에 삼중수조를 고정시켜놓고, 온수조(溫水槽)와 냉수조(冷水槽)에 냉수와 온수를 채운다. 각각의 수조에 이에 해당하는 수온의 물을 넣고, 작업유체에는 실험에 사용할 물(또는 기름)로 채운다.

준비가 완료 되었으면, 냉수조와 온수조의 온도를 원하는 수온으로 정해 놓고, 수조 전체가 그 일정한 온도가 될 때까지 기다린다. 냉수조와 온수조의 수온도 실험에 따라서 바꿀 수 있는 가변(可變) 수온으로 제작을 하면, 더욱 다양한 유체의 실험을 행할 수가 있다.

회전대의 작동이 유체의 흔들림이 없이 안정하게 돌아가는 지를 확인한다. 이 점검을 통과하지 않으면, 파동의 실험을 할 때, 파동이 깨지고 운동은 난류가 되어 실험은 실패로 돌아간다. 안정이 되었으면 가변으로 여러 속도가 일정한 속도로 회전하는 지를 확인한다. 속도를 다양하게 변화시키지 못하면 각종의 파형과 파동의 실험을 할 수가 없다.

사진이나 영상의 촬영을 위해서 사전에 조명을 점검하여 실수가 없도록 한다. 간접 조명으로 반사 등에 의해 지장을 받지 않도록 미리 여러 방법을 고안하여 촬영을 해보 좋은 경험을 가지다.

작업유체 표면의 운동을 알아 볼 수 있는 가시화 물질을 미리 준비하여 적기에 사용하도록 한다. 작업유체의 표면이 아니고, 유체의 내부의 운동을 알기 위해서는 추적자를 사용해야 한다. 어떠한 추적자를 어느 시기에 사용할 것인가는 여러 방법들이 있으니, 교재(소선섭・소은미, 2009 : 역학대기과학)를 참고하여 사전에 숙지하고 준비하도록 한다.

3.2. 과정

과정 1 : 양 수조(水槽)의 수온을 일정하게 한 채로, 예를 들면 온수(溫水, 20 C), 냉수(冷水, 15 C)로 고정시킨 채로, 회전대의 회전수를 저속(低速)에서부터 서서히 고속으로 변속하면서 작업유체의 변화를 살펴본다.

과정 2 : 이번에는 회전속도를 일정하게 해 놓고, 온수조와 냉수조를 수온을 변화시켜가면서 작업유체 속의 운동을 관찰한다. 또 일정하게 했던 회전속도 자신도 바꾸어 가면서 같은 실험을 반복하여 많은 경험의 실험을 결과를 종합하여 결론에 이르도록 한다.

위의 과정 속에서 반복되는 회전유체의 실험 속에서 다음과 같은 것들을 찾아본다. 또 이들의 모든 실험과정에서의 회전속도, 냉・온수조의 수온, 가시화 재료, 추적자, 조명 등 실험에 쓰인 모든 사항들을 꼼꼼하게 기록해 둔다.

ㄱ. **축대칭양식** : 회전대의 회전속도를 저속에서부터 시작하면 작업유체는 서서히 회전방향으로 돌기 시작하여, 전체의 작업유체가 같은 각속도로 회전축을 중심으로 동심원적인 운동을 하게 된다. 이것을 **축대칭(軸對稱)**이라고 하고, 이런 양식(樣式, regime, 레짐)을 가진 흐름을 **축대칭양식(軸對稱樣式, symmetric regime)**이라고 한다. 지구상의 흐름으로 비교하면 대상류(對狀流, zonal flow, 동서류)에 해당한다.

ㄴ. **전이** : 축대칭양식의 흐름의 회전속도를 바꾸어 주면, 축대칭이 없어지고 파동이 발생한다. 이와 같이 한 형태의 흐름에서 어떤 조건이 변화에 의해 다른 형태의 흐름이 나타는 것을 **전이(轉移, transition)**라고 한다. 어떤 조건을 바꾸었을 때 전이가 일어나는 지를 세심하게 살필 필요가 있다. 전이점(轉移點)은 파동양식이 바뀌는 종요한 시기임으로 관심을 갖기 바란다.

ㄷ. **파동양식** : 축대칭양식에서 회전속도, 수온 등의 조건을 바꾸어 주면, 전이점을 통과해서 전이를 하게 된다. 전이한 후에 파동이 되는 경우가 있다. 이 파동의 양식을 **파동양식(波動樣式, wave regime)**이라고 한다.

축대칭에서 전이점에 가까워져서 파동양식으로 들어가려고 할 때쯤에 작업유체의 양쪽 벽을 유심히 관측해 보기를 바란다. 어떤 현상의 일어나고 있나? 어떤 싹들이 자라고 있는지? 왜 축대칭에서 파동양식으로 들어가야만 하는지의 예리하게 관찰해서 해답을 찾기 바란다.

파동양식이라 해도 그 종류는 다양하다. 파수의 차이, 진폭의 차이, 파동의 두께, 파 자체의 이동속도, 파속의 물질의 이동속도, 파의 축의 각도 등의 다름으로 각양각색이다. 정상파동(定常波動), 진폭동요(振幅動搖), 경곡동요(傾谷動搖), 와운동(渦運動) 등이 있다.

이와 같이 다양한 파동들은 우리 대기과학 전반에 걸친 문제이며, 우리 연구의 중심축을 이루고 있다.

4. 결과 및 고찰

4.1. 결과

ㄱ. **축대칭** : 실험을 한 후에 그 결과를 다음과 비교해 보자. 회전대가 돌기 시작해서 안정이 되면 맨 처음 출현하는 것이 그림 Ⅷ.3 (a)와 같은 축대칭(軸對稱)이

출현을 한다. 축대칭은 원점을 중심을 동심원의 운동을 단순하게 하고 있다는 것을 알 수가 있다. 그리고 유체는 회전과 함께 흘러간다고 하는 사실도 알 수가 있다.

이것은 지구에서의 운동으로 보면 등위도선을 따라 부는 대상류와 같은 것이라서 공기에 의한 바람으로 하면 대상풍(對狀風)이 된다. 또 이 바람은 동서방향으로 불기 때문에 동서풍(東西風)이라고도 할 수가 있다. 따라서 지구상의 동서풍을 연구할 때는 이 회전유체실험에서 대상류를 가지고 연구하면 되는 것이다.

ㄴ. **파동** : 대상류의 실험에서 회전속도를 바꾸어 주든지, 또는 다른 요소(조건)를 바꾸어 주면 그림 Ⅷ.3 (b)와 같은 파동이 생긴다. 본인이 실험한 파동과 어떻게 다른지 비교해 보자. 실험을 여러 번 반복해서 해보면 할 때마다 같은 결과가 나오기도 하지만, 상이(相異)한 결과도 나온다. 우리의 실험의 주목적은 파동을 만들어 내는 것이다. 이 파동은 대기과학의 대부분의 현상에 들어 있어서, 모든 연구의 대상이 됨으로 대단히 소중한 실험이다.

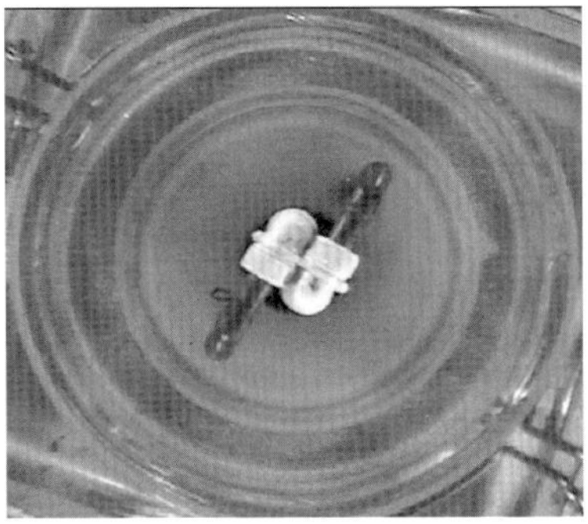

(a) 축대칭

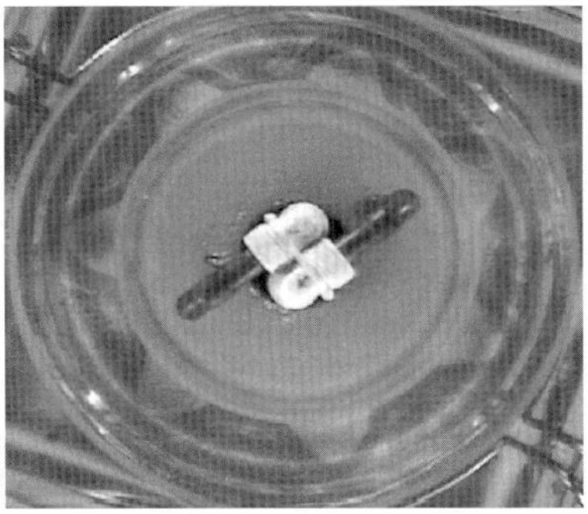

(b) 파동

그림 Ⅷ.3 축대칭과 파동

ㄷ. **전이** : 축대칭에서 파동으로 넘어가는 순간(경계)이 전이(轉移)이다. 전이가 시작되기 전의 축대칭의 마지막 모습과 파동이 막 생기기 시작한 후의 모습이 전이의 실체이다. 이 전이는 한 양식에 다른 양식을 넘어 갈 때에는 꼭 나타나는

불청객이다. 이 불청객이 어제 찾아오는지를 아는 것이, 양식의 전환점을 아는 것이므로 주의 깊게 살필 필요가 있다.

4.2. 고찰

축대칭에서 안정된 흐름에 회전속도를 빠르게 해주면 전이되면서 파동으로 바뀐다. 속도가 증가한 것만으로 파동이 생긴다. 원리의 항(抗)에서 온수조의 열이 냉수조로 흘러 들어가 두 수조의 수온차를 없애는 것이 자연의 법칙이라 했다. 그런데 이 두 수조간의 열의 교환을 회전에 의해서 방해를 받고 있다고 했다. 그래서 열의 전달이 늦어지고 있는 것이다.

회전대의 회전속도가 점점 빨라져서 열수송의 훼방이 너무 심해져서 통상의 수단으로는 열의 전달이 불가능하게 되었다. 그 비상수단이 파동이 아닐까? 파동은 빠르게 사행(蛇行)을 함으로 냉수조와 온수조의 가까이를 교대하면서 접근을 한다. 이 기회를 이용하여 온수조에서 열을 가져와서 냉수조 부근을 지날 때 재빨리 열 내려놓는다. 이렇게 생각하면 빠근 회전속도에 대처해서 열을 수송하는 데에는 파동은 역시 비상수단이 아닐까!

파동의 지구상의 자연과학의 모든 분야에서 사용되는 도구이다. 특히 빛의 이동을 담당하는 주역이다. 요사이 현대 문명에서 사용되는 전자파(電磁波)는 모두 파동이다. 이 파동들이 우리 생활을 지배한다고 해서 그 누가 반론을 제기하겠는가? 우리들이 사용하는 휴대전화, 라디오, TV 등의 전파의 수는 얼마나 될까? 그렇다면 파동의 종류는 얼마나 될까? 파동의 다양성에 대해서 생각해 보도록 하자.

5. 문제

1_ 가시화(可視化)란 무엇이며, 어떤 것들이 있나?

2_ 추적자(追跡子)란 무엇인가?

3_ 축대칭양식(軸對稱樣式)을 무엇인가?

4_ 전이(轉移)란 무엇인가?

5_ 파동(波動)이란 무엇인가?

6_ 파동은 어느 때 생기면, 왜 생긴다고 생각하는가?

7_ 정상파동(定常波動), 진폭동요(振幅動搖), 경곡동요(傾谷動搖), 와열(渦列)이 무엇인지 알아보자.

실험날짜	학과	학번	이름	조(組)	평가

Ⅷ-2 준 2 년 진동

지금까지의 대부분의 연구는 대류권(對流圈)의 대기에 극한 되어 온 것이 사실이었다. 그러나 여기서는 성층권(成層圈)의 공기에 대해서 관심을 갖고, 관측하고 실험해 보기로 하자. 그 중 「준 2 년 진동(準二年振動)」이라고 하는 것을 소개하도록 한다.

1. 준 2 년 진동

성층권(成層圈)에는 눈에 띄는 두 가지의 특징이 있는 현상이 있다. 그 하나는 동계극역(冬季極域) 성층권에 일어나는「돌연승온(突然昇溫, sudden warming)」이고, 또 다른 하나는 적도 성층권의 「준이년 진동(準二年振動), quasi-biennial oscillation, 통칭 QBO」이다. 이들 두 개의 현상의 수수께끼 풀이를 계기로 해서, 1970 년대 이후 중층대기(中層大氣, middle atmosphere)의 역학이 눈부시게 발전해 왔다. 이것으로부터

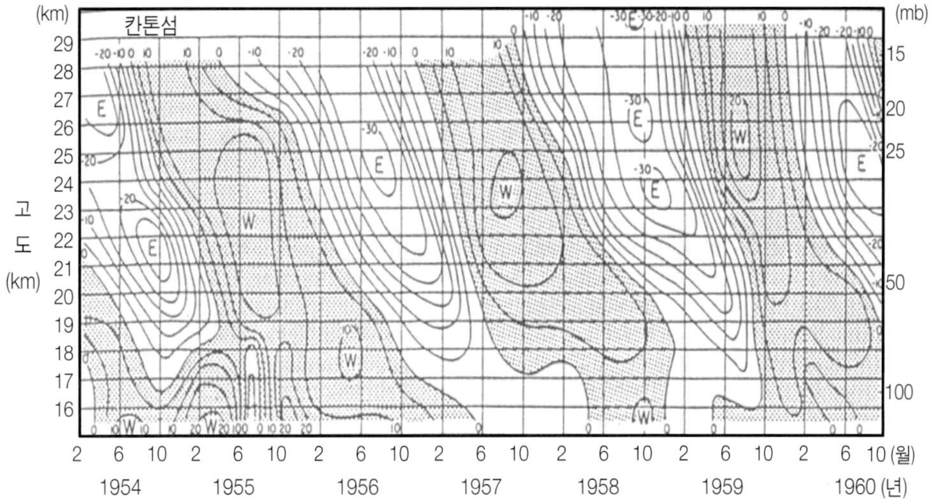

그림 Ⅷ.4 칸톤섬 상공에서의 준 2년 진동의 관측결과

칸톤섬(Canton 島)은 2° 46′ S, 171° 43′ W에 위치하고, 기간은 1954년 2월～1960년 10월까지이다. Reed and Rogers(1962)에서.

시도한 것은 그 중심에 위치하는 개념 —「파에 의한 평균류의 가속」— 의 설명과 그것에 관한 실험적인 검증이었다.

「준 2년 진동」의 발견은 1960년대의 초기였는데, 적도성층권에서 지구를 둘러싸고 부는 바람(대상류)을 오래 동안 조사해 보고, 놀랍게도 어느 해는 서풍, 다음의 해는 동풍이 거의 1년 교대해서 진동하고 있다는 것을 알 수가 있었다. 그림 Ⅷ.4는 발견자의 한 사람 리드(Reed)의 해석결과이다(Reed and Rogers, 1962). 이것은 칸톤섬(Canton 島, 2° 46′ S, 171° 43′ W) 상공의 월평균 동서풍의 변동을 나타낸 것이다. 세로축은 높이, 가로축은 시간(월)이 새겨져 있다. 풍속의 등치선이 왼쪽 내려감으로 되어 있는 것으로 알 수 있듯이, 이 현상은 상층에서 시작해서 시간과 함께 서서히 내려온다. 예를 들면 서풍이 고도 18 km(거의 대류권계면의 고도) 정도까지 내려 왔을 때쯤 상층에서는 또 다른 동풍이 나타나서 그것이 하강해 온다.

이와 같은 일이 거의 1년마다 반복되고 있어, 1주기가 2년 조금, 즉 26개월이라고 일컬어지고 있는 것이다. 주기에는 2년～2년 반 정도의 폭을 가지고 있지만,

이 정도의 벌어짐에서 평균 26개월은 상당히 안정되어 있다고 말 할 수 있다. 이것이 **準二年振動(준이년진동)**이라고 하는 이름의 유래이다.

2. 내부중력파에 의한 평균류의 가속

중력파(重力波, gravity wave)란 중력장 속에서 부력을 복원력으로 하는 파동이다. 그중 유체의 내부나 내부경계면 상에서 최대의 진폭을 갖는 것을 **내부중력파(內部重力波,** internal gravity wave), 외부경계층에서 최대의 진폭을 가진 것을 **외부중력파(外部重力波,** external gravity wave)라고 간단히 말해 두자. 더 자세히는 역학대기과학(소선섭 · 소은미, 2009) "제16장 대기파동" 편을 보기 바란다.

파는 위상속도 C의 방향으로 흐름을 만든다고 하자. 그러나 진폭이 작은 경우에는, 만들어지는 평균류(平均流, U)도 아주 작음으로 파는 그 영향을 거의 받지 않고 위 방향으로 전파해 간다. 대진폭(大振幅)의 파에서는 자기가 만든 흐름의 영향을 받아서 군속도(群速度)가 작아지고, 정체 기미가 될 것이다. 그런데 그렇게 되면 실제의 유체에는 점성이 있음으로, 그 효과도 평균류의 유무에 따라서 크게 달라질 것이다. 왜냐하면 파가 정체적이면 일수록 점성에 의해 무너져서 높게는 도달되지 않기 때문이다. 이와 같은 것을 간단히 고찰해 보자.

유체 중의 점성마찰력(粘性摩擦力)은 속도의 2계(階)의 공간미분에 비례하고, 비례상수가 점성계수 μ이다. 지금은 파형의 해를 생각하고 있음으로, $-\mu(k^2+m^2)u$로 쓸 수 있다[k는 x방향의 파수(파장 : $L_x = 2\pi/k$), m은 z방향의 파수(파장 $L_z = 2\pi/m$), u는 속도성분]. 한편 힘은 $\rho_0\, du/dt$(ρ_0는 입자의 밀도) 이므로, 이것을 같다고 놓으면, 점성산일(粘性散逸)의 특성시간, 즉 그 사이에 파의 진폭이 $1/e$로 감소하는 시간이 구해진다. 이것을 τ로 한다면

$$\tau = \frac{1}{\nu(k^2 + m^2)} \qquad \text{(VIII.1)}$$

여기서 $\nu = \mu / \rho_0$ 으로, 동점성계수(動粘性係數, kinematic viscosity)라고 한다.

이 시간에 파속(波束, wave packet, 파동의 다발)이 움직이는 거리 d 는

$$d = C_{gz}\tau = \frac{k(C - U)^4\sqrt{N^2 - k^2(C - U)^2}}{\nu N^4} \qquad (\text{Ⅷ}.2)$$

이기 때문에(C_{gz} 는 군속도), 파속은 d의 거리를 나아가는 사이에 $1/e$로 감쇠하는 것이 된다. 이것으로부터 알 수 있듯이, 내부중력파의 방향이 평균류 U와 같은 방향이면 억제 되어서 감쇠고도(減衰高度)는 상당히 낮아지고, 이와는 반대로 서로 반대방향이면 촉진되어서 높이까지 도착할 수가 있다(菊地勝弘 외 2 인, 1988). 이 원리를 적용해서 생각하자.

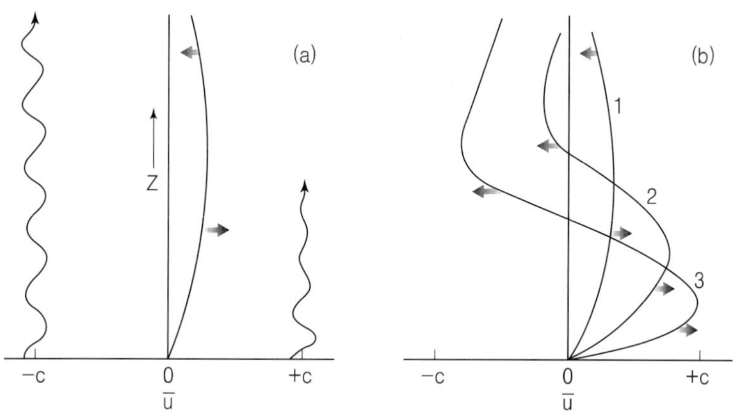

그림 Ⅷ.5 내부중력파의 전파와 평균류가속의 모식도

(a) 평균류 $\bar{u}$ 속을 연직상방으로 전달되는 내부중력파, $\bar{u}$ 와 같은 방향의 파는 하층에서 무너지고, 역방향의 파는 높은 곳까지 전달된다.

(b) 하층에서는 우향으로 가속(加速)되고, 상층은 좌향으로 가속된다. 상층의 평균류가 점차로 1→2→3 순서로 내려온다. 굵은 화살표는 가속의 방향과 위치를 나타낸다.

그림 Ⅷ.5는 내부중력파가 전파되면서 평균유속(U: 1 파장으로 평균한 흐름)에 영향을 미치는 것을 모식적으로 보여주고 있다. 즉 그림 Ⅷ.5는 $\bar{u}$와 같은 완만한

평균류가 있으면, 오른쪽을 향하는 파동(+ C)는 평균류도 + , 내부중력파도 +(+ C) 로 같은 방향이므로 감쇠해가서 무너진다. 반면에 왼쪽으로 향하는 파동(- C) 는 서로 반대의 방향이므로 상층까지 전파된다. 그렇게 되면, 그림 Ⅷ.5(b)와 같은 $\bar{u}$ 는 가속되어, 분포가 점차로 변해간다. 즉 하층에서는 오른쪽 방향으로 가속되고, 상층에서는 왼쪽 방향으로 가속된다. 그 결과 상층의 평균류가 점차로 내려 와서 1 → 2 → 3 과 같이 변화해 간다. 이와 같은 평균류가 존재하기 위해서 나타나는 파의 비대칭성(非對稱性)이 「실험실 준 2년 진동(準二年振動, QBO」의 열쇠이다.

3. 실험

이상의 논의에서 Plumb & McEwan(1978)의 착상을 인용해 보자. 정지한 성층유체 중에, 같은 파수를 가지고, 서로 반대방향으로 움직이는 파를 동시에 만들어서 이것을 유지시킨다. 이때, 예를 들면 우향파의 진폭은 크게 해 놓는다. 2 개의 파는 위 방향으로 파속(波束)으로서 전파해 가면서, 선단부에서 서로 반대 방향의 흐름을 만든다. 지금의 경우, 우향파의 진폭이 큼으로, 유체는 서로 상쇄되어 오른쪽 방향으로 흐르게 된다. 그렇게 되면, 우향파는 이 흐름을 느끼고, 점차로 정체기미가 되고, 점성마찰(粘性摩擦)로 무너져 간다. 그런데 좌향파는 우향파의 흐름 속을 훨씬 높이까지 전파할 수가 있음으로, 상층에는 좌향의 흐름이 만들어진다. 파는 아래에서 옴으로, 좌향의 흐름이 차차 하강해 간다.

이번에는 좌향파가 이 흐름을 느끼고 정체하기 시작해서, 마찰로 감쇠해 간다. 그러면, 이제까지 모습을 감추고 있던 우향파가 활동을 재개하게 된다. 이후 같은 과정이 반복된다. 즉 그림 Ⅷ.6 (a)~(f) 에 표시했듯이, 평균류가 진동할 것이다. 이렇게 해서 2 개의 파가 서로 그 역할을 수행해서 평균류의 교체(교대)현상을 일으킬 것을 예상할 수 있다.

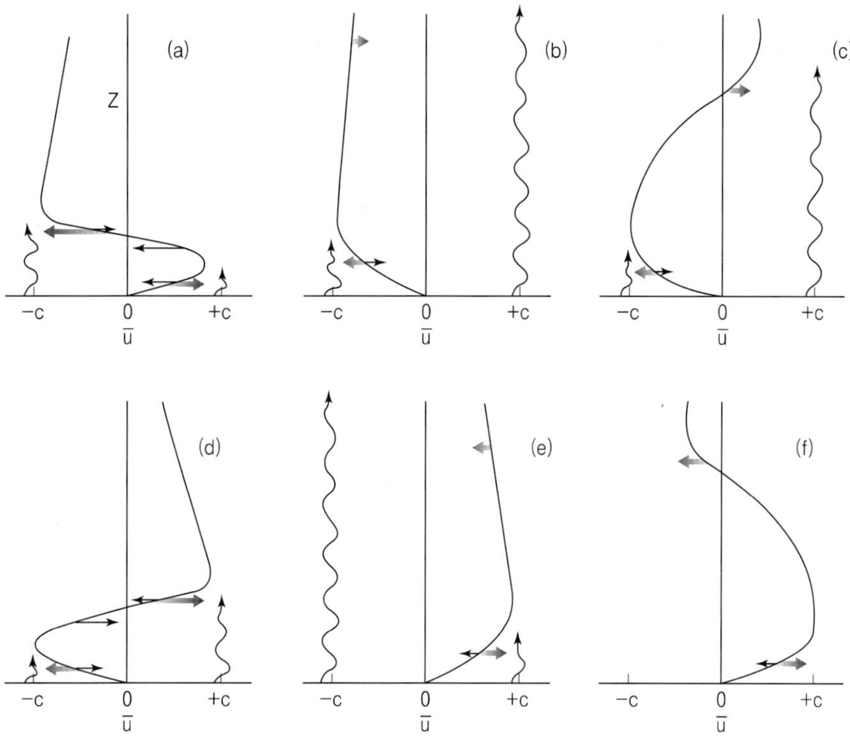

그림 Ⅷ.6 내부중력파와 평균류의 상호작용의 모식도
서로 반대 방향의 2 개의 파로 평균류의 진동이 일어난다.

3.1. 실험장치

그림 Ⅷ.7과 같은 이중의 동심원통을 만든다. Plumb & McEwan은 원통의 반경을 각각 18.3 cm, 30.0 cm, 높이가 50.0 cm의 것을 이용하고 있다. 에뉴어러스[annulus, 환(環), 환대(環帶), 환형(環形) : 둥근 모양]상 공간에 성층유체(成層流体)를 깊이 40cm 정도까지 넣는다. 성층시키는 데에는 물에 적당한 양의 소금을 아래쪽일수록 많이 섞어, 유체의 밀도가 높이에 대해서, 거의 일정한 비율로 감소하도록 해 둔다. 지금의 경우, 브런트-바이사라 진동수(振動數, Brunt-Väisälä frequency) N 으로 표시해서 1.5/s 정도가 되어 있다.

한편, 서로 반대 방향으로 움직이는 2 개의 파를 만드는 데에는 저판(底板)을 일정한 파장, 일정한 진동수로 요철(凹凸)시켜서, 원주방향(圓周方向, x 방향)의 정재파

(定在波)를 만들어 놓으면 된다. 정재파는 그와 같은 2개의 파의 중첩(重疊)이기 때문이다. 예를 들면,

$$h = a\sin kx\cos\omega t = \frac{a}{2}\{\sin(kx - \omega t) + \sin(kx + \omega t)\} \quad (\text{VIII}.3)$$

이 되어, x 의 정부(+-)의 방향으로 전파되는 2개의 파가 얻어지는 것이 된다. 여기서는 환상용기(環狀容器, 에뉴어러스狀)이므로, 위에서 보아 반시계(시계)방향을 x의 정(-)의 방향으로서 놓으면 된다.

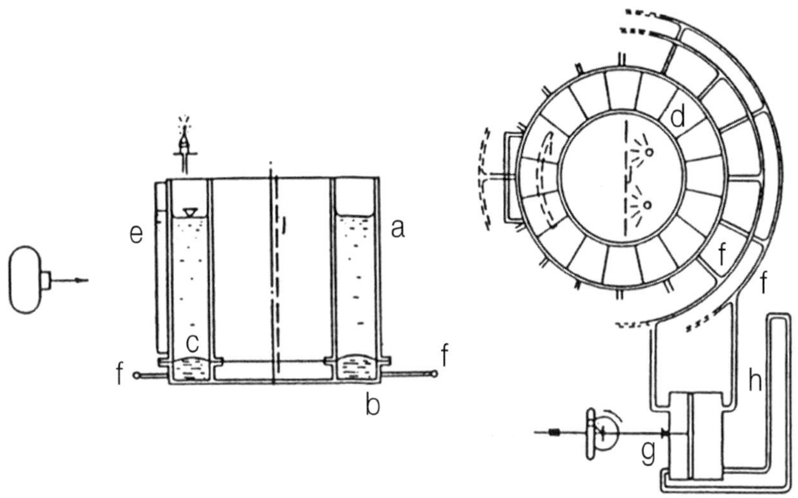

그림 Ⅷ.7 내부중력파의 정재파를 만드는 장치

위 : 이중원통의 단면도. 소금물가 들어 있다. c 가 고무막(膜), 이것이 진동해서 정재파(定在波)를 만든다.
아래 : 고무막을 진동시키는 장치, 펌프로 16 개의 방에 물을 출입(出入)시킨다.

Plumb & McEwan은 정재파(定在波)를 얻기 위해서 환상용기의 저판(底板)을 고무(rubber)로 만들어서 그것을 16개의 같은 영역으로 잘라서, 인접한 것끼리가 역위상(逆位相)으로 진동할 수 있도록 세공(細工)했다. 즉, 어떤 영역의 고무가 불룩해질 때에는 그 양쪽의 옆은 움푹 들어가는 것이다. 고무의 저판을 요철(凹凸)시키기 위해

서는 그림과 같이, 이 환상용기를 16실로 구분해서 다른 환상 위에 놓고, 그 16실에 펌프로 물을 출입시킨다. 진폭은 환상의 평균반경의 위치에서, 최대 10.0mm까지 변화시킬 수 있다. 진동수(振動數)도 1/15 ~ 1/30Hz까지 조절할 수 있도록 했다. 이렇게 해서 만들어진 정재파의 x방향의 파장(波長) L_x는 약 19 cm($k = 2\pi/L_x \fallingdotseq 0.33/cm$)이다.

이 방법에서는 만들어진 2개의 파는 완전히 같은 진폭이고, 그들이 서로 반대 방향의 흐름을 만들면 서로 상쇄되어서, 정미(正味; 순)의 평균류, 즉 어느 쪽인가 한 방향의 흐름이 만들어질 것 같지 않다. 그러나 잘 된 것은 2개의 파가 완전히 대칭적으로 여기(勵起)되는 일은 없다. 장치가 그 정도로 완벽하지는 않기 때문이다. 특히 파의 진폭이 커지면, 만들어진 평균류를 개입해서 그 비대칭성은 확대될 것이다.

흐름은 유체 중에 폴리스틸렌(polystyrene)의 입자(직경 약 2 mm)를 띄워, 16 mm 촬영기로 소간취(小間取, 노출시간은 2~4초)한다. 파의 주기는 전형적으로는 20초이기 때문에, 1주기로 대체로 7장면(frame, scene, 구) 찍힌다. 이것에 찍힌 입자를 추적해서 평균유속과 그 연직분포를 구할 수가 있다. 여기서 마음에 걸리는 것은, 평균류가 파의 1주기의 사이에 변화하지 않을까하는 것인데, 만들어진 평균류의 주기는 대략 3,000초이므로, 20초 정도의 사이에는 일정하다고 생각해도 좋다.

3.2. 실험결과

ㄱ. 영화

이 Plumb & McEwan의 훌륭한 실험결과는 사실은 영화(映畵)가 있어서 이것을 보면 한눈에 명료하지만, 여기서는 상영할 수가 없어 유감이다. 그렇다고 해도, 그래프로 설명하기 전에 잠깐 소개하는 것도 의미가 있을 것으로 생각이 된다.

영화에서는 2종류의 실험이 나타난다. 밑의 고무판의 진폭을 6.4 mm로 한 경우와 8.0 mm의 경우이다. 전자는 소위 미소진폭(微小振幅)에 해당하고, 평균류를 만든다고 하는 비선형 효과는 기다할 수 없지만, 후자에서는 그것이 실현될 것이다.

타이틀, 작성자 등의 후, 실험의 모든 조건이 제시되고, 제1의 실험결과가 비추어진다. 화면에는 앞에서 말한 원통상(圓筒狀) 용기가 등장하고, 많은 폴리스틸렌(polystyrene)의 백색 입자가 부유(浮遊)하고 있다. 아래쪽을 보면 고무판이 실룩실룩

진동하고 있는 것을 알 수가 있다. 그것에 동조해서 흰색의 입자군(粒子群)도 진동하고 있다. 그러나 한쪽 방향으로만 흐르는 일이 없고, 단지 각각이 처음의 높이의 주위를 상하운동하고 있을 뿐이다. 진폭이 작고, 2개의 파가 거의 대칭적으로 여기(勵起)되고, 그들이 만들 것인 평균류도 서로 상쇄되어 버릴 것이라고 하는 것을 쉽게 상상할 수가 있다.

다음에 대진폭(大振幅)의 실험이 등장한다. 고무판도 크게 진동하고 있다. 보는 사이에[라고 해도 소간취(小間取)이기 때문에, 상당히 시간이 경과한 것인데], 폴리스티렌의 입자가 화면을 왼쪽 방향으로 흐르기 시작한다. 그 흐름이 위에서 아래로 이동해 와서 바닥의 마찰로 약해질 즈음, 상층의 입자가 오른쪽 방향으로 흘러 나간다. 하반분(下半分)이 왼쪽으로, 상반분(上半分)이 오른쪽으로 라고 하는 상태가 지나고 점차로 하층도 오른쪽으로 흐르게 될 때쯤, 상층이 왼쪽으로 흐르기 시작한다. 이렇게 해서 왼쪽 방향과 오른쪽 방향의 흐름이 교체한다.

「파(波)가 평균류(平均流)를 만든다」, 「만들어진 평균류의 효과가 파로 피드백[feedback, 귀환(歸還)]한다」 라고 하는 생각이 우수한 이론이기 때문에, 이와 같이 선명하게 가시화되면, 감동적이기까지 하다. 사실 이 영화가 밴쿠버(Vancouver, 미국의 서부 워싱턴주에 있는 도시)의 국제회의에서 상영되었을 때, 와-하는 감탄의 소리가 나고, 끝남과 동시에 우레와 같은 박수가 나왔다고 한다.

ㄴ. 그래프

한편 그래프 등을 이용한다고 하는 '촌스러운' 방법으로 실험결과를 설명하도록 하자.

그림 Ⅷ.8에는 고무판의 진폭을 세로축, 그 진동수를 가로축으로 취하고, 평균류가 생기는 조건을 나타내고 있다. 한쪽방향의 흐름으로 되어 있는지 아닌지는 눈으로 판단할 수 있고, 마음에 걸린다면 영화로 확인하면 된다. 진폭이 크면, 고무판을 진동시키기 시작해서 대체로 1～2시간으로 평균류(平均流)가 생긴다. 4시간 지나도 생기지 않을 때에는, 평균류는 전혀 생기지 않는다고 가정했다. 진폭 약 6.5 mm를 경계로 해서, 그것보다 작은 값에서는 평균류는 생기지 않고, 크면 4시간 이내에 나타난다. 진동수 ω가 증가($0.3/s < \omega < 0.5/s$)함에 따라서, 이 임계진폭(臨界振幅)

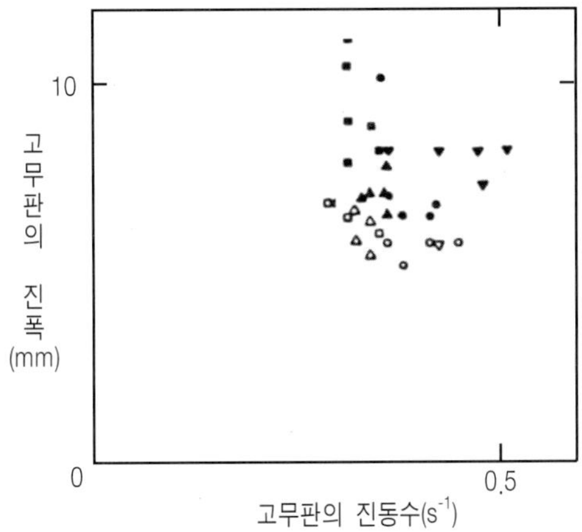

그림 Ⅷ.8 평균류 생성의 임계조건

세로축은 고무막의 진폭, 가로축은 진동수. 흑색의 자료는 4 시간 이내에 평균류가 생기는 경우를 나타내고, 흰색의 자료는 생기지 않았던 것을 나타낸다.
○ : N = 1.37/s, □ : N = 1.40/s, △ : N = 1.49/s, ▽ : N = 1.57/s, 약 6.5mm 가 임계진폭(臨界振幅). 菊地勝弘 외 2인(1988)에서.

은 감소하는 것 같지만, ω의 변화폭이 작음으로 확실한 것은 말할 수가 없다. 또한 $\omega < 0.3/s$ 에서 진폭을 크게 하면 난류가 생기는 것 같아, 여기서 기대하고 있는 「파—평균류 상호작용」 이외의 효과가 나타난다. 바꾸어 말하면, 파 자신의 비선형성이 강해져서, 위에서 말한 것과 같은 논의에서는 걸맞지 않는다.

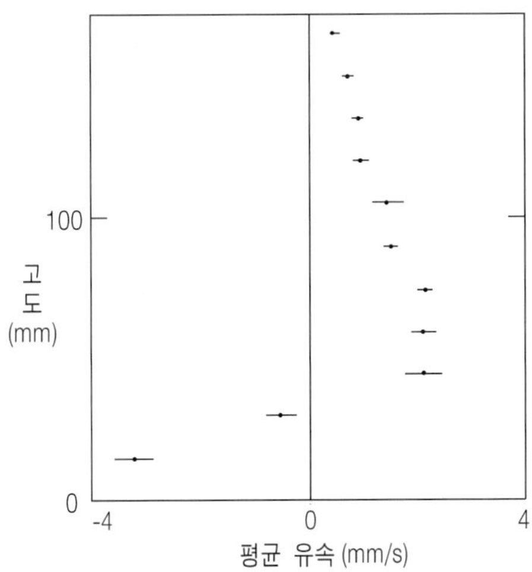

그림 Ⅷ.9 폴리스티렌 입자의 추적으로 얻은 평균류의 연직분포

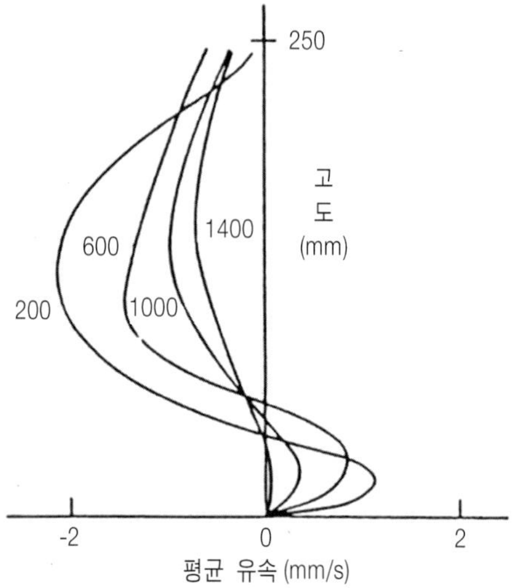

그림 Ⅷ.10 파의 여기를 멈추고 조사한 평균류의 감쇠의 정도, 숫자는 초

그림 Ⅷ.9는 관측된 평균류의 대표적인 예이다. 큰 곳에서는 5 mm/s 정도의 빠르기이다. 그림 Ⅷ.10은 바닥의 고무판의 진동을 멈추면, 어는 정도의 시간으로 평균류가 사라질까를 조사한 것이다. 파의 쪽은 대체로 200 초로 감쇠해 버리지만, 평균류의 수명은 그 7~8 배 정도이다. 파와 평균류의 연직척도(鉛直尺度)의 차이에서 보아, 대체로 이치에 맞는 것 같다.

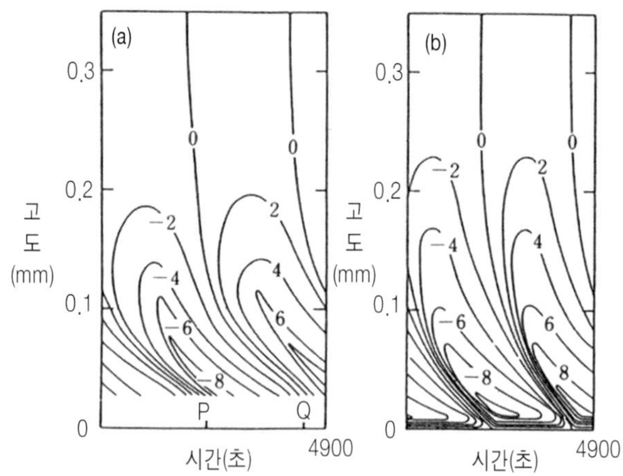

그림 Ⅷ.11 평균류의 시간변화

이것이 실험실 QBO, (a) 실험결과, (b) 계산결과

마지막으로 평균류의 시간변화를 보자. 그림 Ⅷ.11 (a), (b)에 그것을 표시한다. (a)가 실험결과, (b)가 이론계산이다(전절에서 언급한 것하고 본질적으로는 같지만, 실험의 조건에 맞추어서 경계조건 기타를 정확하게 취급하고 있다). 실험결과에서 아래쪽이 공백으로 되어 있는 것은 바닥 부근이 관측용의 창에서는 보이지 않기 때문이다. 시간과 함께 어떤 방향의 흐름이 상층에서 하층으로 퍼져 와서 바닥에 다다를 때쯤, 상층에서는 반대 방향의 흐름이 만들어지고 있다. 그래서 그것이 점차로 하강해 온다. 이것이 이 실험조건 하에서는 대략 1시간 20분의 주기로 반복된다. 이론의 결과와도 아주 잘 일치함을 보여주고 있는데, 무엇보다도 놀라운 것은 맨 처음에 들었던 QBO의 관측(그림 Ⅷ.2)과 비슷하다.

더욱이, 린젠과 홀톤(Lindzen & Holton, 1968)의 모델계산도 소개하도록 하자. 그것이 그림 Ⅷ.12이다. 그들은 서로 반대 방향으로 움직이는 파로서, 관측에서 확인된 동쪽 방향의 켈빈파와 서쪽 방향의 혼합로스비·중력파를 모델에 도입했다. 그들의 파가, 이 실험에 있어서 2개의 파와 대응하고 있는 것은 확실한 것 같다. 그리고 결과의 유사성은 이제는 왈가불가할 것이 없다. 단지 그림 Ⅷ.11의 상부에 보이는 반년진동은 경계조건으로서 주어진 것이어서, 모델의 본질과는 아무런 관계가 없다. 사실은 프럼(Plumb)과 그 외의 사람들에 의해, 지금에서는 사용되지 않고 있다.

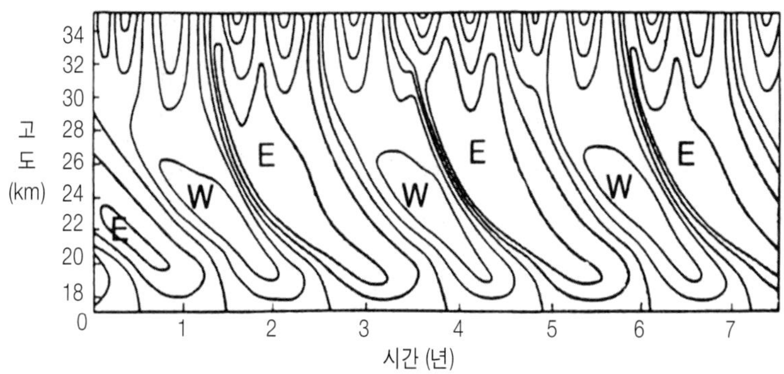

그림 Ⅷ.12 린젠과 홀톤(1968)의 QBO 의 모델계산

동쪽방향의 파는 켈빈파, 서쪽방향의 파는 혼합로스비 · 중력파.
그림 위쪽의 반년진동은 경계조건으로서 주어진 것으로, 모델의 본질에는 무관계.

이렇게 해서 「파에 의한 평균류의 가속」이라고 하는 개념은 실증이 되었고, 준 2년 진동(準二年振動)에 있어서, 그것이 본질적인 메커니즘으로서 작용하고 있다고 하는 것을 알 수 있었다.

4. 고찰

위에서 설명한 과정대로 실험장치를 만들고 실험을 해서 같은 과정들을 따라서 흉내내 보고, 그 결과를 가지고 본문과 어떻게 다른지 논의해 보자. 그 내용을 다음에 기재한다.

5. 문제

1_ 준 2년 진동(準二年振動, quasi-biennial oscillation, 통칭 QBO)이란 무엇이 어떠한 과정으로 발생하는가?

2_ 중층대기(中層大氣, middle atmosphere)는 어디를 의미하는가?

3_ 중력파(重力波, gravity wave), 내부중력파(內部重力波, internal gravity wave), 외부중력파(外部重力波, external gravity wave)를 설명하라.

4_ 다음을 간단히 설명하라.

- 동점성계수(動粘性係數, kinematic viscosity) :

- 평균류(平均流) :

- 에뉴어러스[annulus, 환상용기(環狀容器)] :

- 브런트-바이사라 진동수(振動數, Brunt-Väisälä frequency) :

- 폴리스틸렌(polystyrene) :

- 피드백[feedback, 귀환(歸還)] :

- 가시화(可視化) :

실험날짜	학과	학번	이름	조(組)	평가

VIII-3 근사식의 주의(반감기)

사범대학 지구과학과의 여름철 교원 1 정 연수에서 발생한 문제이다. 교사가 지구의 역사를 학생들한테 가르치던 중 풀리지 않는 문제가 발생을 해서, 대학의 연수에서 이 문제를 해결하려고 학자들이 동원이 되었으나 해결이 어려워, 그 원인을 해명해 주게 되었다.

내용은 지구의 긴 역사를 연구하는 방법 중, 방사선(放射線) 물질의 괴변(壞變, 붕괴보다 정확한 용어)에 의한 것이다. 이 중 우라늄(U)의 반감기(半減期, half-value period)가 약 45 억 년이 되어, 이 기간의 지나면 처음양의 반이 납(Pb)으로 변하는 것을 이용해서 세월(지구의 역사)을 측정하는 방법이다($U-Pb$ 법). 이것의 이용 상의 문제가 생겨서 그 원인을 밝힌 내용이다.

1. 목표

공주사범대학 지구과학교육과에서 공동으로 집필한 곽종흠(郭宗欽) 외 6 인(1995)의 398쪽에는 다음과 같은 식이 **조건 없이** 기재되어 있다.

$$t = \frac{Pb^{206}}{U^{238}} \times 7.6 \times 10^9 \text{ 년} = 76 \text{ 억 년} \qquad (\text{Ⅷ}.4)$$

가 있다. 여기서 실제의 한 예를 들어 계산을 해보기로 하자. 처음에 우라늄의 양 $U_0 = 1\,g$이었다고 하자. 시간(t)이 경과해서, 처음의 양의 반인 $U = 0.5\,g$ 이 남고, 나머지가 납으로 변하여 $Pb = 0.5\,g$이 되었다고 했을 때, 즉 반감기(半減期)의 세월만큼이 지난 후의 값이다. 이들의 값을 식 (Ⅷ.4)에 대입해서 계산을 하면,

$$t = \frac{0.5\,g}{0.5\,g} \times 7.6 \times 10^9 = 7.6 \times 10^9 \text{ 년} = 76 \text{ 억 년} \qquad (\text{Ⅷ}.5)$$

가 된다. 그런데 우라늄의 반감기는 약 45 억 년인데 76 억 년이 나와서, 오차가 약 31 억 년이 나왔다. 약 70 % 의 오차란 오차라고 할 수가 없다. 무엇인가 처음부터 잘못된 것이다. 이 원인이 무엇인가를 밝히는 것이 이 실험의 목표이다.

2. 준비물

계산기 또는 전자계산기, 컴퓨터(computer).

3. 원리

반감기가 무엇인지를 처음부터 유도하도록 하자. 이것은 방사성(放射性) 물질이 괴변(壞變)※하여, 처음의 양이 그의 반(半)이 되었을 때의 시간을 **반감기(半減期**, half-value period, T)라고 한다.

※ 참고 : 종전의 방사붕괴(放射崩壞)는 방사성 물질이 변화하지 않고, 그 모양만이 일그러짐을 의미하였으나, 새로운 용어의 방사괴변(放射壞變)은 방사성 물질이 다른 물질로 변화하면서 그 형태도 부서지는 것을 의미한다. 즉 붕괴(崩壞)보다는 괴변(壞變)이 정확한 의미를 전달한다고 하는 것이다. 한국지구과학회 역(1992년) 지구물리개론, 9쪽을 참고하기 바란다.

3.1. 반감기에서 구하기

그림 Ⅷ.13을 보면서 다음의 과정을 유도하자.

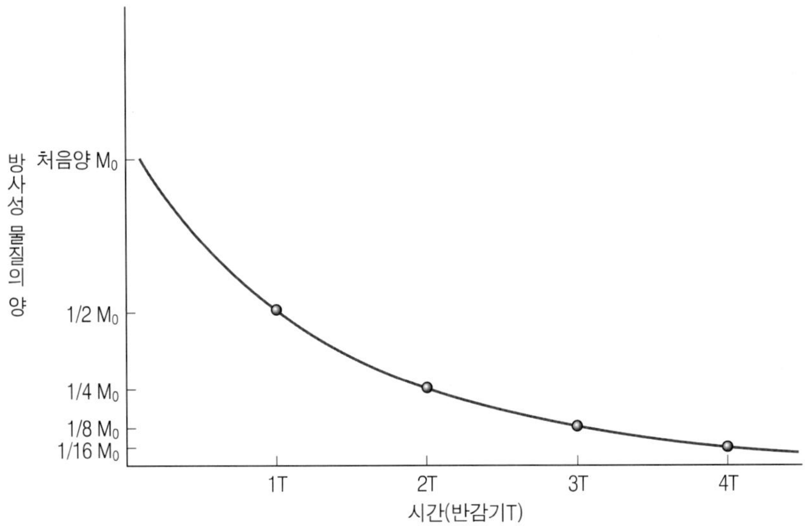

그림 Ⅷ.13 방사성 물질의 괴변 곡선

여기서 M_1, M_2, M_3, … M은 시간 t의 경과 후의 남은 양이고, T는 반감기(半減期)이다.

$$
\begin{array}{ll}
 & \text{경과시간} \\
M_0 \ (\text{처음 량}) & 0 \\
M_1 = M_0\left(\frac{1}{2}\right) = M_0\left(\frac{1}{2}\right)^{\frac{t_1}{T}} & t_1 = T \\
M_2 = M_0\left(\frac{1}{2}\right)\left(\frac{1}{2}\right) = M_0\left(\frac{1}{2}\right)^2 = M_0\left(\frac{1}{2}\right)^{\frac{t_2}{T}} & t_2 = 2T \\
M_3 = M_0\left(\frac{1}{2}\right)^2\left(\frac{1}{2}\right) = M_0\left(\frac{1}{2}\right)^3 = M_0\left(\frac{1}{2}\right)^{\frac{t_3}{T}} & t_3 = 3T \\
\vdots & \vdots \\
\vdots & \vdots \\
M = M_0\left(\frac{1}{2}\right)^{\frac{t}{T}} & t
\end{array}
\tag{Ⅷ.6}
$$

3.2. 자연대수로 구하기

방사성 물질의 괴변율(壞變率)은 종류에 따라 다르다. 괴변의 시간적 변화율은 남아 있는 방사성 물질의 원자수(原子數), 즉 질량에 비례한다. 따라서 경과시간 t를 구하기 위해서는

$$\frac{dM}{dt} = -\lambda M \tag{Ⅷ.7}$$

이고, 여기서 λ는 괴변상수(壞變常數, decay constant)이다. 변수(變數) 분리하면

$$\frac{1}{M}\,dM = -\lambda\,dt \tag{Ⅷ.8}$$

이 된다. 여기서 초기의 $t=0$에서 질량 $M = M_0$이므로, 이들의 양변을 적분하면

$$\int_{M_0}^{M} \frac{1}{M}\, dM = -\int_0^t \lambda\, dt$$

$$\ln M\Big]_{M_0}^{M} = -\lambda t\Big]_0^t \quad \rightarrow \quad \ln M - \ln M_0 = -\lambda t$$

$$\ln M + \lambda t = \ln M_0 = const. \qquad (\text{Ⅷ}.9)$$

이다. 처음의 질량 $M_0 = const.$ 이기 때문이다. 여기서 ln 은 자연대수(自然對數, $\log_e$, natural logarithm)이다. 정리하면

$$\ln \frac{M}{M_0} = -\lambda t \qquad \rightarrow \qquad \therefore\ M = M_0\, e^{-\lambda t} \qquad (\text{Ⅷ}.10)$$

이 된다. 이것도 괴변 후의 남은 질량을 구하는 식이다.

위 식에서 경과시간 t 를 구하면

$$t = -\frac{1}{\lambda} \ln \frac{M}{M_0} = \frac{1}{\lambda} \ln \frac{M_0}{M} \qquad (\text{Ⅷ}.11)$$

이 된다. 반감기와 λ 의 관계는 남은 량이 처음 양의 1/2 이 되는 시간이 반감기(T)가 되므로 위 식에서

$$T = \frac{1}{\lambda} \ln \frac{M_0}{\left(\frac{M_0}{2}\right)} = \frac{1}{\lambda} \ln 2 = \frac{0.69315}{\lambda} \qquad (\text{Ⅷ}.12)$$

가 된다. 따라서

$$\therefore\ \lambda = \frac{\ln 2}{T} \qquad (\text{Ⅷ}.13)$$

이 된다. 위 식을 식 (Ⅷ.11)에 대입하면

$$t = \frac{T}{\ln 2} \ln \frac{M_0}{M} \qquad (Ⅷ.14)$$

가 된다. 이것이 괴변 후의 경과시간을 계산하는 정확한 공식이다. 문제 1 에 있는 내용을 위 식으로 계산을 하면, 경과시간(t)은 정확하게 반감기 T 가 나온다. 우라늄 U^{238}의 정확한 반감기는 4.510×10^9 년이다.

3.3. 반감기와 자연대수의 결과의 일치

3.1 절은 반감기의 정의에 의해서 질량과 시간을 계산했고, 3.2 절은 일반적인 감소율의 미분에 의해서 계산하면 자연대수(自然對數)로 표현이 된다. 이들은 결과는 동일하다고 하는 것을 보일 것이다.

식 (Ⅷ.13) 의 괴변상수(壞變常數) λ 를 식 (Ⅷ.10)의 질량의 식에 대입을 하면

$$M = M_0\, e^{-\frac{\ln 2}{T}t} = M_0\, e^{-\frac{t}{T}\ln 2} = M_0\, e^{\ln 2^{-\frac{t}{T}}} = M_0\, 2^{-\frac{t}{T}} = M_0\left(\frac{1}{2}\right)^{\frac{t}{T}} \qquad (Ⅷ.6)'$$

이 되어서 식 (Ⅷ.6) 과 (Ⅷ.6)′은 동일한 식이 된다.

위 식의 식 (Ⅷ.6) 또는 (Ⅷ.6)′에 자연대수를 취해서 경과시간 t를 구하면

$$\ln M = \ln M_0 + \ln\left(\frac{1}{2}\right)^{\frac{t}{T}} = \ln M_0 + \frac{t}{T}(\ln 1 - \ln 2)$$

$$\frac{t}{T}\ln 2 = \ln M_0 - \ln M = \ln\frac{M_0}{M}$$

$$t = \frac{T}{\ln 2} \ln \frac{M_0}{M} \qquad (Ⅷ.14)'$$

이 되어서 (Ⅷ.14) 과 (Ⅷ.14)′이 일치한다. 따라서 이들에서 괴변상수 λ 까지 넣어서 표현을 하면 다음과 같다.

$$t = \frac{T}{\ln 2} \ln \frac{M_0}{M} = \frac{1}{\lambda} \ln \frac{M_0}{M} \qquad (Ⅷ.15)$$

가 된다.

4. 방법 및 과정

4.1. 미지의 식 (Ⅷ.4)의 유도

반감기(半減期)에 의해 정확한 경과시간을 나타내는 해인 식 (Ⅷ.14), 식 (Ⅷ.14)′ 또는 식 (Ⅷ.15)와 출처를 알 수 없는 식 (Ⅷ.4) $\left[t = \frac{Pb^{206}}{U^{238}} \times 7.6 \times 10^9\right]$를 비교해서 살펴보면, 원식인 식(Ⅷ.15)는 대수함수(對數函數, ln)로 되어 있는 한편, 식 (8.4)는 자연대수가 없는 함수라고 하는 차이를 볼 수가 있다. 그렇다면 이것은 근사식(近似式, approximation)으로 만들기 위해서 급수(級數, series) 로 전개했다고 하는 짐작을 할 수 있게 해준다. 이러한 느낌을 가지고 시작해 보자.

원래의 식을 응용하는 부분으로 반감기에 비해 근소한 시간이 경과한 후의 근사식을 만들기 위해서, 식 (Ⅷ.15)에서 상수 $\frac{T}{\ln 2} = \frac{1}{\lambda} = c$ 로 놓고,

$$\left.\begin{array}{ll} \text{처음 량} & = M_0 \\ t \text{ 시간 경과 후 남은 량} & = M \\ t \text{ 시간 경과 후 생성된 량} & = M_p \end{array}\right\} \text{ 로 하면 } M_0 = M + M_p \qquad (Ⅷ.16)$$

이 된다. 이것을 식 (Ⅷ.15)에 대입을 하면,

$$t = c\ln\frac{M_0}{M} = c\ln\frac{M+M_p}{M} = c\ln\left(1+\frac{M_p}{M}\right) \quad \text{(Ⅷ.17)}$$

이 된다.

여기서 급수전개 중 테일러 급수(Taylor series)를 이용해서 $\ln x$ 를 전개하는 다음의 식을 소개한다.

$$\ln(1+x) = \sum_{n=1}^{\infty}(-1)^{n-1}\frac{x^n}{n} = x - \frac{x^2}{2} + \frac{x^3}{3} - \frac{x^4}{3} + \cdots \quad \text{(Ⅷ.18)}$$

$$(|x| \leqq 1,\ \ x \neq -1)$$

위의 Taylor series 를 적용하기 위에서 $x = \frac{M_p}{M}$ 으로 놓고, 같은 방법으로 전개하면

$$t = c\left\{\frac{M_p}{M} - \frac{1}{2}\left(\frac{M_p}{M}\right)^2 + \frac{1}{3}\left(\frac{M_p}{M}\right)^3 - \frac{1}{4}\left(\frac{M_p}{M}\right)^4 + \cdots\cdots\right\} \quad \text{(Ⅷ.19)}$$

가 된다. 여기서 $\boldsymbol{M_p \ll M}$ 인 경우 2 차 항 이후를 무시하면

$$t = c\,\frac{M_p}{M} = \frac{T}{\ln 2}\frac{M_p}{M} = \frac{1}{\lambda}\frac{M_p}{M} \quad \text{(Ⅷ.20)}$$

이 된다. 이것이 미지의 식 (Ⅷ.4)의 식이 된다. 즉 $\boldsymbol{M_p \ll M}$ 일 때의 근사식이었던 것이다.

4.2. 우라늄 → 납에 응용

4.2.1. 근사식 (Ⅷ.4)에 적용

$U^{238} \rightarrow Pb^{206}$으로 붕괴하는 경우, U의 반감기 = 4.5×10^9년, $\ln 2 \fallingdotseq 0.69315$ 이므로

$$c = \frac{T}{\ln 2} = \frac{4.5\times10^9}{0.69315} = 6.4921\times10^9 \fallingdotseq 6.5\times10^9 \text{ 년} \qquad (\text{Ⅷ}.21)$$

이고, 식 (Ⅷ.13)에서

$$\lambda = \frac{\ln 2}{T} = \frac{0.69315}{4.5\times10^9} = 0.1540\times10^{-9} \fallingdotseq 1.5\times10^{-10}/\text{년} \qquad (\text{Ⅷ}.22)$$

이므로 식 (Ⅷ.20)에서

$$t = \frac{Pb^{206}}{U^{238}} \cdot 6.5\times10^9 \text{ 년} \qquad (\text{Ⅷ}.23)$$

가 된다. 이것이 **$M_p \ll M$일 때의 근사식이다**.

4.2.2. 이용 예

예를 들어, $U_0 = 1\ g$ 이 괴변(壞變)해서 $U = 0.999\,g$ 남고, $Pb = 0.001\ g$ 이 생성되는 경우는

① 식 (Ⅷ.14) 나 식 (Ⅷ.15)의 정확한 **정해(正解)**에서 계산을 하면

$$t = \frac{T}{\ln 2}\ln\frac{1}{0.999} \fallingdotseq 6.49545\times10^6 \text{ 년}$$

$$t = \frac{1}{\lambda}\ln\frac{M_0}{M} = \frac{1}{\lambda}\ln\frac{1}{0.999} = 6.49676\times10^6 \text{ 년} \qquad (\text{Ⅷ}.24)$$

② 식 (Ⅷ.23)의 $M_p \ll M$ 일 때의 근사식이 적용될 수 있음으로 이것을 이용해서 계산을 하면,

$$t = \frac{Pb}{U} \cdot 6.5 \times 10^9 \text{년} = \frac{0.001}{0.999} \times 6.5 \times 10^9 \text{년} = 6.580651 \times 10^6 \text{년} \quad (Ⅷ.25)$$

③ 미지(未知)의 식이었던, 알고자 하던 목표의 식 (Ⅷ. 4) $\left[t = \frac{Pb}{U} \cdot 7.6 \times 10^9\right]$ 으로 계산을 하면

$$t = \frac{0.001}{0.999} \times 7.6 \times 10^9 \text{년} = 7.60761 \times 10^6 \text{년} \quad (Ⅷ.26)$$

이들이 결과를 종합해 보면, ① 의 정해(正解)의 식 (Ⅷ.24)와 ② 의 근사해 식 (Ⅷ.25) 와는 거의 차이가 없이 잘 합치된다고 하는 것을 알 수가 있다. 그러나 우리가 출처를 몰랐던 식 (Ⅷ.26)에 의한 계산에는 이론을 일치하나 값에 차이가 있었다. 즉 상수(常數, 정수) 값의 차이가 된다. 이것은 이제 수리(數理)의 문제가 아니고, 나머지는 지질학자들이 해결해야 할 반감기의 측정의 오차나 이들에 관련된 사항 등에 의한 것으로 사려 된다. 참고로 좀 더 정확한 우라늄의 괴변은 "※ $U^{238} \rightarrow Pb^{206} + 8^4He + 6\beta,\ \lambda_{238} \doteq 1.55125 \times 10^{-10}$/ 년"도 고려되어야 할 것이다.

5. 결과 및 고찰

학자들이 위의 반감기에 대한 이론을 외국의 서적에서 인용 할 때, 실수인지, 내용을 이해하지 못한 탓인지는 알 수 없으나, 여하튼 수리(數理)에서는 근사식을 만들 때, 조건을 넣어서 식을 간단하게 만들어서 사용하고 있다. 이때 조건에 부합되는 않는 경우에 활용이 된다는 하는 것은 처음부터 잘못된 것이므로 적용할 수가 없는 것이다. 이것이 간과(看過)된 경우라고 결론을 지을 수가 있다.

결론은 처음에는 의문의 미지(未知)의 식으나, 이제는 이미 알게 된 식 (Ⅷ.4)의 적용에는 수리(數理)의 조건인 $M_p \ll M$ 을 반듯이 검토한 후에 사용해야 할 근사식이라는 것을 잊어서는 안 되는 것이다.

6. 문제

1_ 처음에 우라늄의 질량이 $U_0 = 1g$이었다. 경과시간(t) 후에, 처음의 양의 반인 $U = 0.5\,g$이 남았고, 나머지의 반이 납으로 변하여 $Pb = 0.5\,g$이 되었다. 즉 반감기의 세월만큼이 지난 후의 값이다. 이들의 값을 식 (Ⅷ.4)에 대입해서 계산을 하고, 또 식 (Ⅷ.14)에 의해서도 계산을 하고, 이들을 값을 비교하고 토의해서 원인을 찾기 바란다.

2_ 급수(級數, series)의 종류를 나열하고, 그 중 테일러 급수(Taylor series)에 대해서는 「부록 Ⅳ. 테일러 급수의 유도」를 숙지하고, 이것을 응용해서 삼각함수에 의해서도 유도해서 더욱 테일러급수에 대한 이해를 확고하게 굳히기를 바란다.

3_ $U_0 = 1g$이 괴변(壞變)해서 $U = 0.9999\,g$ 남고, $Pb = 0.0001\,g$이 생성되었다. 새 물질 Pb가 「4.2.2. 이용 예」의 1/10의 경우이다. 「4.2.2. 이용 예」와 같은 방법으로 계산하고, 결과를 토의해 보기 바란다.

실험날짜	학과	학번	이름	조(組)	평가

제 Ⅸ 부

모형실험(模型實驗)

어떤 척도(尺度, scale)의 대기현상에는 큰 척도에서 작은 척도까지 모든 척도의 흐름이 정도의 차이가 있으면서 모두 기여에 가세하고 있다. 수증기의 상변화(相變化)에 수반되는 잠열이나 방사과정, 난류과정 등도 복잡하게 기여를 하고 있다. 이들 모든 과정을 다 고려해서 넣는 것은 복잡하지만, 전자계산기에 의한 수치계산 스킴(scheme)이나 실내실험, 이론 등을 이용해서 현상의 모형을 만들고, 현실의 현상에 무엇인가의 점에서 닮은 것을 만들어 내서, 그 현상을 조사하려고 하는 것이 **모형실험(模型實驗, model experiment)**이다.

모형실험에서 이용되는 모형에는 크게 나누어서 두 가지가 있다. 하나는 시뮬레이션(simulation) 모형이고, 또 하나는 메커니즘(mechanism) 모형이다. 시뮬레이션[모의(模擬), 모사(模似)]은 가능한 한 실제에 닮은 모형을 만드는 것을 목적으로 하고 있다. 현실의 대기에 있는 많은 복잡한 과정을 가능한 한 현실적으로 표현하고, 대기운동을 재현하려고 하는 많은 대기대순환(大氣大循環) 모델이나 수치예보 모델, 국지순환 모델, 난류확산 모델 등이 이것에 해당한다. 최근에는 수치 시뮬레이션 모델은 많은 흐름을 재현할 수 있게 되어 가고 있지만, 난류나 복잡한 지형의 주위 흐름과 같이, 여전히 모델 속에서 정확한 표현을 하는 일이 쉽지만은 않는 것도 있다. 예를 들면, 복잡한 지형 위의 흐름에서는 계산기의 메모리나 계산시간의 제약에서 충분한 공간분해능(空間分解能)을 얻는 것이 어려울 뿐만 아니고, 지형에 의해 야기된 난류의 표현도 충분하지 않고 수치 시뮬레이션만이 아니고, 풍동(風洞) 속에서 복잡한 지형의 모형을 놓고, 그 주위의 흐름을 조사하는 것이 행해지고 있다. 고층건물의 줄지어 서 있는 도심의 빌딩 주변의 바람의 양상 등도 같은 실정이다.

한편, 대기현상은 복잡하기는 하지만 현상의 메커니즘에 주목하면, 비교적 수가 적은 과정이 본질적인 역할을 해주는 경우도 많다. 이 경우 현상에 있어서 본질적인 요소만을 끄집어 낸 모형을 만들어 그 모형에 의해 어느 정도 현상이 설명될까, 또 그 모형이 타당하다면 여러 조건 하에서 어떠한 현상이 나타날 것인가를 조사할 수가 있다. 이와 같은 모형을 **메커니즘[기구(機構)] 모형**이라고 한다. 메카니즘 모형은 대상으로 하는 현상에 따라서, 수치모델(數値 model), 실내실험모델(室內實驗 model), 이론모델(理論 model)의 어느 쪽이라도 제작할 수가 있다.

모형실험에 이용되는 현상의 모형을 제작하는 데 있어서는 **상사율[相似律, 상사칙(相似則)]**을 이용해서 실제의 대기현상과 대응을 항상 마음에 둘 필요가 있다. 실내실험에서는 한번 일단 만든 모형의 개조에는 많은 노력과 경비가 드는 경우가 많으므로, 특히 이 점에 대한 주의가 필요하다.

Ⅸ-1 상사칙

1. 상사의 이론과 무차원수

대기 중의 현상을 모형실험에 의해 시뮬레이션 할 때, 목표로 하고 있는 현상이 올바르게 재현되고 있는지 어떤지가 문제이다. 올바르게 재현되고 있다고 할 때, 모형 중의 기류와 실제의 바람을 상사(相似 : 서로 닮았음)라고 한다. 현상을 모형 중에 재현하기 위해서의 필요조건을 상사칙[相似則, similarity law, 상사율(相似律)] 등으로 부르고 있다. 상사이기 위한 기본적인 조건은 기류의 운동을 기술하는 방정식을 무차원화해서 얻어지는 무차원수(無次元數, non-dimensional number)의 일치이다.

대기의 흐름에서는 점성력, 관성력, 부력, 전향력 등이 작용한다. 이들의 항(項)을 포함하는 운동방정식을 무차원화해 보자.

기본식으로서 3차원 회전좌표계에 있어서 운동방정식을 생각한다(木村龍治, 1983). 또한 운동방정식은 부시네스크 근사(近似, Boussinesq approximation)를 가정하고 있다.

$$\frac{\partial u}{\partial t} + u\frac{\partial u}{\partial x} + v\frac{\partial u}{\partial y} + w\frac{\partial u}{\partial z} = -\frac{1}{\rho_0}\cdot\frac{\partial p'}{\partial x} + \nu\frac{\partial^2 u}{\partial z^2} + fv \quad (\text{IX}.1)$$

$$\frac{\partial v}{\partial t} + u\frac{\partial v}{\partial x} + v\frac{\partial v}{\partial y} + w\frac{\partial v}{\partial z} = -\frac{1}{\rho_0}\cdot\frac{\partial p'}{\partial y} + \nu\frac{\partial^2 v}{\partial z^2} - fu \quad (\text{IX}.2)$$

$$\frac{\partial w}{\partial t} + u\frac{\partial w}{\partial x} + v\frac{\partial w}{\partial y} + w\frac{\partial w}{\partial z} = -\frac{1}{\rho_0}\cdot\frac{\partial p'}{\partial z} + \alpha g\Theta' + \nu\frac{\partial^2 w}{\partial z^2} \quad (\text{IX}.3)$$

또 열에너지의 보존식은

$$\frac{\partial \Theta'}{\partial t} + u\frac{\partial \Theta'}{\partial x} + v\frac{\partial \Theta'}{\partial y} + w\frac{\partial \Theta'}{\partial z} = K_H\frac{\partial^2 \Theta'}{\partial z^2} \quad (\text{IX}.4)$$

이다.

여기서 x, y는 직각좌표계(直角座標系)에 있어서 수평방향의 좌표(예를 들면 동서방향, 남북방향), z는 연직방향을 나타낸다. u, v, w는 x, y, z 방향의 풍속성분 p'은 기준압(基準壓) 예를 들면 정수압(靜水壓)에서의 편차, Θ'도 같이 기준온위(基準溫位)에서의 편차를 나타낸다. α는 이상기체의 체팽창계수(體膨脹係數,$= 1/T_0$, T_0는 기준절대온도), f는 전향력의 매개변수[$f = 2\Omega\sin\phi$, Ω는 지구의 자전각속도(rad/s), ϕ는 위도]이다. K_H는 열의 와확산계수(渦擴散係數)이다(소선섭 · 소은미, 2009: 역학대기과학. 교문사, 530쪽을 참고).

무차원수는 생각하고 있는 현상에 대해서 대표적인 길이의 척도, 풍속, 시간 온도 등을 이용해서, 방정식을 무차원화(無次元化)함으로서 얻어진다. 이들의 대표치로서, 길이 L_N, 풍속 U_N, 온위 Θ_N을 도입하고, 무차원량(無次元量)에 $_*$를 붙여서 다음의 식으로 나타낸다.

$$x_*,\ y_*,\ z_* \;=\; \frac{1}{L_N}\,x,\ y,\ z$$

$$u_*,\ v_*,\ w_* \;=\; \frac{1}{U_N}\,u,\ v,\ w$$

$$t_* = \frac{U_N}{L_N}\,t, \quad \Theta_* = \frac{\Theta'}{\Theta_N}, \quad p_* = \frac{p'}{\rho_N\, U_N{}^2} \qquad (\text{IX}.5)$$

여기서 시간의 대표치로서 대표척도 L_N을 대표속도 U_N으로 나눈 값 L_N/U_N을, 또 압력의 대표치로서는 운동에너지 $\rho_N\, U_N{}^2$ 을 이용하고 있다. 이들의 무차원량을 운동방정식에 대입하면, 1의 오더[order, 자리수 O(1)]의 크기를 갖는 변량에 대한 운동방정식이 얻어진다.

$$\frac{\partial u_*}{\partial t_*} + u_*\frac{\partial u_*}{\partial x_*} + v_*\frac{\partial u_*}{\partial y_*} + w_*\frac{\partial u_*}{\partial z_*} - \frac{1}{R_0}\,v_* = \frac{1}{R_e}\cdot\frac{\partial^2 u_*}{\partial x_*{}^2} - \frac{\partial p_*}{\partial x_*} \qquad (\text{IX}.6)$$

$$\frac{\partial v_*}{\partial t_*} + u_*\frac{\partial v_*}{\partial x_*} + v_*\frac{\partial v_*}{\partial y_*} + w_*\frac{\partial v_*}{\partial z_*} + \frac{1}{R_0}\,u_* = \frac{1}{R_e}\cdot\frac{\partial^2 v_*}{\partial x_*{}^2} - \frac{\partial p_*}{\partial y_*} \qquad (\text{IX}.7)$$

$$\frac{\partial w_*}{\partial t_*} + u_*\frac{\partial w_*}{\partial x_*} + v_*\frac{\partial w_*}{\partial y_*} + w_*\frac{\partial w_*}{\partial z_*} = \frac{1}{R_e}\cdot\frac{\partial^2 w_*}{\partial z_*{}^2} + \frac{1}{F_r{}^2}\,\Theta_* \qquad (\text{IX}.8)$$

$$\frac{\partial \Theta_*}{\partial t_*} + u_*\frac{\partial \Theta_*}{\partial x_*} + v_*\frac{\partial \Theta_*}{\partial y_*} + w_*\frac{\partial \Theta_*}{\partial z_*} = \frac{1}{p_e}\nabla^2{}_*\,\Theta_* \qquad (\text{IX}.9)$$

여기서 R_0, R_e, F_r, p_e 는 흐름을 특징지어 주는 무차원수이고, 다음과 같이 쓸 수 있다.

$$R_0 = \frac{U_N}{L_N\ f_N} \quad : \text{ 로스비수}$$

$$R_e = \frac{U_N\ L_N}{\nu} \quad : \text{ 레이놀즈수}$$

$$F_r = \frac{U_N}{\sqrt{g\ L_N\ \frac{\Theta'}{\Theta_N}}} \quad : \text{ 프루우드수}$$

$$P_e = \frac{U_N\ L_N}{K_M} \quad : \text{ 페크레수} \qquad \text{(IX .10)}$$

여기서 ν 는 **동점성계수(動粘性係數, kinematic viscosity, 동점성율)**이다. 이들의 무차원수의 대기과학적 의미는 다음과 같다.

로스비수(Rossby number) R_0는 회전력(回轉力)과 관성력(慣性力)의 비(比)를 나타내는 양으로, 중위도의 예를 들면 북위 30°, 풍속 10 m/s 로 하면, 수평척도(水平尺度) 100 km 이상의 현상으로 R_0 가 1의 자리수가 되며, 그 이하에서는 R_0 가 1 보다 커서, 운동방정식에서 전향력의 항이 무시할 수 있는 것을 알 수가 있다.

레이놀즈수(Reynolds number) R_e 는 관성력과 점성력의 비를 나타내는 무차원수이다. 레이놀즈수는 층류에서 난류로의 천이(遷移), 난류의 발달상태 등을 지배하는 매개변수(媒介變數)이지만, 대기 중의 현상에서는 대단히 큰 값이 된다. 예를 들면, 10 m/s, 현상 척도가를 10 km 로 하면 10^{10} 이 된다. 이와 같이 큰 레이놀즈수 영역에서는 흐름은 충분히 발달된 난류가 되고, 레이놀즈수에는 그다지 의존하지 않게 된다. 예로서 평판(平板)의 저항계수(抵抗係數)가 레이놀즈수에 어느 정도 관계하는가를 그림 IX .1에 표시한다(Schlichting, 1960). 저항계수는 난류역(亂流域)에서는 레이놀즈수보다 조도(粗度, roughness)상태에 의존한다고 하는 것을 알 수가 있다. 대기의 흐름은 거의 난류이기 때문에 운동방정식 중의 층류(層流) 점성력은 난류점성에 비교해서 훨씬 작아진다. 그렇기 때문에, 레이놀즈수로서 와점성계수(渦粘性係數, K)를 이용한 난류레이놀즈수(turbulent Reynolds number)를 이용하는 편이 일반적이다.

프루우드수(Froude number) F_r은 관성력과 부력의 비를 나타내는 무차원수이다. 열적으로 불균일한 예를 들면 안정성층류(安定成層流) 등에서 중요한 매개변수이다. 프루우드수는 연직방향의 운동방정식에만 포함되어 있고, 수평방향의 기류(氣流)의 변화에 대해서는 연직방향의 움직임을 통해서 간접적으로 영향을 준다.

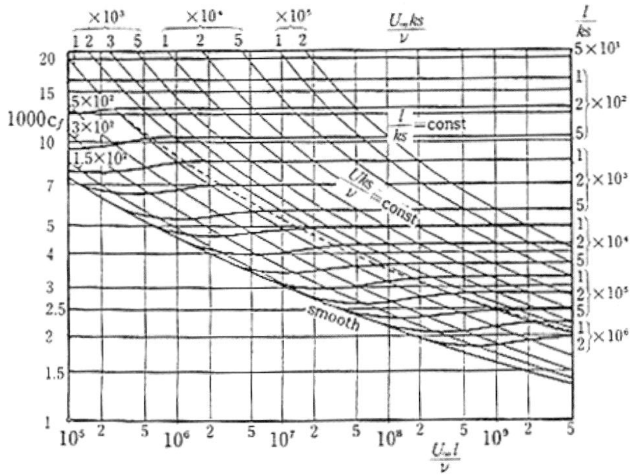

그림 Ⅸ.1 평판의 저항계수와 레이놀즈수의 관계(슈리히팅(Schlichting, 1960)에서)

페크레수(Peclet number) P_e는 열수송의 상사(相似)에 관계된 매개변수(파라미터)이고, 관성력에 의한 열수송과, 열전도에 의한 양의 비율을 타나낸다. P_e는 또, 레이놀즈수 R_e와 프랜틀수 P_r의 곱으로서

$$P_e = \frac{U_N L_N}{K} \cdot \frac{K}{K_H} = R_e \cdot P_r \qquad (Ⅸ.11)$$

로 쓸 수 있다.

프랜틀수(Prandtl number) P_r 은 열유체역학에서 사용하는 무차원량이다. 동점성계수와 온도전도율의 비, 즉 운동량에 관한 분자확산계수(分子擴散係數)와 열에 대한 것과의 비이다. 따라서

$$P_r = \frac{\nu}{x} = \frac{\nu}{\dfrac{k}{C_p \rho}} \tag{IX .12}$$

여기서 ν : 동점성계수(動粘性係數), x : 열확산율(熱擴散率 $= k/C_p \rho$), k : 열전도도(熱傳導度), C_p : 정압비열(定壓比熱), ρ : 밀도이다. 공기의 프랜틀수는 0.7 이다. 프랜틀(L. Prandtl)은 독일의 응용역학자(應用力學者)로 경계층이론의 창시자이다.

프랜틀수는 층류(層流) 속에서는 유체에 고유한 값을 갖지만, 난류 속에서는 대기 안정도에 의존하는 양이다.

이상과 같이 기류의 상태를 규정하는 무차원수는 4개를 생각할 수 있고(프랜틀수는 제외), 2개의 흐름이 상사(相似)이기 위해서는 엄밀하게는 이들의 무차원수가 같아야 할 필요가 있다. 그렇다고 해도 현실에서는, 모형실험에서 동시에 이들 4개의 무차원수를 대기 중과 일치시키는 것은 거의 불가능하다. 따라서 목적으로 하는 현상을 재현하는 데에 주요하지 않다고 생각되는 무차원수는 무시하는 것이 보통이다. 예를 들어, 전향력에 대해서 생각해 본다면, 경계층류 등 10 km 정도의 척도(尺度, scale)의 현상에서는 이것을 무시해도 지장이 없다.

안정성층류나 대류의 시뮬레이션에서는 부력의 항 즉 프루우드수의 상사가 중요하고, 경계층류에서는 레이놀즈수의 상사(相似)가 필요하게 된다.

이들의 무차원수의 일치는 흐름의 시뮬레이션을 위한 필요조건이고, 실제로는 경계조건이나 초기조건의 일치가 있어서 비로소 흐름의 상사가 달성된다. 경계조건으로서는 예를 들면 모형상류측(模型上流側)에서의 속도분포나 온도분포, 또 초기조건으로서는 실험개시시의 온도분포 등을 생각할 수가 있다.

2. 문제

1_ 상사칙[相似則, similarity law, 상사율(相似律)]이란 무엇인가?

2_ 무차원량은 무엇이고, 여기서 무차원화(無次元化)를 하는 이유는 무엇인가?

3_ 다음을 간단히 설명하라.

- 로스비수(Rossby number) R_0

• 레이놀즈수(Reynolds number) R_e

• 프루우드수(Froude number) F_r

• 페크레수(Peclet number)

• 프랜틀수(Prandtl number) P_r

4_ 위의 무차원수를 가지고 상사(相似)를 하는 방법을 간단히 요약하라.

실험날짜	학과	학번	이름	조(組)	평가

Ⅸ-2 장치와 방법

여기서 「장치」라 함은 모형실험장치(模型實驗裝置)를 또 「방법」이란 측정방법을 의미한다. 모형실험에는 반드시 필요로 하는 것들이다. 현재는 모형실험에 주로 수조장치나 풍동(風洞) 등을 다루고 있지만. 앞으로 이 분야가 발달이 되면, 좀 더 다양한 실험장치들과 이를 다루는 숙련된 방법들이 개발되고 소개될 것을 기대하고 있다.

1. 풍동 실험장치

풍동(風洞, wind tunnel)이란, 균일한 공기의 흐름을 만들어 그 속에서 물체의 주위의 흐름이나 물체에 작용하는 힘의 측정 등을 행하는 장치로, 송풍기(送風機), 정류부(整流部), 측정부(測定部) 등으로 구성되어 있다. 풍동장치는 풍속범위나 용도 등으로 여러 분류로 나누어져 있지만, 기상학적인 현상에 이용되는 것은 그 형태에서 대략 다음의 2종으로 분류되고 있다.

1.1. 개방형풍동

개방형풍동(開放型風洞, open circuit wind tunnel)은 그림 IX.2에 표시한 것과 같이 공기의 취입측(取入側)과 배출측[排出側, 토출구(吐出口)]이 개방이 되어 있는 풍동이고, 측정부를 통과한 기류는 배출공(排出孔)을 통해서 외부로 방출된다. 개방형에서는 측정부에 항상 새로운 공기가 들어오기 때문에, 추적자(追跡子) 같은 물질을 이용한 확산실험(擴散實驗)에서는 물질이 풍동 안에 체류하고 있지 않기 때문에 유리한 반면, 같은 풍속(風速)을 발생시키기는 데에는 순환형(循環型)보다 큰 동력(動力)을 필요로 한다.

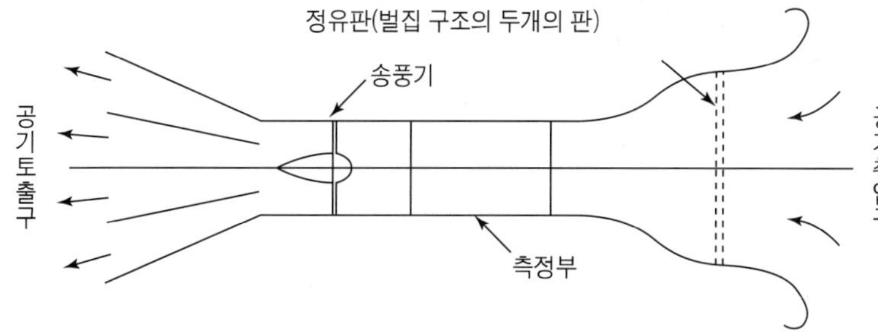

그림 IX.2 개방형풍동의 한 예

1.2. 순환형풍동

순환형풍동(循環型風洞, closed circuit wind tunnel)은 그림 IX.3에 표시한 것과 같이 기류가 외부로부터 격리되어 있기 때문에 바깥 공기의 영향이 적고, 동력(動力)도 많이 소모되지 않는다. 또 기류온도(氣流溫度)의 제어도 용이하다는 편리한 점이 있다.

이 외에도 측정부(測定部)를 일부 떼어서 사용할 수 있는 순환형통풍이라든가, 통풍의 본체를 회전 테이블 위에 올려놓고, 회전력을 재현한 전향력풍동(轉向力風洞, 그림 IX.4 참고, Howroyd & Slawson, 1975) 등도 이용되고 있다.

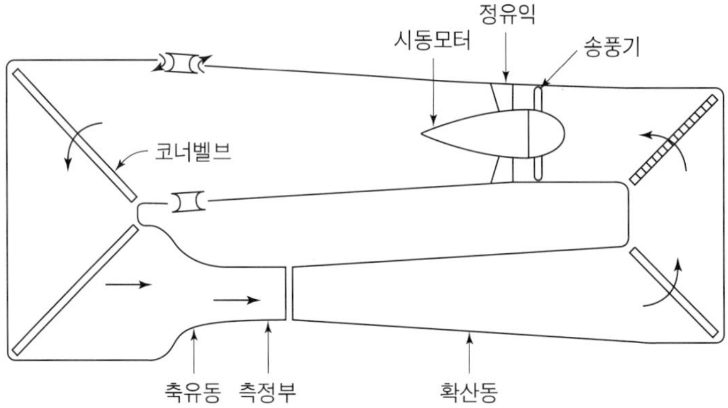

그림 Ⅸ.3 순환형풍동의 한 예

그림 Ⅸ.4 전향력풍동(하로이드 외 1인, 1975)

1.3. 항공공학 풍동과의 차이점

기상현상(氣象現象)의 연구에 이용되는 풍동은 항공공학(航空工學)적 용도의 풍동과는 다음과 같은 다른 점이 있다.

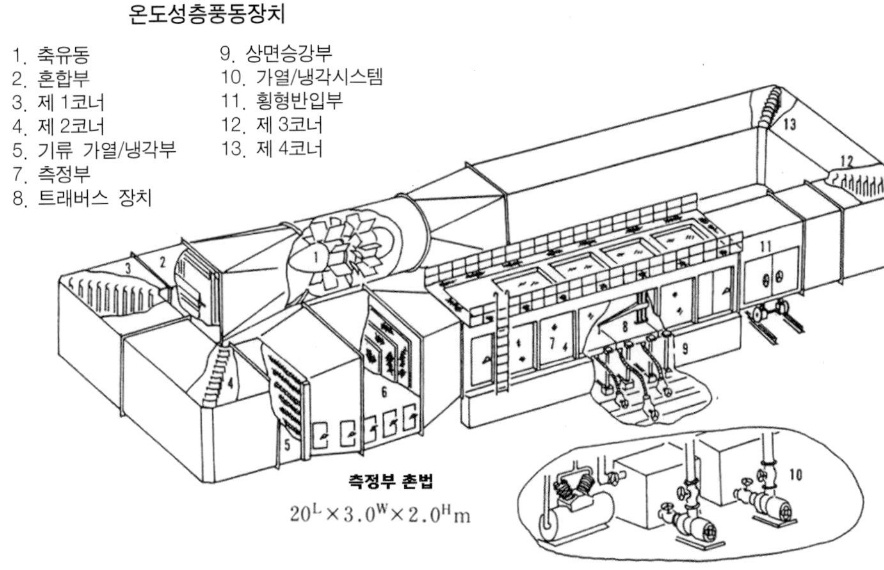

그림 IX .5 온도성층풍동의 예

(일본 공해자원연구소, 菊地勝弘 외 2 인, 1988년에서)

① 최대풍속은 매초 수 10 m/s 정도로 좋고, 오히려 저풍속역(低風速域)에서 흐름이 안정되어 있는 점.

② 경계층이나 확산의 연구를 위해서는 측정부는 가능한 넓고, 또한 긴 것.

③ 기류온도(氣流溫度)나 밑바닥의 온도, 풍속분포 등의 제어가 가능하다면 더욱 좋다.

이와 같은 풍동은 대기확산연구를 목적으로 해서 몇 개가 만들어져 있다. 확산의 연구에서는 특히, 혼합층이나 역전층이 중요한 인자(因子)이고, 이 때문에 풍동 내에 온도구배(溫度勾配)나 풍속구배(風速勾配)를 만들어 내고 있다. 소위 온도성층풍동(溫度成層風洞)이 이용되고 있는 것이다. 온도성층풍동에서 바닥면을 가열하고, 기류를 냉각하면 불안정층이 또 반대로 바닥면을 냉각하고, 기류를 가열하면 접지역전층(接地逆轉層)이 형성된다. 이외에도 임의의 풍속분포나 온도분포를 발생시키기 위해서 측정부 상류측(上流側)에 온도 프로화일러(profiler)※, 속도 프로화일러를 장착하고 있는 풍동도 있다. 그림 IX.5는 일본 공해자원연구소(公害資源硏究所)의 온도성층풍동의 예이며, 이 풍동은 다음과 같은 성능의 사양을 가지고 있다.

※ 참고

프로화일러(profiler, wind profiler)는 어떤 지점의 상공의 공기 기둥의 풍향, 풍속, 즉 바람의 연직 프로화일[profile, 단면(斷面)]을 구할 수 있도록 설계된 도플러레이더(Doppler radar)이다. 첨가해서 이와 같은 측기는 연직류(鉛直流), 난류(亂流), 대류권계면(對流圈界面)의 위치를 결정할 수 있는 잠재력이 있다. 어떤 장치에서는 마이크로파 방사계(放射計)를 포함하고, 온도 및 습도의 프로화일(단면)을 측정할 수 있다.

이 측기에 대한 적당한 우리말이 아직 떠오르지를 않아서, 당분간은 이대로 "프로화일러"라 부르기로 하자. 단, 프로 '파' 일러는 정확한 발음이 아니어서 지양하도록 하자.

표 IX.1 온도성층풍동의 사양

온도성층풍동(溫度成層風洞)	
형상(形狀)	횡형순환식(橫型循環式)
송풍기(送風機)	
축류단단형(軸流單段型)	직경 3,000 mm
	날개 수 12장
	전동기(電動機) 180 kW
측정부(測定部) 크기	길이 20 m, 폭 3 m, 높이 2 m
기류온도제어범위	10 ~ 40 C
상면(床面)온도제어범위	10 ~ 60 C
온도제어(溫度制御)	냉(冷), 온수(溫水) 순환방식
풍속범위(風速範圍)	0.3 ~ 15 m/s

2. 수로실험장치

산을 넘는 공기의 흐름이나 혼합층, 또 해륙풍의 연구 등에도 수로실험장치(水路實驗裝置)가 종종 이용된다. 착색염료(着色染料) 등을 이용하는 흐름의 가시화가 풍동보다 다양하고, 또 용이하다고 하는 등의 특징이 잇다. 수로(水路 : 물 길)실험에서의 밀도구배(密度勾配)는 냉수(冷水 : 차가운 물) 또는 온수(溫水 : 따뜻한 물)를 주입하는 방법이나, 염수(鹽水 : 소금 물) 등을 이용해서 비교적 쉽게 만들어진다.

대기과학적인 연구에 이용되는 수로실험장치에는 정지수로(靜止水路)나 유수형수로(流水型水路)가 있다. 정지수로는 흐름을 만들어 내는 기구는 갖지 않고, 지형 등의 실험모형의 쪽을 이동시킨다. 염수 등을 이용하는 밀도성층(密度成層)은 정지수로에서는 용이하게 만들어 낼 수 있다. 즉 농도가 다른 염수(鹽水)를 하층에서 층상(層狀)으로 주입하고, 이것을 수 시간 또는 반일 정도 정지시켜 놓음으로서, 밀도성층장(密度成層場)이 얻어진다. 염수를 이용한 경우, 밀도비는 1.2 정도이다.

유수형수로(流水型水路)는 펌프 등에 의해 흐름을 만들어 내는 것으로, 순환형(循環型)과 일류형(溢流型 : 넘쳐흐르는 형)이 있다. 이 형태의 수로장치에서는 밀도구배는 측정부 상류측에서 염수나 온수를 층상(層狀)으로 부러 나가게 하는 방법 등에 의해 만들어진다.

3. 측정장치

현상을 올바르게 파악하기 위해서는 정량적(定量的)인 측정과 함께, 정성적(定性的)인 실험도 필요하다. 또한 목시(目視) 등에 의한 관찰도 중요하다. 풍동이나 수로를 이용하는 실험에서는 유속(流速), 온도, 밀도 등의 정량실험(定量實驗)과 함께, 염료(染料)나 흰 연기 등을 이용한 가시화 실험도 행해진다. 가시화실험에서 흐름이나 확산 등을 보는 것은 현상을 이해하는 위에 대단히 유효하고, 또 정량적인 실험을 헛되지 않고, 합리적으로 진척시키는 데에 도움이 된다.

3.1. 가시화 실험

풍동이나 수로 내에서의 흐름의 가시화법(可視化法)으로서는 연기 등의 추적자(追跡子, tracer) 물질을 흘리는 라그란지(Lagrange)적 방법과 실험역에서 흐름을 가시화하는 실이나 바람개비(vane, 풍향계, 풍차 등의 날개)를 부착하는 오일러(Euler)적 방법이 있다.

풍동실험에서의 추적자(追跡子, 트레이서) 물질로서는 유무(油霧, oil-fog, 기름안개),

선향(線香 : 향료를 가루를 가늘고 긴 선 모양으로 만들어 풀로 굳힌 향), 사염화(四鹽化)티탄[Titan, 무색의 액체로, 습기가 있는 공기에 닿으면 가수 분해 되어 흰 연기와 염산이 생긴다. 발연제(發煙劑)로 쓴다. 화학식은 $TiCl_4$], 미립자(微粒子) 등이 이용된다. 유무(油霧, oil-fog)는 유동(流動) 파리핀(paraffin, 석유에서 분리시킨 백색 반투명 상태의 고체, 석랍, 양초 등의 원료) 등을 밀폐용기 속에서 가열해서 발생시킨다. 미립자로서는 알루미늄 분말(粉末), 베이킹파우더(baking powder : 과자 · 비스켓 등을 구울 때에 넣는 팽창제의 가루) 등도 이용할 수가 있다. 그림 IX.6은 선향(線香)의 연기로 가시화한 흐름을 나타낸 것이다.

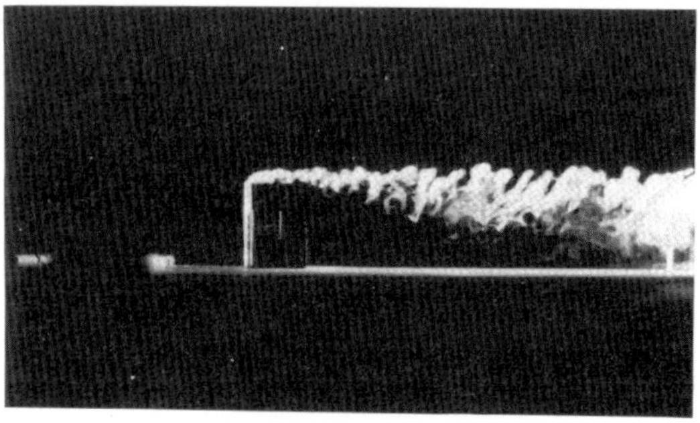

그림 IX.6 선향의 연기에 의한 가시화 실험(菊地勝弘 외 2인, 1988년에서)

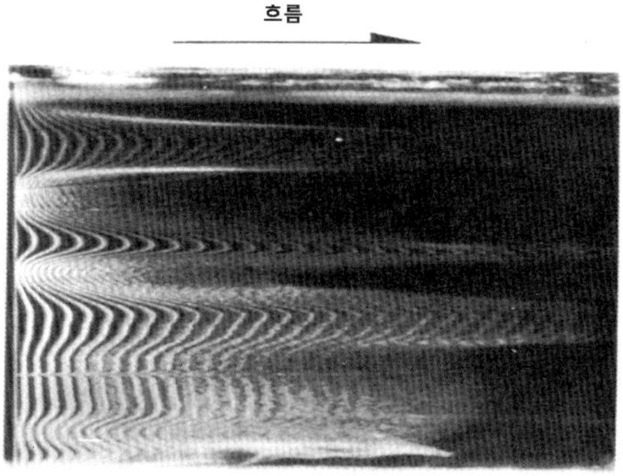

그림 IX.7 수소기포법에 의한 흐름의 가시화(日野, 1984)

수류(水流)의 가시화법은 기류에 비교해서 훨씬 다양해서, 추적자(追跡子) 물질로서 이용할 수 있는 것도 많다. 즉 알루미늄 분말(粉末), 폴리스틸렌 입자, 콘덴스 밀크[condensed milk, 응축(凝縮) 우유, 가당연유(加糖煉乳) : 우유에 설탕을 넣고 끓여서 농축시킨 것], 플루오레세인[fluorescein : 알칼리에 녹이면 강한 녹색 형광을 발함, 주로 흡착 지시약·형광 지시약·물의 유속(流速) 측정 등에 쓰임, 녹색], 로-다민 B(rhodamine B, 적색계 염기성염료), 메틸렌 블루(methylene blue : 염기성 물감의 하나, 심청색 결정으로 수용성, 생체 조직·세균의 염색 색소로서 중요함, 청색) 등의 염료(染料), 또 수소기포(水素氣泡) 등이 있다. 이 중, 수소기포법은 수류 중에 깐 금속세선(金屬細線)을 음극으로 해서 물을 전기분해하고, 이 때 발생하는 미세한 수소가스의 거품에 의해 흐름을 가시화(可視化)한다. 그림 IX .7 에 수소기포법(水素氣泡法)에 의한 가시화의 예를 보이고 있다.

흐름의 오일러(Euler)적인 가시화법으로서는 터프트법(tuft method, 타래법)과 도막법(塗膜法)이 있다. 타래법(터프트법)은 침금(針金)이나 가는 봉(棒)에 실의 한쪽 끝을 고정하고, 이 실의 방향으로부터 흐름의 방향을 보는 방법이다. 실로서는 모사(毛絲; 털실), 목면사(木綿絲, 무명실; 솜을 자아 만든 실), 견사(絹紗 : 명주실) 등을 이용할 수가 있지만, 사전에 실의 버릇이나 굽음을 없애 둘 필요가 있다.

도막법(塗膜法)은 물체의 표면에 안료(顔料, 염료와 비교 구분 ※)와 기름의 혼합물을 도포(塗布)해서 흐름에 뿌려서, 물체표면에 나타나는 안료의 근막양(筋膜樣)에서, 표면류(表面流)의 양상(樣相)을 알아내는 방법이다. 안료(顔料)로서는 램프블랙(lampblack : 철매, 검댕, 매연, 검정 안료, 흑색), 이산화티탄(二酸化 Titan, titanium dioxide : 공기 가운데에서 티탄이나 티탄산에 높은 열을 가하면 생기는 무색 가루로 금속 티탄의 원료이며 화학식은 TiO_2, 백색), 연백(鉛白, 백색), 광명단[光明丹, 연단(鉛丹), 적연(赤鉛), minium, red lead, 사산화삼납(Pb_3O_4), 적색] 등이 있다. 또 기름[유(油), oil]으로서는 유동(流動) 파라핀, 엔진오일, 그리스 등이 이용된다.

※ 참고 : 염료와 안료

염료(染料, dye)란 넓은 뜻으로는 섬유 등 착색제의 총칭이나 좁은 뜻으로는 물·기름에 녹아 단분자로 분산하여 섬유 등의 분자와 결합하여 착색하는 유색물질만을 가리킨다. BC 2000 년경에는 이미 쪽염색이

행하여 졌고 1856 년 W.H.퍼킨이 최초의 합성염료인 모브 또는 모베인의 합성에 성공하였다. 염료의 합성기술은 화약류나 독가스의 제조기술에도 적용되었기 때문에, 제 1차 세계대전을 계기로 각국이 염료공업의 발전에 힘을 쏟아 여러 나라에 염료공업이 보급되었다.

좁은 뜻으로는 물 · 기름에 녹아 단분자로 분산하여 섬유 등의 분자와 결합하여 착색하는 유색물질만을 가리키며, 물 · 기름에 녹지 않고 가루인 채로 물체 표면에 불투명한 유색막을 만드는 안료(顔料, pigment)와 구별한다. 물체에 따라서는 같은 유색물질(색소)이 염료로 사용되는 경우도 있고, 안료로 사용되는 경우도 있다.

3.2. 유속의 측정

유속(流速)의 측정법으로서는 피토관(pitot tube : 압력차를 이용한 유체 속도 측정기의 하나로 항공기의 속도계 등에 이용함), 열선풍속계(熱線風速計), 풍차풍속계(風車風速計), 레이저유속계(laser-流速計), 또 저유속(低流速)에서는 수소기포법(水素氣泡法), 스모그-와이야법※ 등도 이용되고 있다.

※ 참고

스모그-와이야법[smoke wire method, 연세선법(煙細線法)]은 기체의 흐름 속에 깔려진 금속세선(金屬細線)에 추적자라 불리는 기름[유(油)]을 도포(塗布)해, 세선(細線)에 전압을 가해 발열(發熱)시킴으로 연기[연(煙)]를 발생시켜, 이 연기를 이용해서 흐름의 가시화(可視化)를 행하는 방법이다.

ㄱ. 풍동 속의 유속측정

풍동실험의 유속측정에는 열선풍속계(熱線風速計)가 가장 일반적으로 이용되고 있다. 열선풍속계는 굵기 5～10 ㎛, 길이 0.5～1 mm 정도의 백금(白金) 또는 텅스텐선(tungsten wire)에 전류를 통과시켜, 100～150 ℃ 정도로 가열해 놓는다. 이 가는선(細線)을 기류에 노출시키면 열전달에 의해 열을 빼앗겨, 온도가 내려가서, 세선의 전기저항이 내려간다. 이 저항변화를 브리지회로(---回路, bridge circuit)에 의해 검출해서 풍속을 구하는 방법이다. 열선에서는 전기저항(R_w)와 풍속(U)의 사이에는 킹(King)의 식이 성립한다.

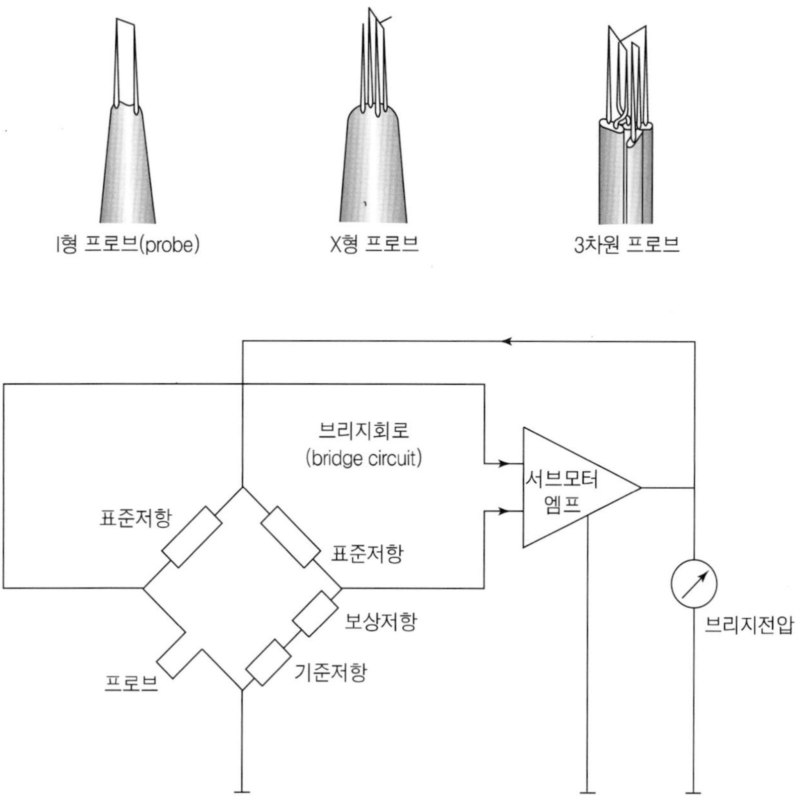

그림 IX.8 각종 탐침과 열선풍속계 브리지회로(菊地勝弘 외 2 인, 1988 년)

$$I^2 R_w = (A_1 + B_1 \sqrt{U})(T_w - T_e) \tag{IX.13}$$

여기서 I는 열선으로의 공급전류(供給電流), T_w, T_e는 각각 열선과 기류의 온도, A_1와 B_1은 상수[常數, 정수(定數)]를 나타낸다. 열선풍속계는 감지부(感知部, 센서, sensor)가 아주 작고, 또 응답특성(應答特性, "소선섭 외 3 인, 2009 : 대기관측법" 20쪽을 참고)이 극히 양호(수 m/s의 풍속에서 수 10kHz 이상)하기 때문에, 난류의 계측(計測)에 가장 적합하다.

그림 IX.8은 여러 가지의 열선풍속계(熱線風速計)의 프로브[probe, 탐침(探針)]와 브리지회로를 표시하고 있다. 또한 열선풍속계의 적용풍속은 1 m/s 이상이다. 또 열선풍속계는 다른 풍속계에 의해 교정(較正)해 두지 않으면 풍속의 절대치(絶對値)를 얻을 수 없다.

초음파풍속계(超音波風速計)는 서로 향하는 2조의 수정발진기(水晶發振器), 수신기(受信器)에서 정기적으로 초음파를 발진(發振)하고, 이 서로의 반대방향의 음파(音波)의 도달시각의 차에서 풍속성분을 이끌어 얻어 내는 방법이다. 초음파풍속계는 수 10 cm/s 까지의 미소풍속(微小風速)의 측정이 가능하지만, 탐침(探針)이 10 ~ 수 10 cm로 크기 때문에 평균류의 측정에 이용된다.

연세선법(煙細線法, smoke wire method)은 흐름에 직각으로 깐 텅스텐 세선(10 ~ 50 ㎛)에 유동(流動) 파라핀을 칠해 놓고, 이것을 순간전류(瞬間電流)에 의해 기화시켜, 그때 발생하는 직선상의 흰 연기의 움직임을 스트로보(stroboscopic lamp : 방전광이 방전할 때의 섬광을 이용한 보조 광원용이 장치) 사진 등에 의해 추적해서 유속을 구하는 가시화법적 측정법이다. 가시화법적 측정법이기 때문에 흐름의 모양이 보인다는 것과, 비교적 저유속(低流速, 0.3 m/s 정도~수 m/s)에서도 적용할 수 있는 특징을 가지고 있다. 단, 전류에 의해 파라핀을 가열하기 때문에 저유속에서는 흰 연기의 부력상승(浮力上昇)이 생긴다.

이외에 최근에는 레이저(laser)유속도 사용할 수 있게 되어 오고 있다. 레이저유속은 유체 속에 뜨는[부력(浮力)] 미립자(微粒子)에 레이저광을 쬐어서[조사(照射)], 입자에 의한 산란(散亂)을 이용해서 유속을 측정한다.

시프트[shift, 이동(移動)]를 이용하는 방법도 있지만, 레이저광의 간섭성(干涉性)을 이용한 후(프)린지(fringe)법※이 일반적이다. 레이저유속계에서는 유속은 스칼라가 아니고, 벡터양으로서 얻어진다. 또 10 cm/s 정도의 저유속(低流速)의 측정도 가능하다. 단지, 흐름 속에 빛을 산란하는 미립자(微粒子)가 필요하게 된다.

※ **참고**

후(프)린지법[간섭무늬법(干涉--法), interference fringe] : 두 갈래의 파동이 만났을 때 일으키는 상쇄(相殺), 보강간섭(補强干涉)에 의해 형성되는 무늬를 말한다. 진동수가 다른 파동끼리는 간섭현상(干涉現象)을 일으키지 않으므로 여러 진동수의 빛이 섞인 백색광(白色光)의 경우 각 진동수마다 각각의 간섭무늬를 형성한다.

ㄴ. 수로 속의 유속측정

수로(水路) 속의 유속측정(流速測定)에도 풍동실험과 거의 동양(同樣)의 측정법을 이용할 수가 있다. 예를 들면, 열선풍속계(熱線風速計)에 대응하는 열막유속계(熱膜流速計), 레이저유속계, 피토관(管, pitot tube)유속계, 초음파유속계(超音波流速計), 더욱이 수소기포법(水素氣泡法) 등이다. 이 중 열막유속계는 원리적으로는 열선풍속계와 완전히 같고, 단지 감지부(感知部, 센서, sensor)가 세선(細線)에서 수정(水晶)으로 증착(蒸着)한 백금박막(白金薄膜)으로 바뀐 것뿐이다. 또 수소기포법은 연세선법(煙細線法, smoke wire method)에 대응하는 방법이고, 수류 중에 깐 금속세선을 음극(陰極)으로 해서 물을 전기분해시켜서, 그때 발생하는 수소기포(水素氣泡)의 이동에서 유속(流速)을 얻는다. 이외에 수류 중의 유속측정에 이용되는 방법으로서 미소(微小)의 프로펠라[propeller, 풍차형(風車型)] 유속계 등도 있다.

3.3. 온도의 측정

기류(氣流)와 수류(水流)의 온도측정에는 열전대(熱電對), 서미스터[thermistor : 온도가 변하면 현저하게 전기저항이 변하는 반도체(半導體)], 백금선(白金線), 수정소자(水晶素子) 등이 감지기(感知器, 센서, sensor)로서 이용되고 있다. 이들의 소자(素子)는 어느 쪽도 시상수(時常數: "소선섭 외 3인, 2009 : 대기관측법" 20쪽을 참고)가 수 초 이상이어서, 기류의 온도변동의 측정에는 적당하지 않다. 변동온도의 측정에는 백금세선을 저항온도계(抵抗溫度計)로 해서 이용하는 방법 등이 있다.

온도구배(溫度勾配)가 강한 흐름 속의 측정에서는 기류를 교란되지 않도록, 가능한 한 작은 소자(素子)를 이용할 필요가 있다. 또 뜨거운 벽면(壁面) 가까운 곳에서의 측정에서는 뿜어 나오는 사열(射熱)에 의한 영향을 막기 위해, 온도 감지기(感知器)를 통(筒) 속에 넣는 등의 차폐효과(遮蔽効果)를 갖게 하는 일이 필요하다.

3.4. 확산의 측정

풍동 속의 확산실험에 이용되는 가스와 측정방법에는 다음과 같은 것들이 있다.

에탄[ethane, 메탄계(系)의 무색 · 무취의 가스], 에틸렌[ethylene : 물과 탄산칼륨으로 가수 분해하여 만듦. 단맛이 있고 부동제(不凍劑)로 사용하며, 의약·화장품의 원료로도 쓰임], 프로판(propane : 탄산수소의 한 가지) 등의 탄화수소가스를 추적자로 해서 수소염이온화법(水素炎--化法, FID법)을 이용한 탄화수소분석계(炭化水素分析計)로 정량(定量)하는 방법이다. 이 방법에서는, 수 ppm의 탄화수소 농도까지 검출이 가능하다. 원리는 수소를 연료로 하는 버너(burner : 연료를 태우는 장치나 기구) 부분에, 탄화수소를 통과시켜서 연소시키면 탄소가 이온화된다. 이 이온전류를 버너의 상부 컬렉터(collector)전극으로 측정함으로서, 탄화수소농도에 따른 전기신호가 얻어진다. FID 방식에 의한 탄화수소농도의 측정범위는 메탄(methane : 탄화수소의 한 가지)환산으로 ppm 수준에서 수 퍼센트(%)까지 미친다.

이외에 풍동 속의 확산측정에 암모니아가스를 이용하는 방법 등이 있다. 암모니아의 정량은 0.5% 붕산용액(硼酸溶液, boric acid, 화학식은 H_3BO_3)에 흡수시킨 후, 중화적정법(中和滴定法), 인도페놀법(indophenol method) ※ 등으로 정량(定量)하든가, 아니면 희유산(希硫酸, 희황산. 묽은 황산)에 흡수시켜, 전기전도도법(電氣電導度法)으로 정량한다.

※ 참 고

인도페놀법(indophenol method) : 가스 중의 암모니아를 분석하는 방법, 암모니아 이온(NH_4+)이 하이포아염소산(차아염소산 = 次亞鹽素酸) 이온과 공존할 때 페놀과 반응하여 생기는 인도페놀 청색의 흡광도(吸光度)를 측정하여 양을 정하는 방법이다.

수로 속의 확산실험에서는 후루오레세인[fluorescein : 현미경관찰에 이용되는 형광색소(蛍光色素)의 일종으로 알칼리에 녹이면 강한 녹색 형광을 발함. 주로 흡착 지시약·형광 지시약·물의 유속 측정 등에 쓰임, 녹색], 로-다민 B(rhodamine B, 적색) 등의 형광염료(螢光染料)가 잘 이용된다. 형광염료 농도의 정량(定量)은 형광광도계(螢光光度計)로 행한다. 형광광도계는 광원에서의 빛을 일차 필터에 의해 선택하고, 여기파(勵起波)를 꺼낸다. 이것을 시료(試料)로 조사(照射)하고, 이때 방사(放射)되는 형광의 강도를 측정해서 농도를 아는 방법이다.

이 외에도, 수로 속의 확산측정에는 식염수(食鹽水), 옥화(沃化)칼륨(요오드화칼륨,

화학식은 KI) 등 각종의 화학물질을 이용할 수가 있다. 단지, 수류(水流)실험은 통상 저유속(低流速)에서 행하는 일이 많고, 추적자(追跡子, 트레이서) 물질의 부력(浮力)이 실험결과에 영향을 미치기 쉬우므로 부력의 조정(調整)에 충분히 주의할 필요가 있다.

4. 문제

1_ 풍동(風洞)이란 무엇이며, 기상학의 실험에는 어떠한 종류가 사용되고 있는지를 설명하라.

2_ 다음의 수로실험장치(水路實驗裝置)의 의미를 간략하게 설명하라.

- 정지수로(靜止水路) :

- 유수형수로(流水型水路) :

• 순환형(循環型) :

• 일류형(溢流型) :

3_ 다음의 가시화법(可視化法)을 요약해서 설명하라.

• 가시화란 무엇인가? :

• 라그란지(Lagrange)적 방법 :

• 추적자(追跡子, tracer) 물질 :

• 수류(水流)의 가시화법에 사용되는 물질 :

• 기류(氣流)의 가시화법에 사용되는 물질 :

• 오일러(Euler)적 방법 :

• 터프트법(tuft method, 타래법) :

• 도막법(塗膜法) :

4_ 유속(流速)의 측정에서 풍동(風洞) 속에서와 수로(水路) 속에서의 유속계(流速計)와 그 방법(方法)들을 설명하라.

5_ 온도 측정에는 어떤 온도계가 이용이 되고 있고, 이들의 문제점은 무엇인가? 또 온도측정 시 주의할 점에는 어떤 것이 있나?

6_ 확산(擴散) 측정의 풍동(風洞)과 수로(水路) 속에서의 사용되는 물질과 방법들에 대해서 논의해 보고, 요약해라.

실험날짜	학과	학번	이름	조(組)	평가

Ⅸ-3 파 동

자연에서 일어나는 진동(振動, vibrations), 흔들림(oscillations) 등의 파동(波動, wave motions)들은 삼각함수(三角函數)로 표현할 수 있다. 또 멱급수(冪級數, power series)로 표현이 되는 테일러 시리즈(Taylor series, Maclaurin series)도 있다. 이것보다 유익하게 대기과학에서 복잡한 현상들을 표현할 수 있는 것이 여러 가지의 삼각함수의 복합으로 나타내지는 후리에 級數(Fourier series)가 있다.

1. 단진동 운동과 파동 : 주기함수

풍동(風洞, wind tunnel)이란, 균일한 공기의 흐름을 만들어 그 속에서 물체의 주위의 흐름이나 물체에 작용하는 힘의 측정 등을 행하는 장치로, 송풍기(送風機), 정류부(整流部), 측정부(測定部) 등으로 구성되어 있다. 풍동장치는 풍속범위나 용도 등으로 여러 분류로 나누어져 있지만, 기상학적인 현상에 이용되는 것은 그 형태에서 대략 다음의 2종으로 분류되고 있다.

그림 IX.9와 같이 원운동(圓運動)의 움직이는 점 P가 각속도(角速度, angular velocity) ω로 시간 t 동안 원운동을 할 때 그의 그림자인 Q는 y축 상에 직선운동을 한다. 회전각 θ는

$$\theta = \omega t \qquad (IX.14)$$

y축 상의 Q점의 위치는

$$y = A\sin\theta = A\sin\omega t \qquad (IX.15)$$

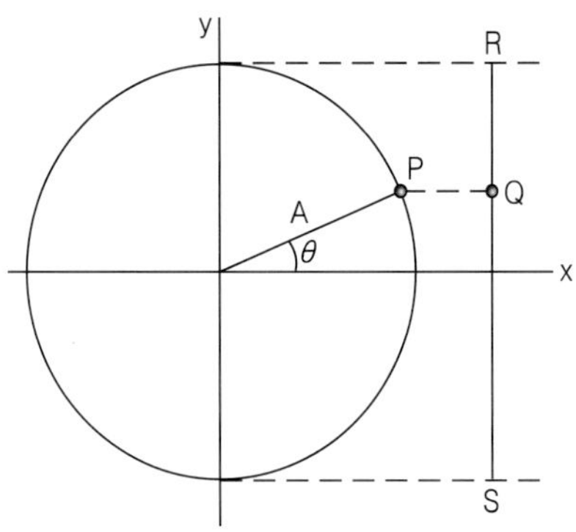

그림 IX.9 원운동과 직선운동

이고, Q점의 전후의 왕복운동을 단진동 운동(單振動 運動, simple harmonic motion)이라고 한다. 또 $A\cos\omega t$나 $A\sin(\omega t + \phi)$는 원점의 선택 차이이므로 유동함수(類同函數, sinusoidal functions)라고 한다.

P점을 $x-y$좌표계(직교좌표계, 카테시안 좌표계)를 극좌표계(極座標系, polar coordinates, $A-\theta$)로 표현하면

$$x = A\cos\omega t, \qquad y = A\sin\omega t \qquad (IX.16)$$

이고, 복소수로 표현하면

$$z = x + iy = A(\cos\omega t + i\sin\omega t) = Ae^{i\omega t} \qquad (\text{IX}.17)$$

복소수의 표현으로는 Q 점은 z 의 허수부(虛數部, imaginary part)가 된다. z 의 속도는

$$\frac{dz}{dt} = \frac{d}{dt}(A\ e^{i\omega t}) = Ai\omega\ e^{i\omega t} = Ai\omega(\cos\omega t + i\sin\omega t) \qquad (\text{IX}.18)$$

위 식에서 Q 에 해당하는 허수부는 $A\omega\cos\omega t$ 이고 식 (2)에서 dy/dt 와 같다.

그림 IX.10과 같이 점 P 의 원운동을 파동으로 표현한다. A 는 진동 또는 함수의 진폭이고, $T = 2\pi/\omega$ 는 주기이다. 이와 같은 주기로 반복되는 함수가 주기함수[週(周)期函數, periodic functions]이다.

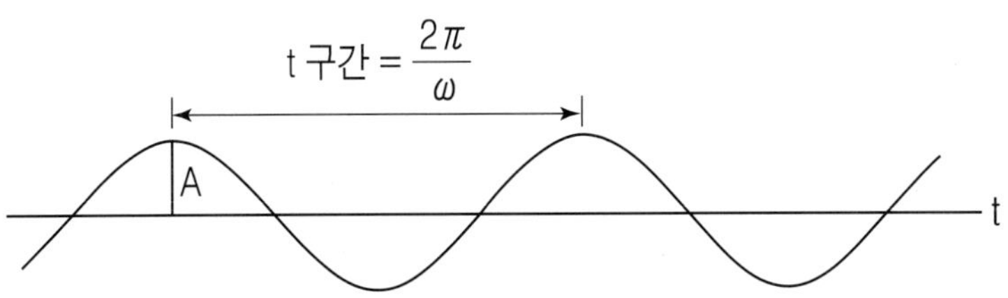

그림 IX.10 삼각함수의 파동

식 (IX.18)로부터 Q 의 속도를 구하면,

$$\frac{dy}{dt} = A\omega\cos\omega t = B\cos\omega t \qquad (\text{IX}.19)$$

여기서 B 는 속도의 극대치(極大值, maximum value)로 속도진폭(速度振幅, velocity amplitude)이라고 한다. 속도도 변위(變位, displacement)와 같이 같은 주기를 갖는다.

입자 Q 가 질량 m 을 가지고 있다면, 운동에너지(運動에너지, kinetic energy)는

$$운동에너지 = \frac{1}{2}m\left(\frac{dy}{dt}\right)^2 = \frac{1}{2}m B^2 \cos^2 \omega t \qquad (IX.20)$$

이고, 에너지를 잃지 않는 즉, 보존이 되는 이상적인 조화 진동자(調和 振動子, harmonic oscillator)로 취급한다면, 총에너지(total energy = 운동에너지 + 위치에너지)는 운동에너지의 최대값과 같을 것이다. 즉,

$$총에너지 = \frac{1}{2}m B^2 \qquad (IX.21)$$

이고 에너지는 속도진폭 B의 자승에 비례한다($E \propto B^2$). 이 결과는 음파(音波, sound waves)를 다룰 때 흥미롭다.

진동현상을 파동의 대표적인 정현(正弦, sine) 함수로 표현하자.

$$y = A \sin \frac{2\pi x}{\lambda} \qquad (IX.22)$$

여기서 y는 주기함수이고, λ는 파장(波長, wavelength)이다. 여기에 거리 vt(v는 파의 속도)의 차가 있는 또 하나의 파동을 그림 IX.11과 같이 겹치면, 새로운 파동은 x 방향으로 $(x - vt)$만큼 이동한 것과 같다.

$$y = A \sin \frac{2\pi}{\lambda}(x - vt) = A \sin\left(\frac{2\pi}{\lambda}x - \frac{2\pi}{\lambda}vt\right) = A \sin\left(\frac{2\pi}{\lambda}x - \omega t\right) \qquad (IX.23)$$

여기서 $\frac{2\pi}{\lambda}v = \omega$, $\frac{2\pi}{\omega} = \frac{\lambda}{v} = T = \frac{1}{\nu}$, ν는 진동수(振動數, frequency)이다.

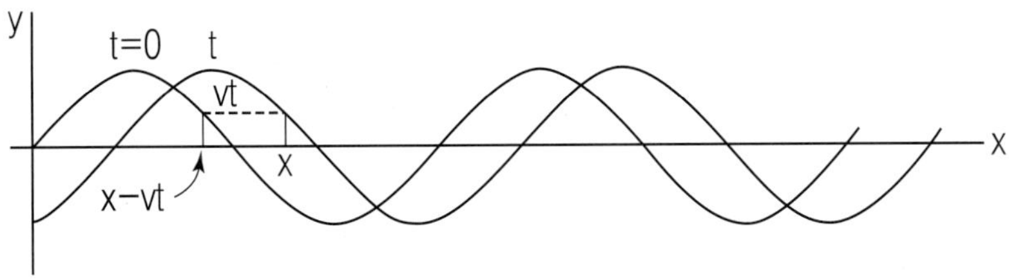

그림 IX .11 파동의 이동

주기 찾기 : 식 (IX.23) 은 x 를 고정시키면 t 의 주기함수이고, t 를 고정시키면 x 의 주기함수이다. 주기함수는 정현(正弦, sines)과 여현(余弦, 餘弦, cosines)과 같이 단순한 것만이 아니고, 그림 IX.9 와 같은 주기함수도 있다. 더 나아가서는 대기과학에서의 복잡한 현상들도 주기함수일 것이다. p 를 주기라 할 때

$$f(x+p)=f(x) \tag{IX .24}$$

이 주기함수이다. 예를 들면, $\sin(x+2\pi)=\sin x$ 이면 주기는 2π이다. 또

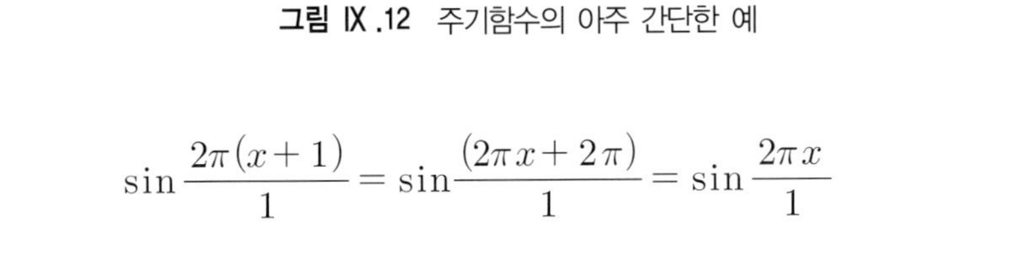

그림 IX .12 주기함수의 아주 간단한 예

$$\sin\frac{2\pi(x+1)}{1}=\sin\frac{(2\pi x+2\pi)}{1}=\sin\frac{2\pi x}{1} \tag{IX .25}$$

이 식의 주기는 1이다. $\sin(\pi x/l)$의 주기는 $2l$이다. 왜냐하면 $\sin(\pi/l)(x+2l)=\sin(\pi x/l)$이기 때문이다. 일반적으로 $\sin 2\pi x/T$ 의 주기는 T 이다.

반복의 구간인 주기(T)와 진동수(ν)는 역수관계이다. 진자의 주기가 2 초(second,

s)라고 한다면 그의 진동수는 $1/(2s)=0.5/s=1/2s$ 이다. 여기서 라디오 등에서는 진동수 S^{-1} 을 Hz(hertz) 로 표현한다. 예를 들에 라디오에서 780 kHz 라고 하면 진동수가 780,000 radio waves/s 이므로 매초 당 78만 파의 전파가 우리 귀에 도달한다는 뜻이다. 이때의 주기는 (1/780,000) s 이다.

2. 후리에 급수의 응용

소리굽쇠는 단진동(單振動, simple harmonic motion)의 한 예이다. 소리가 우리 귀에 들릴 때에는 그림 IX.13 과 같은 소밀파(疏密波, compressional wave, rare actional waves) 또는 종파[縱波, longitudinal wave, p-波(p-waves, primary wave)]로써 공기분자를 밀었다 놓았다 하면서 압력의 고・저(高・低)를 만들어서 전파한다.

음파(音波) 등은 단순한 기본진동수만이 있는 것이 아니고, 다른 진동수들이 많다. 오히려 좋은 화음(和音)이라는 것은 이러한 기분화음보다도 다른 화음들이 많아 이들의 조합 즉 많은 화음으로 이루이질 때 아름다운 소리가 되지 않을까! 이러한 복잡한 많은 화음으로 이루어진 것을 표현하는 것이 후리에 급수(Fourier series)라고 한다. 때로는 이러한 과정을 조화분석(調和分析, harmonic analysis)이라고도 한다.

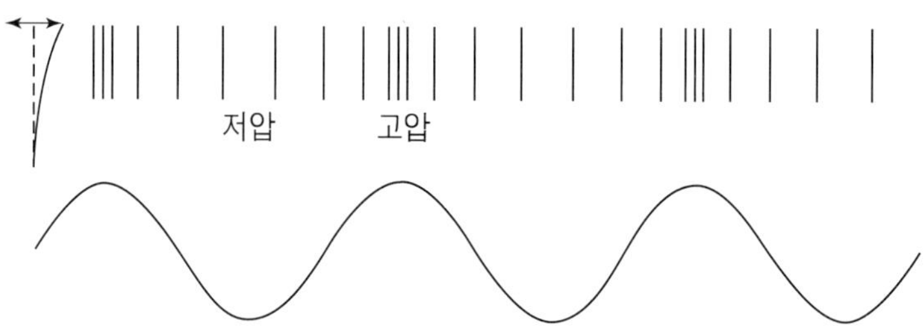

그림 IX .13 소밀파의 파동과 소밀(疏密)의 모습

음파 외에도 전파(電波), 가시광선(可視光線), x-선 등은 전기장(電氣場), 자기장(磁氣場)의 세기는 모두 파동의 일종이다. 그림 IX.14 와 같이 교류전기의 사각파동이 표현이라든지 톱날 파동, 정류(整流) 반파동 등의 표현도 역시 후리에 급수이다. 앞에서 취급한 멱급수(冪級數, Taylor series)의 전개는 함수가 연속이고 미분가능하야 하지만, 후리에 급수는 그림에서 보듯이 불연속이고 미분 가능 안 해도 좋고 더욱 자연스러운 장점이 있지만, 수렴(收斂, convergence)이 느리고 항별로 미분할 수 없는 단점이 있음으로 주의해야 한다.

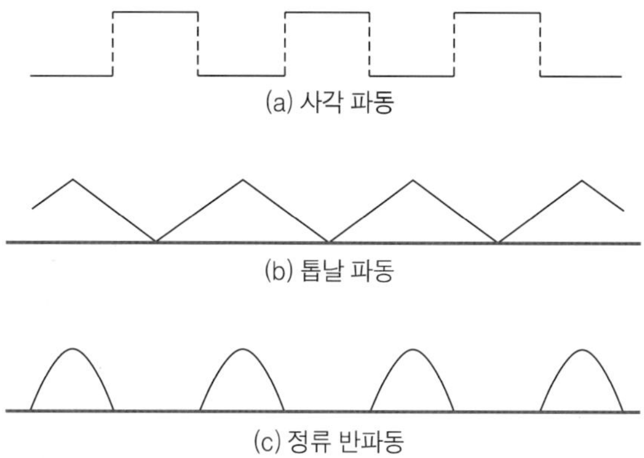

그림 Ⅸ.14 사각, 톱날 파동과 整流(정류) 반파동

3. 후리에 계수(係數) 찾기

모든 대기현상은 아무리 복잡해도 주기함수일 것이라고 생각하고, 후리에 급수로 전개될 것으로 간주한다(n 이 무수함). 시작은 $\sin x$ 의 기본주기인 2π 부터 시작해서, $\sin x$ 는 2π의 주기도 갖지만 이보다 더 짧은 $2\pi/n$ 의 주기도 갖는다. 주기 2π 인 함수 $f(x)$ 는 다음과 같이 쓸 수 있다.

$$
\begin{aligned}
f(x) &= \frac{1}{2}a_0 + a_1\cos 1x + a_2\cos 2x + a_3\cos 3x + \cdots \\
&\quad + b_1\sin 1x + b_2\sin 2x + b_3\sin 3x + \cdots \qquad (Ⅸ.26) \\
&= \frac{1}{2}a_0 + \sum_{n=1}^{\infty} a_n\cos nx + \sum_{n=1}^{\infty} b_n\sin nx
\end{aligned}
$$

이 식이 후리에 급수(級數, Fourier series)이고, 계수(係數, coefficients) a_n, b_n 을 후리에 계수(係數, Fourier coefficients)라고 한다. 지금부터는 계수 a_n, b_n 에 대한 공식을 이끌어 내겠다. 상수항 $\frac{1}{2}a_0$ 에 $\frac{1}{2}$이 있는 것은 다음에 이유를 알겠지만 편리하도록 편의상 넣은 것이다.

계수 a_n, b_n 을 알기 위해서는 다음과 같은 적분의 공식이 필요하다(한 주기에 대함).

$$
\begin{aligned}
\overline{\sin mx \cos nx} &= \frac{1}{2\pi}\int_{-\pi}^{\pi} \sin mx \cos nx \, dx = 0 \\
\overline{\sin mx \sin nx} &= \frac{1}{2\pi}\int_{-\pi}^{\pi} \sin mx \sin nx \, dx = 0 \quad (m \neq n) \\
&= \frac{1}{2} \quad (m = n \neq 0) \qquad \text{(IX.27)} \\
&= 0 \quad (m = n = 0) \\
\overline{\cos mx \cos nx} &= \frac{1}{2\pi}\int_{-\pi}^{\pi} \cos mx \cos nx \, dx = 0 \quad (m \neq n) \\
&= \frac{1}{2} \quad (m = n \neq 0) \\
&= 1 \quad (m = n = 0)
\end{aligned}
$$

3.1. 상수항 a_0의 계산

먼저 상수항 a_0 를 계산하기 위해서 식 (23)의 각 항의 $(-\pi, +\pi)$ 구간의 평균값을 구하자.

$$
\begin{aligned}
\frac{1}{2\pi}\int_{-\pi}^{\pi} f(x)\,dx &= \frac{a_0}{2}\frac{1}{2\pi}\int_{-\pi}^{\pi} dx \\
&+ a_1\frac{1}{2\pi}\int_{-\pi}^{\pi}\cos 1x\,dx + a_2\frac{1}{2\pi}\int_{-\pi}^{\pi}\cos 2x\,dx + \cdots \\
&+ b_1\frac{1}{2\pi}\int_{-\pi}^{\pi}\sin 1x\,dx + b_2\frac{1}{2\pi}\int_{-\pi}^{\pi}\sin 2x\,dx + \cdots
\end{aligned} \qquad \text{(IX.28)}
$$

위 식의 우변은 첫째 항(상수항)을 제외하고는 식 (IX.27)의 $m \neq 0$, $n = 0 (m \neq n)$

일 때에 해당함으로 모두 0 이 된다. 따라서

$$\frac{1}{2\pi}\int_{-\pi}^{\pi} f(x)\,dx = \frac{a_0}{2}\frac{1}{2\pi}\int_{-\pi}^{\pi} dx = \frac{a_0}{2}$$

$$a_0 = \frac{1}{\pi}\int_{-\pi}^{\pi} f(x)\,dx \qquad \text{(IX .29)}$$

양변의 분모에서 2가 약분이 되어 없어진다. 이것은 상수항을 설정할 때 1/2을 곱해주어서 편리하게 한 이유이다. 이렇게 상수항은 후리에 급수로 전개된 함수의 적분으로 구한다.

3.2. 계수항 a_n의 계산

먼저 a_1을 찾기 위해서 식 (IX.26)의 양변에 $\cos x$를 곱해서 역시 각 항의 평균치를 구하자.

$$\begin{aligned}\frac{1}{2\pi}\int_{-\pi}^{\pi} f(x)\cos x\,dx &= \frac{a_0}{2}\frac{1}{2\pi}\int_{-\pi}^{\pi}\cos x\,dx \\ &+ a_1\frac{1}{2\pi}\int_{-\pi}^{\pi}\cos^2 x\,dx + a_2\frac{1}{2\pi}\int_{-\pi}^{\pi}\cos 2x\cos x\,dx + \cdots \\ &+ b_1\frac{1}{2\pi}\int_{-\pi}^{\pi}\sin x\cos x\,dx + b_2\frac{1}{2\pi}\int_{-\pi}^{\pi}\sin 2x\cos x\,dx + \cdots\end{aligned} \qquad \text{(IX .30)}$$

역시 식 (IX.27)에 의해서 아래 항을 제외하고는 모두 0 이 된다.

$$\frac{1}{2\pi}\int_{-\pi}^{\pi}\cos^2 x\,dx = \frac{1}{2} \qquad \text{(IX .31)}$$

따라서 이것을 식 (IX.29)에 대입하면,

$$a_1 = \frac{1}{\pi}\int_{-\pi}^{\pi} f(x)\cos x\, dx \tag{IX.32}$$

a_1을 계산해 보면 a_n의 계산의 실마리가 나온다. 같은 방법으로 이번에는 일반항 a_n을 구하기 위해서 식 (IX.26)에 $\cos nx$ 를 곱하고 각 항의 평균치를 구하자. 그러면

$$\begin{aligned}\frac{1}{2\pi}\int_{-\pi}^{\pi} f(x)\cos nx\, dx = &\frac{a_0}{2}\frac{1}{2\pi}\int_{-\pi}^{\pi}\cos nx\, dx \\ &+ a_1\frac{1}{2\pi}\int_{-\pi}^{\pi}\cos x\cos nx\, dx + a_2\frac{1}{2\pi}\int_{-\pi}^{\pi}\cos 2x\cos nx\, dx + \cdots \\ &+ a_n\frac{1}{2\pi}\int_{-\pi}^{\pi}\cos^2 nx\, dx + \cdots \\ &+ b_1\frac{1}{2\pi}\int_{-\pi}^{\pi}\sin x\cos x\, dx + b_2\frac{1}{2\pi}\int_{-\pi}^{\pi}\sin 2x\cos x\, dx + \cdots\end{aligned} \tag{IX.33}$$

식 (IX.27)에 의해서 위 식의 자승(自乘) 항인 아래 항을 제외하고는 우변의 모든 항은 0 이 된다.

$$\frac{1}{2\pi}\int_{-\pi}^{\pi}\cos^2 nx\, dx = \frac{1}{2} \tag{IX.34}$$

따라서 위 식을 식 (IX.33)에 대입하면

$$a_n = \frac{1}{\pi}\int_{-\pi}^{\pi} f(x)\cos nx\, dx \tag{IX.35}$$

이 식에 $n=0$ 까지 선택을 하면 상수항까지를 포함할 수가 있다. 이때 a_0 앞에 1/2 을 넣은 것은 여기에 통합하기 위함이다.

3.3. 계수항 b_n의 계산

b_n 의 계수항(係數項)은 앞의 a_n 의 방법과 같다는 것을 알 수 있을 것이다. 따라서 식 (IX.26)에 $\sin nx$ 를 각 항에 곱해서 식 (IX.27)를 적용해서 다음과 같이 된다.

$$b_n = \frac{1}{\pi}\int_{-\pi}^{\pi} f(x)\sin nx \, dx \qquad \text{(IX .36)}$$

식 (IX.35)와 식 (IX.36)는 반복해서 중요하게 사용함으로 익혀두면 좋다.

4. 파동의 이해와 이용

앞 절에서 파동의 기본 주기함수로 정현(正弦, sines)과 여현(余弦, 餘弦, cosines)함수를 살펴보았다. 자연에서 일어나는 진동, 흔들림, 파동 등을 우리가 이미 알고 있는 삼각함수로 표현해 보기로 하자.

일단, 함수를 $y = A\sin kx$ 로 놓고, 진폭 A, 주기 k 의 변화를 살펴보면,

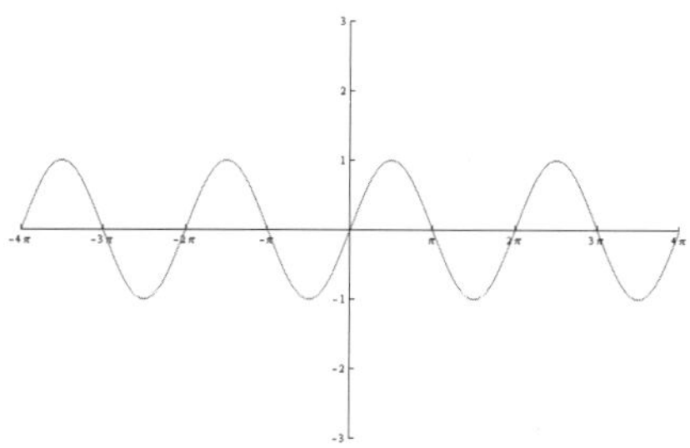

$A = 1 \rightarrow y = \sin x$

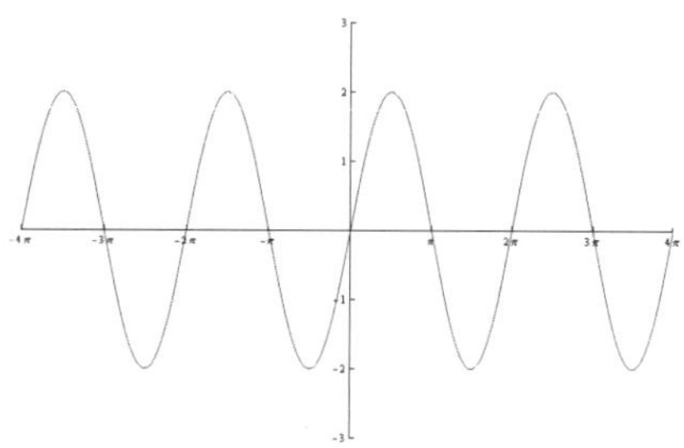

$A = 2 \rightarrow y = 2\sin x$

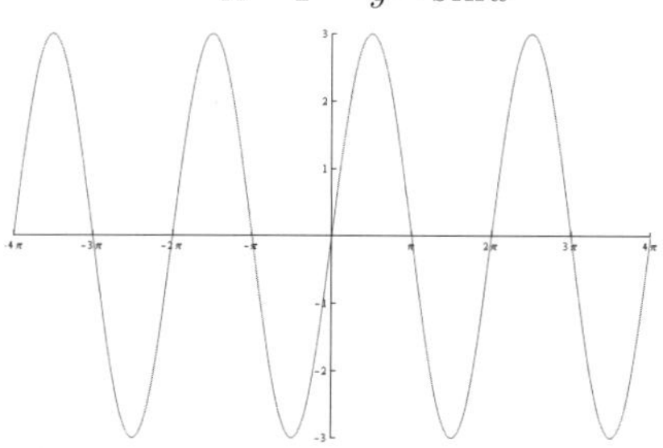

$A = 3 \rightarrow y = 3\sin x$

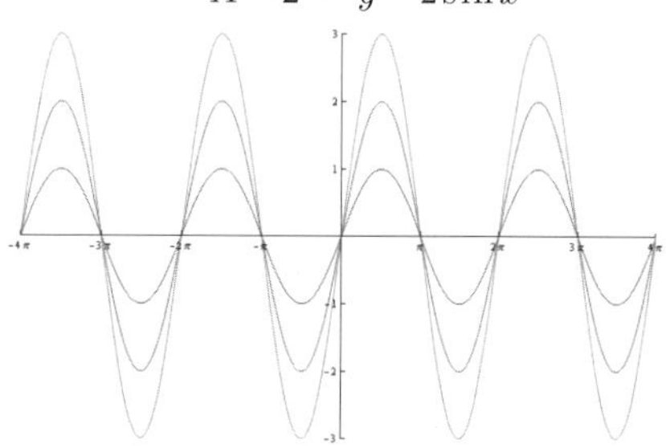

$y = A\sin x$

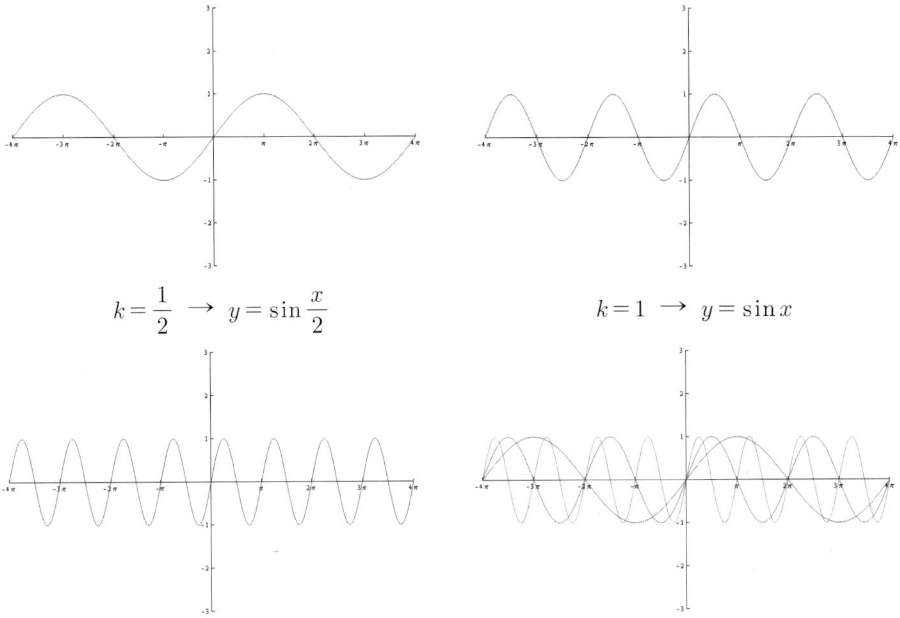

$k=\frac{1}{2} \rightarrow y=\sin\frac{x}{2}$ $k=1 \rightarrow y=\sin x$

$k=2 \rightarrow y=\sin 2x$ $y=\sin kx$

그림 IX.15 정현(正弦, sines)함수에서 진폭(A)과 주기(k) 변화 따른 그래프

5. 문 제

1_ 식 (IX.26)를 기본으로, 다음에 주어진 함수는 우리가 알고 있는 삼각함수들을 이용하여 만든 새로운 함수이다. 다음의 물음에 답해보자.

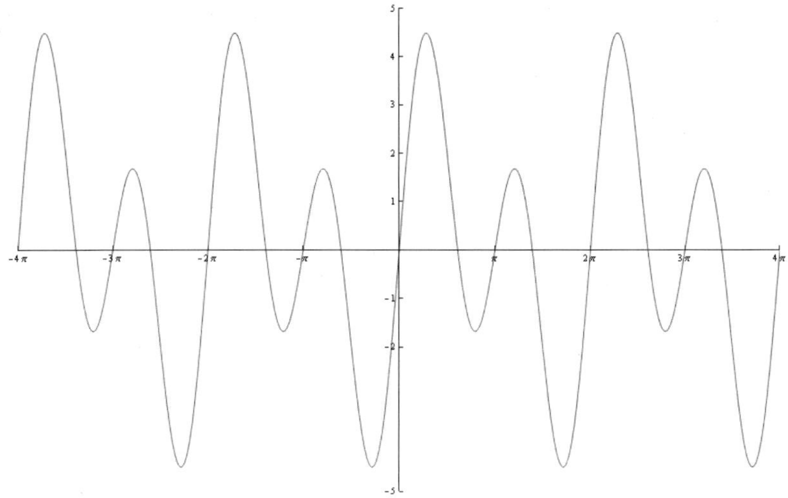

- 진　폭 :

- 주　기 :

- 진동수 :

- 이 함수를 보고 한 점$\left(\frac{\pi}{2}, 2\right)$를 이용하여, 후리에 급수로 표현해보자.

실험날짜	학과	학번	이름	조(組)	평가

부록(付錄)

부록 I. 온도보정(溫度補正, Temperature correction)

수은기압계에 의해 기압을 측정할 때 하는 보정의 하나이다. 토리첼리의 진공을 만드는 수은주의 높이는 온도에 따라 변화한다. 또 그 높이를 측정하는 자의 스케일도 온도에 따라 그 눈금간격도 신축(伸縮)한다. 그래서 수은기압계는 $0\,C$일 때에 바른 값을 나타내도록 제작되어 있다. 따라서 측정한 기압을 $0\,C$의 값으로 보정하지 않으면 안 된다.

온도 보정치를 C_t 라 하면

$$C_t = -B_1 \frac{(\mu - \lambda)t}{1+\mu t} \qquad \text{(부 I -1)}$$

B_1 은 수은기압계로 관측해서 기차보정을 한 기압, μ 는 수은의 체팽창계수(體膨脹係數, $0.0001818/C$), λ 는 스케일을 표시한 자의 선팽창계수(線膨脹係數)로 자는 황동(黃銅)을 사용하게 되어 있으므로 황동의 선팽창계수는 $\lambda = 0.0000184/C$ 이다. t 는 섭씨온도로 수은기압계에 붙어있는 부착온도계의 시도(示度)로 기차보정을 한 값이다. **영점보정(永點補正)**이라고도 한다.

식 [부 I -1]의 분모 $=(1+\mu t)^{-1}$ 를 이항계수(二項係數)로 전개하면

$$(1+x)^P = 1 + Px + \frac{P(P-1)}{2!}x^2 + \frac{P(P-1)(P-2)}{3!}x^3 + \cdots$$

이므로(Boas, 1983 : pp.24 참조),

$$(1+\mu t)^{-1} = 1-\mu t + \frac{2}{2!}(\mu t)^2 - \frac{6}{3!}(\mu t)^3 + \cdots \qquad \text{(부 I -2)}$$

식 [부 I -2]를 1차 항까지 취해서 식 [부 I -1]에 대입하면,

$$C_t \fallingdotseq -B_1(\mu-\lambda)t \cdot (1-\mu t) = -B_1(\mu t - \mu^2 t - \lambda t + \lambda\mu t) \qquad \text{(부 I -3)}$$

2차 항을 버리면

$$C_t \fallingdotseq -B_1(\mu t - \lambda t) = -B_1(\mu-\lambda)t = B_1 \times 0.0001634\, t \qquad \text{(부 I -4)}$$

$$C_t \fallingdotseq B_1 \times 0.000163\ t \qquad \text{(부 I -5)}$$

부록 Ⅱ. 우리나라 각 시(市)의 중력표

도	지역	위도 (북위)		경도 (동경)		해발고도	중력
		도	분	도	분	m	cm/s^2
서울	관악구	37	27	126	57	69	979.92
	동대문구	37	35	127	04	12	979.94
인천	인 천	37	29	126	38	6	979.96
경기	안 양	37	24	126	55	26	979.94
	수 원	37	17	127	01	57	979.92
	의정부	37	45	127	03	43	979.95
강원	태 백	37	09	128	60	662	979.78
	원 주	37	20	127	58	142	979.89
	삼 척	37	27	129	10	5	979.97
	강 릉	37	45	128	54	14	979.99
	춘 천	37	52	127	43	76	979.95
	속 초	38	12	128	36	6	980.03
충북	청 주	36	38	127	30	46	979.86
	충 주	36	58	127	54	71	979.88
	제 천	37	08	128	13	253	979.85
충남	공 주	36	27	127	07	20	979.86
	대 전	36	19	127	25	56	979.84
	천 안	36	48	127	09	32	979.89
전북	남 원	35	24	127	23	98	979.72
	정 읍	35	34	126	51	35	979.77
	군 산	35	59	126	43	4	979.84
	이 리	35	57	126	58	21	979.81
	전 주	35	49	129	09	49	979.79
전남	여 수	34	44	127	45	17	979.72
	목 포	34	48	126	24	4	979.72
	순 천	34	57	127	30	10	979.74
	나 주	35	02	126	44	13	979.74
	광 주	35	10	126	53	28	979.74
경북	대 구	35	53	128	40	43	979.82
	김 천	36	07	128	07	75	979.80
	포 항	36	03	129	22	3	979.85
	안 동	36	34	128	44	93	979.86
	영 주	36	50	128	38	146	979.86
경남	삼천포	34	56	128	05	17	979.75
	충 무	34	50	128	25	3	979.74
	진 주	35	10	128	07	24	979.76
	마 산	35	11	128	34	3	979.77
	진 해	35	09	128	40	10	979.77
	김 해	35	14	128	53	21	979.76
	부 산	35	14	129	05	53	979.76
	울 산	35	32	129	16	23	979.81
제주	제주시	33	30	126	32	62	979.61
	서귀포	33	15	126	34	49	979.60

부록Ⅲ. 신용어해설(新用語解說)

1. 온열지표(溫熱指標)

우리들이 "춥다"라든가 "덥다"라고 하는 느끼의 온열감각(溫熱感覺)은 기온만이 아니고 방사(放射), 습도, 풍속을 포함하는 기상조건에 크게 좌우된다. 바깥 환경과 인체 사이에서 생기는 열교환이 피부, 중추신경(中樞神經), 체심부(体深部)의 온도감각을 통해서 뇌의 시상하부(視床下部)에 전달되어, 본래의 바람직한 정상적인 체온보다도 높으면 자율신경 계통을 통해서 발한(發汗: 땀을 냄)이나 불감증설(不感蒸泄; 폐나 피부에서의 증발), 말초혈관(末梢血管)의 확장에 의한 혈류조정(血流調整) 등의 체온조절이 기능을 하게 된다. 이러는 중에도 인체는 바깥 환경에서 항상 열부하(熱負荷)를 받으면서 피부온도, 중추신경온도, 체심부온도가 각각 결정되어, 그 결과로 온열감(溫熱感)을 느끼게 된다.

호메오스타시스[homeostasis, 항상성(恒常性): 신체 내부의 안정을 유지하려는 경향]라고 불리는 이 인체의 항상성생리응답(恒常性生理應答)을 고려하면서 온열감각(溫熱感覺)을 간이적인 일원척도(一元尺度)로서 표현하려고 한 것이 **온열지표(溫熱指標)**이다. 온열감지표(溫熱感指標), 온열지수(溫熱指數), 체감지표(体感指標) 등 여러 호칭(呼稱)이 존재하지만, 본서에서는 가장 많이 사용되고 있는 온열지표를 사용하도록 하겠다.

온열지표에는 일반적으로 널리 알려져 있는 불쾌지수(不快指數)에서, 건축이나 환경공학의 분야에서 잘 취급하는 PMV[predicted mean vote: 예측평균온냉감신고(豫測平均溫冷感申告)]나 SET* [standard new effective temperature: 표준신유효온도(標準新有效溫度)], 열중증(熱中症)의 지표(指標)로서 최근 주목을 받고 있는 WBGT[wet-bulb globe temperature: 습구흑구온도(濕球黑球溫度)] 등, 수많게 존재한다. 구주(歐州)에서는 앞에서 말한 PMV와 PET[physiological equivalent temperature: 생리상당온도(生理相當溫度)]의 지표가 특히 잘 사용되고 있는 등, 지역이나 연구분야에 의해 좋아하고 있는 온열지표가 있는 것 같다. 대표적인 온열지표를 표 부Ⅲ-1에 정리한다. 이들의 온열지표에서는 그 수치를 근거로 온열감(溫熱感)이나 생리현상(生理現象) 등이 예측된다.

표 부 Ⅲ-1 대표적인 온열지표의 일람

온열지표	약칭	특징	비고
유효온도 (有效溫度)	ET	현실현경과 같은 온열감각(溫熱感覺)을 주어지는 상대습도 100 %, 정온(靜穩, 풍속 0.1 m/s) 시의 기온으로 정의	방사의 영향은 무시하고 있다.
작용온도 (作用溫度)	OT	기온과 방사(放射)만을 고려 $OT=(h_c T+h_r T_r)/(h_c+h_r)$ T: 건구온도(C), T_r: 평균방사온도(C), h_c : 대류열전달률(對流熱傳達率, W/C m^2), h_r : 방사열전달률(放射熱傳達率, W/C m^2)	T와 T_c 의 가중평균치(加重平均値)
풍냉지수 (風冷指數)	WCI	기온과 풍속의 관계식에서 계산 $WCI=(33-T)(10.45+10\,U^{0.5}-U)$ T: 건구온도(C), U: 풍속(m/s)	겨울철의 동상 · 저체온증 예방에 이용된다.
열스트레스지수	HSI	인체의 수분증발에 착안해서 계산 $HSI=(E/E_{\max})\times 100$ (%) E : 인체가 열평형을 유지하기 위해서 필요한 증발방열량(蒸發放熱量, W/m^2) $E_{\max}$: 인체가 완전히 젖은 상태 시의 최대가능(最大可能) 증발방열량(W/m^2)	피부온(皮膚溫)을 35 C로 가정한 인체의 열평형식(熱平衡式)에 의해 구한다.
습구흑구온도 (濕球黑球溫度)	WBGT	기온과 습도에 더해, 기류와 방사도 고려 $WBGT=0.7\,T_w+0.2\,T_g+0.1\,T$ T: 건구온도(C), T_w: 습구온도(C), T_g: 흑구온도(C)	단, T_w 는 폭로(暴露)된 자연습구온도 옥내조건에서는 $WBGT=0.7\,T_w+0.3\,T_g$
불쾌지수 (不快指數)	THI	기온과 습도만으로 산출 $THI=0.72(T+T_w)+40.6$ $THI=0.81\,T+0.01\,RH(0.99\,T-14.3)+46.3$ RH: 상대습도(%)	무풍시의 ET를 간이화해서 작성. 미국에서는 온도습도지수(溫度濕度指數, (temperature-humidity index)라고 부른다.
예측평균 온냉감신고 (豫測平均溫冷感申告)	PMV	인체를 균질 1층으로 가정한 열수지(熱收支)모델과 피험자 실험에 의한 온냉감신고를 조합해서 작성한다. 온도를 단위로 이용하지 않는 특유한 온냉감(溫冷感) 척도(尺度, scale)를 채용	PPD(predidcted percentage of dissat-isfied : 예측불만족률)도 동시발표, 서열(暑熱)환경하의 발한(發汗)을 고려할 수 없다.
표준신유효온도 (標準新有效溫度)	SET*	표준환경의 상대습도를 50 %로 설정하고, 더욱 착의량(着衣量)과 대사량(代謝量)도 더한 인체를 2층 분할(分割)해서 인체생리응답도 고려한 이론모델에서 계산	ET, 임의의 착의량 · 대사량으로 한 ET* [신유효온도(新有效溫度)]에서 발전

이하에서는 쾌적성 평가에 잘 이용되고 있는 SET*와, 여름철의 열중증(熱中症) 리스크[risk, 위험(危險)] 평가에 사용하게끔 되어 온 WBGT를 중심으로 소개한다.

온열지표에는 환경측(環境側)의 온열요소라고 불리는 기온, 습도, 기류(氣流, 풍속), 방사(放射)의 4요소와, 인체측(人体側)의 온열요소인 착의량(着衣量)과 대사량(代謝量)의 2요소가 깊게 관계하고 있다. PMV나 SET*는 이들의 6요소를 총합적으로 취급한 온열지표이다. 특히 Gagge et al.(1971)에 의해 개발된 SET*는 장기(臟器)를 중심으로 하는 체심부(体深部, core)와 피부로 주구성(主構成)된 체표부(体表部, shell)로 체온이 나누어지는 것을 이용해서 인체를 2층 모델로 해서 혈류량(血流量)이나 발한(發汗) 등의 온열생리조절과정(溫熱生理調節過程)을 고려하고 있다.

온열 6요소를 입력 파라미터(매개변수)로 해서 대기측(大氣側), 인체 체표부, 인체 체심부의 사이의 열수지를 풀게 되는 것이다. 단, 현실환경의 온열감(溫熱感)이 상대습도 50%, 착의량 0.6clo(의복의 열저항을 나타내는 단위), 정온기류(靜溫氣流, 풍속 0.1m/s), 대사량(代謝量) 1Met(=58.2 W/m^2)이라고 하는 가상환경(假想環境)의 온열감과 같게 될 때의 기온으로서, SET*의 수치가 정의된다. 따라서 SET*의 단위는 C로 주어진다.

WBGT는 군대훈련의 열중증(熱中症) 예방이 목적으로 Yaglou and Minard(1957)에 의해 제안되었다. 서열(暑熱: 더움과 열)환경 하에서 사용되는 지표(指標)이다. ISO-7243에도 규정되어서 현재는 일본에서도 열중증예방(熱中症豫防)에 이 WBGT를 이용하고 있는 일이 많다. 일본체육협회(日本体育協會)에서는 운동 시, 일본산업위생학회(日本産業衛生學會)에서는 노동작업 시, 일본생기상학회(日本生氣象學會)에서는 일상생활 시의 열중증예방지침(熱中症豫防指針)이 WBGT를 근거로 공표(公表)되고 있다.

앞의 PMV나 SET* 등의 지표와는 달리, WBGT는 3개의 온도(건구온도, 자연습구온도, 흑구온도)를 계측(計測)한 환경측 4요소의 파악으로 용이하게 계산할 수 있지만, 원래 피험자(被驗者) 실험에 근거해서 작성된 식이기 때문에 대기과학적 근거가 다소 결여되어 있다. 최근에서는 그와 같은 지적에서 인체와 외환경의 열평형식에서 이론적으로 WBGT의 계산식을 도출한 연구도 보고되고 있다(持田 외, 2006). 그러나 부록 그림 부Ⅲ.1에 표시했듯이, WBGT의 수치에는 열중증 환자수와 지수함

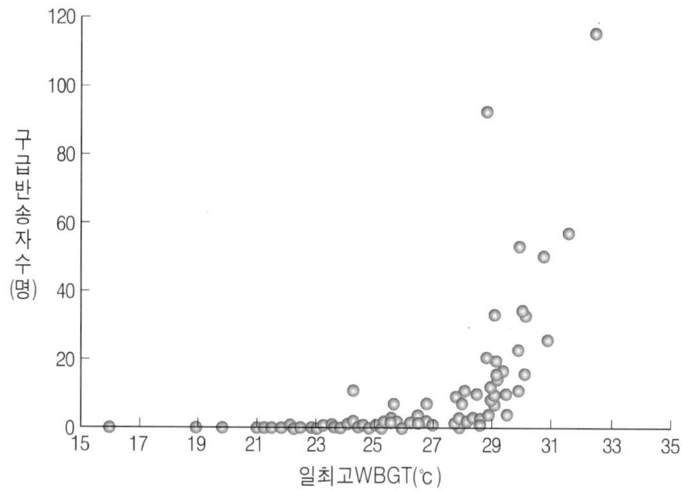

그림 부 Ⅲ.1 일최고WBGT와 열중증 구급반송자수와의 상관

2007 년 7~9 월에 동경관구기상대(東京管區氣象臺)의 노장(露場)에서 관측된 일최고(日最高)WBGT 와 동경 23 구(區)내에서 기록된 열중증(熱中症) 구급반송자수(救急搬送者數)와의 상관(相關)이다. 홈페이지 「환경성열중증예방정보(環境省熱中症豫防情報) 사이트」(http://www.nies.go.jp/health/HeatStroke) 거기에 국립환경연구소열중증환자속보(國立環境研究所熱中症患者速報」
(http://www.nies.go.jp/health/HeatStroke/spot/index.html)의 게재(揭載) 자료를 해석한 결과이다. 大橋, 2010 에서

수적인 상관(相關)이 나타난다. 이 특징을 일최고기온(日最高氣溫)일 때보다도 명료하고 되는 일로부터, WBGT 의 유용성(有用性)이 인식되고 있다.

온열지표(溫熱指標)는 작성 시의 환경 · 인체조건에 속박(束縛)이 있는 경우가 많고, 실제의 온열환경(溫熱環境) 하로의 적용이나 확장에는 주의가 필요하다. 이와 같은 문제에서, 각종의 온열지표의 수치와 피험자의 신고(申告)를 비교하는 것으로, 온열지표의 적용범위에 대해서의 장점과 단점을 분석하는 연구가 보고되고 있다(예를 들면, 木內 2001; 磯田 · 都築 2008). 또 이제까지 개발되어 온 온열지표의 대부분은 옥내(屋內) 공간을 원래부터 상정(想定)하고 있어, 현실에 많은 사람들이 활동하는 옥외(屋外) 공간으로의 적용에는 문제가 남아 있다. 앞의 PMV 나 SET* 도 이것에 해당한다. 이것은 옥외의 방사(放射)나 기류(氣流) 등의 기상조건이 시공간적으로 국소성(局所性)을 강하게 갖고 있는 것에 기인하지만, 예를 들면 옥외에서 적용할 수 있는 OUT_SET* (Pickup and de Dear 1999) 등이 제안되는 등, 특히 옥외서열환경

(屋外暑熱環境)으로의 확장이 계속 검토되고 있다. 근년의 도시열환경(都市熱環境)의 악화에 수반되는 열중증(熱中症)이나 수면장해(睡眠障害) 등, 인간생활의 질저하(質低下)와 그 예방책(豫防策)을 생각해 가는 데에 복수의 온열지표를 효과적으로 이용해서 평가를 행해가는 것이 필요하게 될 것이다.

참고문헌

磯田憲生, 都築和代, 2008: 夏期の屋外溫熱環境が運動時の人體に及ぼす影響. 日本建築學會 第 38回 熱シンポジウム 「暑熱環境と人間・社會」 ― 溫熱感硏究の社會的 貢獻 ―, (38), 37-40.

大橋唯太(岡山理科大學), 2010: 溫熱指標(新用語解說). 天氣, 57券 1号, 57-59.

木內 豪, 2001: 屋外空間における 溫冷感指標に 關する 硏究. 天氣, 48, 661-671.

持田 徹, 佐古井智紀, 桑原浩平, 2006: WBGT式の導出と溫感工學的分析. 空氣調和・衛生工學會論文集, (108), 21-28.

Gagge, A. P., J. A. Stolwijk and Y. Nishi, 1971: An effective temperature scale based on a simple model of human physiological regulatory response. ASHRAE Trans., 77, 247-262.

Pickup, J. and R. de Dear, 1999: An outdoor thermal comfort index(OUT SET*) : Part Ⅰ ― The model and its assumptions. Proc. 15th Int. Congr. Biometeorol. and Int. Conf. Urban Climatol., Sydney, Australia, 279-283.

Yaglou. C. P. and C. D. Minard, 1957: Control of heat casualties at military training centers. Amer. Med. Assoc, Arch. Ind. Health, 16, 302-316.

2. 도파관(導波管)

동경대학 대학원 이학계연구과, 서정화황(西井和晃),
2010 : 天氣. 日本氣象學會, Vol. 57, No. 6, 53-54.

대기 및 해양에서도, 광(光) 유리섬유와 같은 도파관(導波管, waveguide)에 상당하는 구조가 있다. 본 해설에서는 대기 중의 로스비파에 대한 도파관에 대해서 해설한다. 로스비파에 대한 도파관은 서풍이 남북방향으로 집중해서 분포하는 영역(서풍 제트)에서 나타난다. 서풍 제트에서는 로스비파가 포착되어 효율적으로 에너지[엄밀히는 「파의 활동도」: 高谷(2009)]가 전파된다. 예를 들면, 여름의 오가사와라[소립원(小笠原)]고기압의 형성에 기여하는 「실크로드 패턴」(Enomoto et al., 2003)은 유라시아 대륙의 아열대 제트를 도파관(導波管)으로 하는 로스비파이다.

로스비파의 존재에는 와도구배(渦度勾配)가 불가결하다. 지구회전의 효과에 수반되는 행성와도(行星渦度)는 남북구배를 갖는다(베타 효과). 서풍제트가 존재하는 경우는, 제트 자체가 와도를 갖고, 그 중심에서는 강한 남북와도구배를 나타낸다. 이러기 때문에 제트 위를 전파하는 로스비파의 경우는 베타효과만이 아니고, 그것에 제트의 와도구배를 더한 것(실효 베타)을 생각하지 않으면 안 된다. 즉, 도파관은 서풍이 집중화해서 강한 와도구배가 생기는 것에 의해 형성된다.

로스비파는 그것 자신에서는 서쪽으로 향하는 패턴의 이동속도, 즉 위상속도(位相速度)를 갖는다. 약 1주간에서 긴 시간 척도(尺度, scale)를 갖는 로스비파는, 배경의 서풍과 위상속도가 서로 상쇄(相殺)되기 때문에, 패턴이 거의 이동하지 않는다. 그러기 때문에 지상에 대한 위상속도는 거의 0으로 간주해도 좋다. 이것을 **(준)정상[(準)定常]로스비파**라고 부른다. 그의 군속도(群速度)는 동향(東向)의 성분을 갖고 서풍의 크기에 비례한다. 또 그 방향은 파수벡터의 방향이다. 즉 군속도의 방향은 위상선(位相線)과 직교한다. 군속도는 국소적으로 집중한 파의 에너지의 전파속도(傳播速度)이고, 이 에너지의 덩어리를 **파속(波束)**이라 부른다. 파속은 다양한 파장을 갖는 파에 의해 구성되고 있다. 파속전파(波束傳播)에 동반해서 파의 진폭이 큰 영역이 시간과 함께 동쪽으로 이동하는 모습이 종종 관측된다.

여기서, 동서방향으로 하나의 값으로 일정한, 남북방향으로 일정하지 않게 분포하는 서풍 중을 수평(水平)으로 전파하는 정상(定常)로스비파에 대해서 생각해 보자(Hoskins and Ambrizzi 1993, 이하 HA93). 여기서는 대류권 중위도에서 전형적인 연직으로 하나의 값으로 일정한 파를 생각하기 위해서 연직 파수는 0으로 한다. 상세하게는 생략하지만, 분산관계식(分散關係式)에서 정상로스비파의 「전파수(全波數), K_s」가 빛의 굴절률(屈折率)에 대응하는 양이라고 하는 것이 유도된다. 이 양은 동서파수와 남북파수의 자승합(自乘合)의 평방근(平方根)이고, 또 실효(實效)베타를 서풍풍속으로 나눈 것의 평방근과 같다. 광파(光波)가 스넬의 법칙에 따라서 굴절률이 큰 방향으로 굴절(屈折)하는 것과 같이, 정상로스비파는 K_s가 큰 방향으로 굴절한다.

그림 부Ⅲ.2는 HA93의 제2도(圖) e에서의 전재(轉載)이다. 서풍 제트 위에서는 실효(實效)베타가 대단히 크고, 그 위도 중심 부근에 종종 K_s의 극대(極大)가 존재한다. 파속(波束)은 그 지점에서의 실효베타와 서풍풍속에 의해 정해지는 K_s를 갖는다. 동서 일정한 서풍의 경우, 동서파수는 파속전파 중 일정의 값을 갖기 때문에, 파속의 남북전파에 의한 K_s가 변화하면 파속의 남북파수가 변화한다. 파속은 파수벡터의 방향으로 나아감으로, K_s의 극대 위도에서도 북쪽으로 너무 간 파속(그림의 굵은 화살표)은 남북파수가 적어지고 서서히 시계방향으로 진행방향으로 바꾸어서, 결국에는 전향위도(轉向緯度, 남북 파수가 0이 되는 위도)에서 방향을 남쪽으로 바꾼다. 같은 방법으로 극대위도(極大緯度)를 남쪽으로 지나친 파속은, 극대의 남쪽에서 북향(北向)으로 진로를 바꾼다. 이렇게 해서 K_s의 극대 부근에서 포착되면서 파속이 동쪽으로 전파한다. 이것이, 서풍제트가 로스비파에 대한 도파관(導波管)이 되는 메커니즘[mechanism, 기구(機構)]이다.

여기서 동서파장이 짧고, 즉 동서파수가 큰 파속(波束)일수록, 중심위도와 전향위도가 가까운 것에 주의하기 바란다. 또 서풍제트가 존재해도, K_s의 극대가 동반되지 않으면 도파관으로는 되지 않는다. 또한, 현실대기에서는 서풍은 동서로 일정하지 않게 분포하고 있다. 이 경우는 국소적으로 서풍으로 계산되는 K_s에 근거해서 논의되는 일이 많다. 엄밀하지는 않은 것으로, 서풍의 동서비일양성은 상대적으로

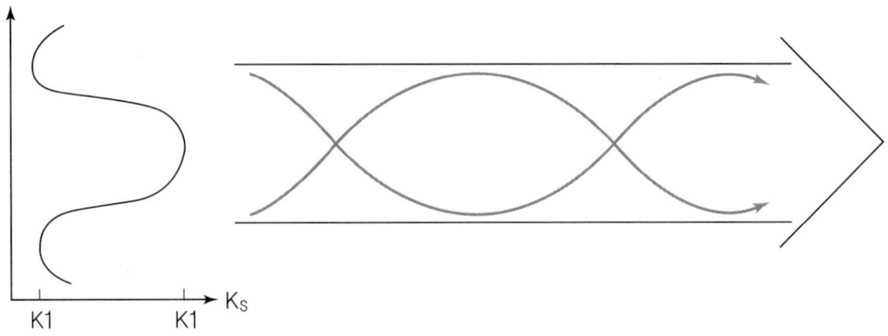

그림 부 Ⅲ.2 서풍제트가 로스비파에 대한 도파관이 되는 기구

바깥 쪽 그림은 전파수 K_s 의 남북분포를 나타낸다.
오른쪽 그림의 굵은 화살 표시는 파속전파를 나타낸다. HA93의 제 2 도를 전재(轉載).

작기 때문에 실용상은 충분하다고 생각되어진다.

도파관은 수평으로 전파하는 파속에서만 아니고, 연직방향으로 전파하는 파속에 대해서도, 정의 가능하다. 도파관의 형성에는 와도의 실효베타[서풍의 남북 2계(階) 미분]만이 아니고, 서풍의 연직 1차 및 2차 미분, 그리고 서풍 그 자신의 분포가 중요하다. Karoly and Hoskins(1982)에서는 성층권의 동서 일정한 서풍 중을 연직 및 남북으로 전파하는 파속에 대한 도파관을 논의하고 있다. 이 연구의 양상에서, 종래 성층권의 대규모 파동은 동서 일정한 서풍 중을 전파한다고 가정해서 해석이 이루어져 왔다. 그러나 Nishii and Nakamura(2004, 2005)에서는 동서비일양(東西非一樣)한 서풍 중을 3차원적으로 전파하는 파속에 착안해서, 이것에 대한 도파관의 해석을 수행하고 있다. 저색(沮塞, blocking)고기압 등의 대류권의 순환이상(循環異常)은, 그 감쇠기(減衰期)에 파속을 하류 쪽으로 사출(射出)하는 것이 알려져 있다. 성층권이 서풍이 되는 한후기(寒候期)에 있어서, 그 근방에서 대류권과 성층권을 연결하는 도파관이 존재하면, 파속은 성층권으로 향해서 효율적으로 사출된다. 그리고 성층권의 국소적인 순환이상(循環異常)을 발달시킨다.

일반적으로 한후기 성층권에서는 고도와 함께 풍속이 강해진다. 상세히는 생략하지만, 이때 로스비파의 3차원적인 K_s 는 높이와 함께 감소하는 경향을 나타낸다. 이후, 그림 부 Ⅲ.2의 중심위도에서 북쪽의 부분을 위도가 아니고 고도방향의 그림으로 간주하고, 또 남북파수를 연직파수로 교체해서 생각한다(남북방향의 예에서는 북쪽일수록 서풍이 약해지지만, 이 예에서는 상공일수록 서풍이 약해지는 것에 주의). 그러면, 파속을 구성하는 파(波) 중, 짧은 동서파장성분일수록 낮은 고도에서 하향(下向)으로 방향을 바꾼다. 즉 연직파수의 부호가 부(負, -)가 되는 것을 알 수 있다. 이것은 Holton(2004) 등의 기상역학의 교과서에서 설명되어 있는 사실, 즉 동서파장이 짧은 로스비파는 강한 서풍 중에는 존재할 수 없음으로, 어떤 고도 이상은 연직전파 할 수 없는 것과 정합(整合)적이다.

이렇게 해서 하향(下向)으로 방향을 바꾼, 짧은 파장성분에서 구성된 파속은 대류권으로 향하려고 한다. 여기서 대류권 성층권 사이에 도파관이 존재하면, 파속은 대류권까지 전해지고, 대류권의 국소적인 순환이상(循環異常)의 발달에 기여한다. 이와 같은 도파관의 형성에는, 실효베타의 극대 등의 국소적인 서풍구조가 기여하고 있고, 성층권 극야(極夜) 제트 중심과 대류권 아한대(亞寒帶) 제트 중심이 가까운 영역에서, 도파관이 성형되는 경향(傾向)이 있다.

참고문헌

Enomoto, T., B. J. Hoskins and Y. Matsuda, 2003: The formation mechanism of the Bonin high in August. Quart. J. Roy. Meteor. Soc., 129, 157–178.

Holton, J. R., 2004: An Introduction to Dynamic Meteorology (4th ed.). Elsevier Academic Press, 531 pp.

Hoskins, B. J. and T. Ambrizzi, 1993: Rossby wave propagation on a realistic longitudinally varying flow. J. Atmos. Sci., 50, 1661–1671.

Karoly, D. J. and B. J. Hoskins, 1982: Three dimensional propagation of planetary waves. J. Metror. Soc. Japan, 60, 109–123.

Nishii, K. and H. nakamura, 2004: lower-strato-spheric Rossby wave trains in the Southern Hemisphere : A case-study for late winter of 1997. Quart. J. Roy. Metror. Soc., 130, 325–355.

Nishii, K. and H. nakamura, 2005: Upward and downward injection of Rossby wave activity across the tropopause : A new aspect of the troposphere-stratosphere linkage. Quart. J. Roy. Metror. Soc., 131, 545-564.

高谷康太郎(고곡강태낭), 2009: 「波の 活動度」および 「波の 活動度フラックス」. 天氣, 56, 831-833.

3. 해면수온전선

海洋研究開發機構　田口文明 · 野中正見

2010: 天氣. 日本氣象學會, Vol. 57, No. 6, 55-57.

3.1. 처음에

해면수온(海面水溫)의 현저한 수평구배(水平勾配)로 특징지어지는 「해면수온전선(海面水溫前線)」은 해양 상에 이르는 곳에 다양한 공간척도로 존재한다. 이 구조(構造)는, 해양의 역학(力學)에 의해 유지 · 형성되고, 대기해양간의 열교환(熱交換)에 의해서도 용이하게 해소되지 않는다. 최근, 장기간에 걸쳐서 축적되어 온 인공위성자료나 현장관측, 및 고해상도(高解像度) 수치 모델링에 의한 연구에서 해양 중규모 척도의 대기해양 상호작용이 표시되고, 더욱이 구로시오[흑조(黑潮)] · 멕시코 만류(灣流) 등에 수반되는 해면수온전선이, 대기로의 영향을 통해서, 해분(海盆)~반구규모(半球規模)의 기후형성이나 그 변동에 대해서 중요한 역할을 맞을 가능성이 지적되어 왔다. 본 고(本稿)에서는 기상학 · 기후학적으로 주목되기 시작한 「해면수온전선(海面水溫前線)」의 새로운 측면을 소개한다. 지면(誌面)의 형편에서 모두를 인용할 수는 없었지만, 2절과 3절에 관한 원저논문에 대해서는 각각 Small et al.(2008)과 kwon et al.(1010)을 주로 참고하고 싶다.

3.2. 해양 중규모 와(渦) 척도에서의 대기해양 상호작용

엘니뇨현상에 대표되는 것과 같은 대기(大氣)와 해양(海洋)이 역학적(力學的)으로 강하게 결합하고 있는 열대역(熱帶域)의 기후변동과는 달리, 해면수온이 비교적 낮은 대기로 깊은 대류(對流)가 일어나기 어려운 중위도역에서는 해양은 대기에 대해서 수동적인 역할밖에 수행할 수 없다고 생각되어 왔다. 즉, 해면수온의 변동은 대기에서 해양으로의 일방적인 열적 강제에 의해 생기고, 풍속(또는 난류열 플럭스)과 해면수온은 시공간적인 부(負, -)의 상관(풍속이 강할 때에 해면이 냉각함)으로 특징지어졌다.

그러나 근년의 마이크로파를 이용한 인공위성에 의한 해면수온과 해상풍(海上風, 응력)의 관측에서 해양의 중규모와척도(中規模渦尺度, 해양의 내부 변형 반경으로 결정되고, 중위도에서 수십 km 정도)에서는 역으로, 해면수온과 풍속이 정(正, +)의 상관(따뜻한 해면상에서 풍속이 빨라진다)으로 되는 일, 즉 해상풍이 해양중규모와(海洋中規模渦)에 수반되는 해면수온편차에 응답하고 있는 것이 발견되었다(예를 들면 Xie 2004). 이 발견에 이어서 실시된 흑조속유역(黑潮續流域)에 있어서의 선박에서의 라디오존데 집중관측에 의해, 해면수온편차에 대한 대기의 응답은, 해면 근방의 정적안정도(靜的安定度)에 의존하고, 대기경계층의 기온이나 풍속 프로파일에 미치는 일이 표시되었다. 즉 따뜻한(차가운) 해면상에서는 대기경계층(大氣境界層)이 불안정(안정)이 되고, 연직혼합이 촉지(억제)되어, 기온・풍속의 연직전단(鉛直剪斷)이 약해짐(강해짐)과 동시에 해상풍(응력과 열프럭스)이 증대(감소)한다. 이 연직혼합 메카니즘과 정합(整合)적으로, 해양의 중규모와척도(中規模渦尺度)에서는, 해상풍에 직교하는(따른) 방향의 해면수온구배(海面水溫勾配)와 풍응력(風應力)의 회전(발산)이 좋은 선형관계(線形關係)를 나타낸다(Chelton et al. 2004, Fig. 4, S6).

풍응력응답(風應力應答)의 회전성분은 극소적으로 해양을 강제(强制)하고, 원래 존재하는 해양중규모와의 구조에 영향을 끼칠 수 있는 점에서 중요하다. 또 한편으로는, 중규모 해면수온구배는 해면열(海面熱) 플럭스를 통해서 해면기압구배(海面氣壓勾配)를 생성한다. 이것에 수반되는 해륙풍(海陸風)에 유사한 연직순환(鉛直循環)이 생겨, 차가운 해면상에서 따뜻한 해면상으로 향하는 해상풍편차(海上風偏差)가 생긴다. 해면기압구배에 의해 생기는 해상풍의 수속(收束, 수렴)은 구름 형성이나 강수를 동반하는 상승기류(上昇氣流)를 독촉한다. 이 해면기압조절 메카니즘을 시사한다. 해면기압의 라플라시안과 해상풍 수렴의 관계도 보고되고 있다. 연직혼합(鉛直混合)과 해면기압조절의 2개의 메카니즘[mechanism, 기구(機構)]은 배타적이지가 않고, 그 해상풍편차에 대해서 상대적인 기여는 해역(海域)마다 다를 가능성이 지적되고 있다.

3.3. 해면전선과 대규모척도의 대기와의 상호작용

기후평균장에 있어서 해면수온구배(海面水溫勾配)가 1 C/ 100 km를 넘는 해면수온전선(海面水溫前線)의 지리적인 분포는 각 해분(海盆)의 서쪽에 집중하는 서안경계류(西岸境界流)나, 남극주극류(南極周極流) 등의 강한 해류의 분포와 대체로 일치한다. 서안경계류는 해면풍응력(海面風應力)의 회전성분에 기인하는 해양의 에크만 수렴(收斂)·발산(發散)에 의해 일어나는 밀도약층심(密度躍層深)의 변동이 해양 장파 로스비파로서 전파해서 해분(海盆)의 서쪽에 집중해서 생기는 폭(幅)이 좁고 강한 해류(海流)이다. 서안경계류는 중위도에서 서안(西岸)을 이안(離岸 : 연안을 떠남)해서, **속류(續流)** 라고 불리는 동향(東向)의 흐름이 된다. 따라서 서안경계류의 속류에 수반되는 수온전선(水溫前線)의 분포는 표면만이 아니고 밀도약층의 깊이에 상당하는 수 100 m 정도의 깊이에 미침과 동시에, 남쪽에서의 난수이류(暖水移流)와 북쪽에서의 냉수이류(冷水移流)에 의해 수온구배(水溫勾配)가 유지되고 있다.

서안경계류의 속류(續流)에 수반되는 해면수온전선은 기후평균적인 전구남북열수송(全球南北熱輸送)에 있어서는 해양에 의한 극향수송량(極向輸送量)이 대폭 감소하고, 열수송(熱輸送)의 주체적인 담당 주체가 해양에서 대기로 넘겨지는 중위도대에 위치한다. 중위도에서의 해양에서 대기로의 열방출(熱放出)은 남북으로 폭이 좁은 해면수온전선대에 집중하고, 그 최대치는 연(겨울)평균장에서 150 (350) W/m^2에도 미친다. 중위도 해면수온전선대는 또, 빈번하게 고저기압 요란이 통과하는 대기의 폭풍중심경로(暴風中心經路, storm track)와 분포가 거의 일치한다. 이들의 폭풍중심경로는, 요란에 수반되는 남북풍(南北風)과 온도편차의 위상관계에 의해, 해면수온전선대에서 방출된 열(熱)을 극향(極向)으로 수송한다.

폭풍중심경로(暴風中心經路)에 수반되는 극향(極向)의 수송량은 대기의 남북온도구배를 완화하는 방향으로 작용한다. 이 경향은 경압요란(傾壓擾亂)으로서의 고·저기압이 발달하는 데에 필요한 대기기본장(大氣基本場)의 유효위치에너지(유효위치(有效位値---)를 감소시켜서, 고·저기압의 계속적인 발달을 저해한다. 따라서 폭풍중심경로가 유지되기 위해서는 대기의 경압성(傾壓性, 기온의 남북구배)을 유지시키는 메커니즘(기구)이 필요하다. 최근의 고해상도(高解像度) 수치모델을 이용한 연구에서, 개개의 요란(擾亂)의 통과에 의해 완화되는 남북기온경도는 해면수온전선을 끼고 큰 콘트라스트(contrast, 대조, 대비)를 갖는 대기해양간의 열교환(熱交換)에 의해, 1 일

정도의 빠른 시간척도로 회복하는 것을 알아왔다.

더욱이 대기모델의 하부 경계조건에서 해양수온전선을 평활화(平滑化)하면, 기온의 남북구배와 폭풍중심경로의 진폭이 현저하게 떨어지는 것을 나타냈다. 이들의 수치실험의 결과는, 해면 근방 경압성의 유지와, 그 상공의 폭풍중심경로의 배치에 의해, 해면수온전선이 불가결한 역할을 다하고 있는 것을 나타내고 있다. 또 한편으로, 폭풍중심경로에 수반되는 열수송(熱輸送)은 상공의 서풍운동량을 하방으로 수송하고, 마침 해양전선대(海洋前線帶)에서 해상 편서풍을 강화한다. 이것에 수반되는 풍응력(風應力)의 회전성분이 서안경계류(西岸境界流)를 구동(驅動)하고, 그 수송량에 의해 해면수온전선이 유지될 수 있는 것에서부터, 중위도 기후계에 있어서, 해면수온전선(海面水溫前線)・폭풍중심경로(暴風中心經路)・편서풍(偏西風)의 사이의 상관관계도 지적되고 있다(Nakamura et al. 2004).

Minobe et al.(2008)과 Tokinaga et al.(2009) 등에서 표시되어 있는 것과 같이, 해면수온전선의 중요성은 대기 경압성의 유지에 머무르지 않는다. 해면수온전선의 난수측(暖水側)에서 대기로 방출되는 잠열(潛熱) 플럭스와, 전선(前線) 상에서 강화된 강수에 수반되는 비단열가열(非斷熱加熱)도, 개개의 요란을 활성화시켜, 폭풍중심경로 활동의 유지에 기여한다. 또, 고해상도 현업(現業) 및 재(再)해석자료를 이용해서, 서안경계류의 속류(續流)에 수반되는 해면수온전선에 따른 해상풍의 수렴이, 계절평균장에 있어서, 남북으로 폭(幅)이 좁은 강수대(降水帶)나 구름을 상공에 고정하고, 이것에 수반되는 연직류(鉛直流)가 대기경계층을 넘어서 자유대기(自由大氣)에 미치는 일도 보고되고 있다. 이와 같은 연직류는 대류권 상층에 발산장(發散場)을 일으키고, 정상로스비파의 여기(勵起)에 의해 하류측까지 영향을 미칠 가능성도 나타나고 있다.

3.4. 마지막으로

중위도 해양전선(海洋前線)은 해분(海盆)척도의 해면풍(海面風) 응력장(應力場)의 변동에 응답해서, 수년에서 십년 규모의 시간척도로 그 강도나 위치가 변동한다. 이 전선변동(前線變動)에 기인하는 해면수온구배의 변동성분이, 대규모의 대기변동(大氣變動)에 영향을 미칠 수 있을지는 북태평양 십년 규모변동이나 북대서양 진동(振動)이라고 하는 자연변동의 기구(機構, 메커니즘)나 그 예측가능성의 이해에 있어서 중요하다고 생각되지만, 그 평가에 대해서는 현재도 활발한 연구단계에 있다.

중위도(中緯度)에서는 나날의 기상요란(氣象擾亂)에 동반하는 대기의 내부변동(內部變動)이나 열대(熱帶)에서의 원격응답(遠隔應答)을 개입시킨 영향이 크기 때문에, 느린 해양전선변동에 수반되는 대기변동의 검출은 용이하지가 않았다(예를 들면 谷本・野中 2007). 또 종래의 기후모델은 해양전선이나 해양중규모와를 해상(解像)하지 않는 것이 대부분으로, 해양전선변동에 수반되는 기후(자연)변동 신호는 과소평가(過小評價)되어 있을 가능성이 있다. 이후, 3절에서 언급한 해양전선척도와 대규모척도의 대기와의 상호작용에 대해서의 이해를 깊게 하기 위해서는, 인공위성 및 선박・부이 관측(예를 들면 Tomita et al. 2010) 및 수치모델을 유기적으로 활용한 연구가 점점 필요하게 될 것이다.

참고문헌

Chelton, D. B., M. G. Schlax, M. H. Freilich and R. F. Milliff, 2004: Satellite measurements reveal persistent small-scale features in ocean winds. Science, 303, 978-983.

Kwon, Y.-O., M. A. Alexander, N. A. Bond, C. Frankignoul, H. Nakamura, B. Qiu and L. Thompson, 2010: Role of Gulf Stream and Kuroshio-Oyashio systems in large-scale atmosphere-ocean interaction: A review. J. Climate, in press.

Minobe, S., A. Kuwano-Yoshida, N. Komori, S.-P. Xie and R. J. Small, 2008: Influence of the Gulf Stream on the troposphere. Nature, 452, 206-209.

Nakamura, H., T. Sampe, Y. Tanimoto and A. Shimpo, 2004: Observed associations among storm tracks, jet streams and mid-latitude oceanic fronts. in Earth's Climate: The Ocean-Atmosphere Interaction, Geophys. Monogr., (147), Amer. Geophys. Union, 329-345.

Small, R. J., S. deSzoeke, S.-P. Xie, L. O'Neill, H. Seo, Q. Song, P. Cornillon, M. Spall and S. Minobe, 2008: Air-sea interaction over ocean fronts and eddies. Dyn. Atmos. Oceans, 45, 274-319.

谷本陽一(곡본양일), 野中正見(야중정견), 2007: 中緯度域の 大氣海洋相互作用. 天氣, 54, 525-528.

Tokinaga, H., Y. Tanimoto, S.-P. Xie, T. Sampe, H. Tomita and H. ichikawa, 2009: Ocean frontal effects on the vertical development of clouds over the western North Pacific: In situ and satellite observations. J. Climate, 22, 4241-4260.

Tomita, H., M. kubota, M. F. Cronin, S. Iwasaki, M. konda and H. Ichikawa, 2010: Am assessment of surface heat fluxes from J-OFURO2 at the KEO and JKEO sites. J. Geophys. Res., C03018, doi: 10.1029/2009JC005545.

Xie, S.-P., 2004: Satellite observations of cool ocean-atmosphere interaction. Bull. Amer. Meteor. Soc., 85, 195-208.

부록Ⅳ. 테일러 급수의 유도

멱급수(冪級數, power series)로 테일러 급수(Taylor series) 또는 마크로린 급수(Maclaurin series, 원점에서)를 전개(展開, expanding)하기 위해서 다음과 같이 유도한다.

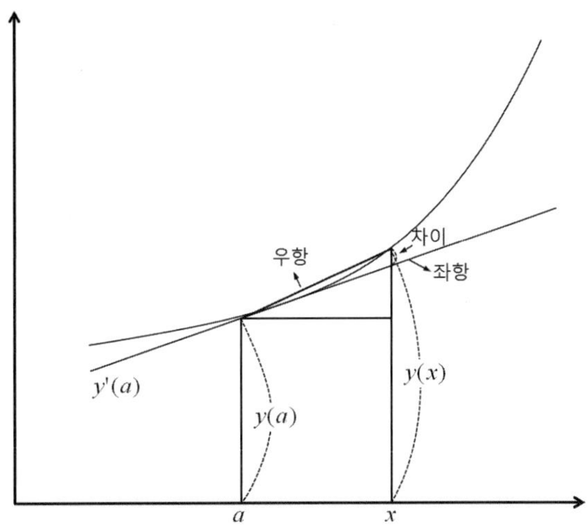

그림 부 Ⅳ.1 도함수

그림 부 Ⅳ.1 을 보면, x 의 변역(變域), a 의 부근의 x 의 수치에 대한 $y(x)$ 의 근사식, $x = a$ 에서 $y(x)$ 의 도함수는 $x - a$ 가 작으면

$$y'(a) = \frac{y(x) - y(a)}{x - a}$$

이 정의에서

$$y(x) = y(a) + (x - a)y'(a) \qquad (부 Ⅳ.1)$$

이 된다. 이 식은 근사식으로 $(x-a)$ 가 커지면 정밀도가 감소한다. 함수의 변화를 식 $(x-a)y'(a)$에 의해 계산하는 것은 a 에서 x 까지의 처음 점에서 변화의 속도) $y'(a)$ 를 채용한 것이 된다. 그러나 실제로는 y' 도 또 이 사이에서 변화하는 것이다. 이것을 넣는 정확한 식은

$$y(x) = y(a) + \int_a^x y'(t)\,dt \qquad \text{(부 IV.2)}$$

이다. 공식 (부IV.1)을 도함수에 응용하면 [$y(x)$ 를 $y'(x)$ 로 대치]

$$y'(x) = y'(a) + (x - a)y''(a) \qquad \text{(부 IV.3)}$$

이 된다. 여기서 $y'(x) = \dfrac{dy}{dx}$, $y''(x) = \dfrac{d^2y}{dx^2} = \dfrac{d}{dx}\left(\dfrac{dy}{dx}\right) = \dfrac{dy'}{dx}$, $y'''(x) = \dfrac{dy''}{dx}$, $y^{\mathrm{IV}}(x) = \dfrac{dy''''}{dx}$ …… $y^{(n)}(x) = \dfrac{d^ny}{dx^n}$ … (n) 은 멱지수(冪指數)와 구별하기 위해서이다.

식 (부 IV.3)의 $y'(x)$ 를 식 (부IV.2)에 대입하면

$$\begin{aligned} y(x) &= y(a) + \int_a^x \{y'(a) + (t - a)y''(a)\}dt \\ &= y(a) + (x - a)y'(a) + \frac{(x - a)^2}{2}y''(a) \qquad \text{(부 IV.4)} \end{aligned}$$

가 된다. 이 근사식은 식 (부 IV.1) 보다 정밀하다. 식 (부 IV.1)의 결론은 y가 변화하는 속도, 즉 도함수 y'이(제 1차 근사로서) 불변(不變)이고, $x=a$ 에서 그 수치와 같다고 하는 전제에서 유도된 것이다. 이 경우 y 와 x 와의 관계는 선형(線型)이다. 여기에 대해서 식 (부 IV.4) 의 결론은 도함수 $y'(x)$ 가 불변이 아니고, 근사적이지만

변화하는 것을 고려해서 얻은 것이다. 이 경우에는 $y''(a)$가 불변이라고 하는 식 (부 IV.3) 의 결과를 이용한 것이고, y'과 x의 관계산 선형(線型)이 되고 $y(x)$ 는 x의 2 차식이 된다.

식 (부 IV.4)를 더욱 정밀하게 하기 위해서는 y''도 변하하는 것으로 해서, 식 (부 IV.2)의 대신에 y'으로 하면,

$$y'(x) = y'(a) + \int_a^x y''(t)\,dt \qquad \text{(부 IV.5)}$$

가 되고, 우변의 적분을 구해 보면, 간단히 검증할 수가 있다. 한편 식 (부 IV.1)을 y''에 적용해서

$$y''(x) = y''(a) + (x - a)y'''(a) \qquad \text{(부 IV.6)}$$

이 되고, 식 (부 IV.5) 에 대입하면

$$y'(x) = y'(a) + \int_a^x \{y''(a) + (t - a)y'''(a)\}dt$$

또는

$$y'(x) = y'(a) + y''(a)(x - a) + y'''(a)\frac{(x - a)^2}{2} \qquad \text{(부 IV.7)}$$

이 된다. 이것은 식 (부 IV.4)를 y'에 적용한 것이다.

식 (부 IV.7)의 y′ (x) 를 식 (부 IV.2) 에 대입하면

$$y(x) = y(a) + \int_a^x \left\{y'(a) + y''(a)(t - a) + y'''(a)\frac{(t - a)^2}{2}\right\}dt$$

$$= y(a) + y'(a)(x - a) + \frac{y''(a)}{2}(x - a)^2 + \frac{y'''(a)}{2 \cdot 3}(x - a)^3 \quad \text{(부 IV.8)}$$

이다. 더욱이 y'''도 변화함을 고려해서 정밀한 과정을 계속하면, $y^{\mathrm{IV}}(a)$, $(x-a)^4$을 포함하고, 정밀화를 계속하면 1자씩 도함수(導函數)와 $(x-a)$의 멱(冪)이 붙는다. 즉,

$$y(x) = y(a) \quad \text{(제 0 차근사)}$$

$$y(x) = y(a) + y'(a)(x - a) \quad \text{(제 1 차근사)}$$

$$y(x) = y(a) + y'(a)(x - a) + y''(a)\frac{(x - a)^2}{2} \quad \text{(제 2 차근사)}$$

$$y(x) = y(a) + y'(a)(x - a) + \frac{y''(a)}{2!}(x - a)^2 + \frac{y'''(a)}{3!}(x - a)^3 \quad \text{(제 3 차근사)}$$

$$\vdots \qquad\qquad \vdots$$

(부 IV.9)

와 같이 전개가 된다.

이들을 종합해서 정리를 하면

$$y(x) = y(a) + \sum_{n=1}^{n=\infty} \frac{y^{(n)}(a)}{n!}(x - a)^n \quad : \textbf{Tayler series} \quad \text{(부 IV.10)}$$

※ Brook Taylor(1685～1731): 영국의 수학자, 이 공식은 그의 저서 "증분법(1715)" 에 있음

$$y(x) = y(0) + \sum_{n=1}^{n=\infty} \frac{y^{(n)}(0)}{n!}x^n \quad : \textbf{Maclaurin series} \quad \text{(부 IV.11)}$$

※ Colin Maclaurin(1698～1746): 영국의 수학자, 이 공식은 그의 저서 "후라크숀법(1742)" 에 있음

참고문헌

소선섭, 2003: 기상역학 주해. 공주대학교 출판부, 쪽 344.

소선섭·서명석·이천우·소은미, 2007: 고층대기관측. (주)교문사, 쪽 492.

소선섭·이천우·김맹기·소은미, 2009: 대기관측법. 개정판, (주)교문사, 쪽 529.

소선섭·소은미, 2009: 역학대기과학. (주)교문사, 쪽 680.

이원국 외 8인, 1992: 地球科學實驗. (株) 敎文社, 쪽 376.

하경자·정효상, 움직이는 실험실—하늘, 구름, 바람. 럭스키즈, 쪽 271.

홍성길, 1988; 氣象分析과 日氣豫報. 敎學硏究社, 3판발행, 쪽 533.

Takahashi, T.(高橋 劭=つとむ), 1984: Thunderstorm electrification-A numerical study. J. Atmos. Sci., 41, 2541-2558.

高橋 劭(Takahashi, つとむ), 1986: 雷の電氣. 氣象硏究 ノート, 154, 1-15.

高橋 劭, 1987: 雲の物理. 第 II期 氣象學のプロムナード 4, 東京堂出版, 頁 172.

菊地勝弘·瓜生道也·北林興二, 1988年: 實驗氣象學入門 — 實驗室にみる 氣象の種々の相—. 第 II期 氣象學のプロムナード 10, 東京堂出版, 頁 254.

氣象硏究ノート, 1985: 日本氣象學會, 第 152號.

藤吉 康志 編集, 2005: 雪片の 形成と 融解 — 雪から 雨へ —. 氣象硏究ノート 第207号, 日本氣象學會, 頁 127.

木下 誠一, 1992: 雪の話·氷の話. 理科年表讀本, 丸善株式會社, 頁 170.

北川 信一郎 編著(河崎 善一郎·三浦 和彦·道本光一郎 著), 1997: 大氣電氣學(atmospheric electricity). 東海大學出版會, 頁 200.

北川 信一郎, 2001: 雷と雷雲の科學.—雷から身を守るには— , 森北出版株式會社, 頁 144.

山岸 米二郎 監譯, 2005: オックスフォード 氣象辭典. 朝倉書店, 頁 306.

小林 禎作, 1993, 雪の結晶 — 冬のエフェメラル(ephemeral = 짧은 생애). 北海道大學圖書刊行會, 頁 39.

日本氣象學會編, 2004: 氣象科學辭典(Encyclopedia of Meteofology and Atmospheric Sciences). 東京書籍(株式會社), 頁 637.

朝倉 正·關口 理郎·新田 尙 編. 1995: 新版 氣象 ハンドブック. 朝倉書店, 頁 773.

朝倉 正·新田 尙·二宮 洸三·立平 良三·關根 勇八, 1983: 氣象調査法 — 基礎と應用—. 現代の氣象テクノロジ-8, 頁 260.

淺井 富雄+內田 英治+河村武, 2004: 氣象 事典. 平凡社, 增補 平凡社版, 頁 556.

村山 信彦, 1983: これからの氣象觀測 — 地上觀測から宇宙からの氣象觀測まで —. 東京堂出版, 氣象學のプロムナード 12, 頁 212.

和達 青夫 監修, 1993: 最新 氣象 事典(Encyclopedia of Meteorology). 東京堂出版, 頁 607.

Mason, B. J., 1953: The growth of ice crystals in a supercooled water cloud. Quart J. Roy. Meteor. Soc., 79, 104-111.

________ , 1962: Clouds, Rain and Rainmaking. Cambridge Univ. Press. 145 pp.

________ , 1971: The Physics of Clouds. Clarendon Press, 671 pp.

찾아보기

ㅇ

ㅈ

ㅊ

ㅋ

ㅌ

ㅍ

ㅎ

저자소개

소선섭(蘇鮮燮)

공주사범대학 지구과학교육과 졸업
서울대학교 대학원 지구과학과 졸업
일본 동경대학(東京大學) 대학원 연구생, 석사
일본 동경대학(東京大學) 대기과학 전공, 이학박사

현재 공주대학교 대기과학과 교수

연락처

- 대학 : 우 314-710, 한국 충남 공주시 신관동 182,
  공주대학교 자연과학대학 대기과학과
  ☎(041) 850-8528, FAX 850-8843, E-mail : soseuseu@kongju.ac.kr
- 천마승마목장(天馬乘馬牧場) : 한국 충남 공주시 이인면 주봉리 323
  ☎(041) 858-1616, homepage : cafe.naver.com/pegasusranch

저서

- 기상역학서설(1985)
- 일반기상학(1985)
- 기상관측법(1986)
- 지구과학개론(1987)
- 지구물리개론(1992)
- 지구과학실험(1992)
- 기상력학서설 주해(1996)
- 지구유체역학입문(1996)
- 대기 · 지구통계학(1996)
- 승마입문(2000)
- 대기관측법(2000)
- 천둥번개(2000)
- 대기과학의 레이더(2000)
- 승마와 마필(2003)
- 기상역학주해(2003)
- 날씨와 인간생활(2005)
- 고층대기관측(2007)
- 역학대기과학(2009)

소은미(蘇恩美)

공주대학교 자연과학대학 대기과학과 졸업
공주대학교 자연과학대학 대기과학과 석사 졸업
공주대학교 자연과학대학 대기과학과 시간강사
한국교원대학교 지구과학교육과 시간강사
전북대학교 지구과학교육과 시간강사

현재 공주대학교 자연과학대학 대기과학과 박사 수료

연락처

- E-mail : soeunmi80@kongju.ac.kr

저서

- 고층대기관측(2007)
- 대기관측법 개정판(2009)
- 역학대기과학(2009)

소재원(蘇在元)

공주대학교 자연과학대학 대기과학과 졸업
공주대학교 자연과학대학 대기과학과 석사 졸업
공주대학교 자연과학대학 대기과학과 박사 과정

연락처
- E-mail : sojaewon84@nate.com

박종숙(朴鍾淑)

공주대학교 자연과학대학 대기과학과 졸업
공주대학교 자연과학대학 대기과학과 석사 수료

연락처
- E-mail : pjs1394@nate.com

대기측기 및 관측 실험

2011년 3월 9일 초판 인쇄
2011년 3월 15일 초판 발행

지은이 소선섭 외
펴낸이 류제동
펴낸곳 ㈜교 문 사

책임편집 김선형
표지디자인 이수미
제작 김선형
영업 정용섭 · 이진석 · 송기윤

출력 현대미디어
인쇄 동화인쇄
제본 과성제책

우편번호 413-756
주 소 경기도 파주시 교하읍 문발리 출판문화정보산업단지 536-2
전 화 031-955-6111(代)
팩 스 031-955-0955
등 록 1960. 10. 28. 제406-2006-000035호

홈페이지 www.kyomunsa.co.kr
E-mail webmaster@kyomunsa.co.kr
ISBN 978-89-363-1132-2 (93450)

값 19,000원

※ 잘못된 책은 바꿔 드립니다.